江苏航道职工培训教材丛书
（第二版）

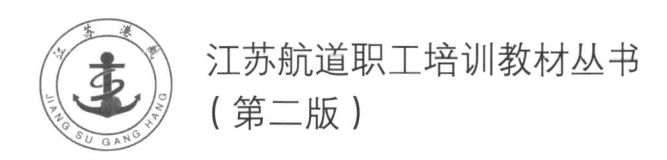

内河潜水

江苏省交通运输厅港航事业发展中心　编著

朱永明　主编

河海大学出版社
·南京·

图书在版编目（CIP）数据

内河潜水 / 江苏省交通运输厅港航事业发展中心编著. --南京：河海大学出版社，2023.5
（江苏航道职工培训教材丛书：第二版）
ISBN 978-7-5630-7995-7

Ⅰ. ①内… Ⅱ. ①江… Ⅲ. ①内河－潜水－职工培训－教材 Ⅳ. ①P754.3

中国国家版本馆 CIP 数据核字(2023)第 019916 号

书　　名	内河潜水
书　　号	ISBN 978-7-5630-7995-7
责任编辑	卢蓓蓓
特约编辑	方　璐
特约校对	李　阳
封面设计	徐娟娟
出版发行	河海大学出版社
地　　址	南京市西康路1号(邮编：210098)
电　　话	(025)83737852(总编室)　(025)83722833(营销部)
经　　销	江苏省新华发行集团有限公司
排　　版	南京布克文化发展有限公司
印　　刷	南京玉河印刷厂
开　　本	787毫米×1092毫米　1/16
印　　张	19.25
字　　数	408千字
版　　次	2023年5月第1版
印　　次	2023年5月第1次印刷
定　　价	96.00元

《江苏航道职工培训教材丛书》
（第二版）

编写委员会

主 任 委 员　梅正荣
副主任委员　陈胜武　吴丽华
委　　　员　杨　栋　杨　本　张爱华　高　莉　邓国权
　　　　　　杨先华　徐业庄　徐向荣　赵苏政

《内河潜水》编写组

主　　编　朱永明
副 主 编　王化明
编　　审　赵苏政　常　致　孙圣珺　熊坤尧

序

习近平总书记指出,"劳动者素质对一个国家、一个民族发展至关重要","技术工人队伍是支撑中国制造、中国创造的重要基础,对推动经济高质量发展具有重要作用"。新时代赋予了交通"中国现代化开路先锋"的重任。江苏省交通运输厅始终把建设高素质交通运输技能队伍作为事关交通运输行业现代化、事关交通强省建设和事关"国之大者"的重要工作牢牢抓稳抓实。2021年12月,江苏省交通运输厅与江苏省人才工作领导小组办公室联合印发了《江苏省"十四五"交通运输人才发展规划》,将"高技能人才强基行动"纳入"十四五"时期交通运输系统人才发展五大行动之一,进一步加强规划设计,强化工作部署。

江苏省交通运输厅港航事业发展中心一直以来都高度重视港航人才培养,多年来一直坚持针对航标工、潜水员、航闸技术工等主要工种开展培训,为港航事业发展输送了大量技术技能型人才。近年来,面对智慧港航、绿色港航发展新需求,面对港航新技术、新工艺的快速发展,航道职工原有的知识技能体系亟需补充提升。而随着工考管理体制改革,也需要对原有培训考试机制和知识教育体系重构。因此,江苏省交通运输厅港航事业发展中心与江苏航运职业技术学院协作,集中力量完成了《江苏航道职工培训教材》的修订工作,形成一套四本职业技能培训教材丛书。

《江苏航道职工培训教材丛书(第二版)》，紧扣江苏航道人才培养需求，围绕航闸技术工、内河航标工、内河潜水员等高素质技术技能型人才培养目标，以实用为要，能够满足一线航道技能职工岗位培训和管理人员知识培训需求。希望全省港航系统各单位用好教材，进一步加强技能人才培训工作，不断提升队伍素质，为推动港航事业现代化、加快交通运输现代化示范区建设、建设"强富美高"新江苏，提供强有力的人才支撑、智力保障。

2022 年 12 月

前 言

"十三五"以来,江苏航道教育培训进一步贯彻落实"科教兴航"和"队伍强航"战略,着眼于港航事业的长远发展,围绕专业型职工队伍建设和复合型管理干部的能力提升,突出岗位培训和后学历教育两大重点,加强培训教材和培训基地两大建设,教育培训工作得到全面加强,职工队伍素质不断提高,为全省航道事业的跨越式发展提供了重要的智力支持和人才保障。

《江苏航道职工培训试用教材》于2006年5月面世试用,在全省航养费征稽人员转岗培训、全省航道系统技术工人技术等级升级考核培训等方面发挥了重要的作用。随着时代的发展,江苏航道系统建设、运行、养护等新技术、新工艺不断出现,在2014年,原江苏省交通运输厅航道局与原南通航运职业技术学院,结合当时迫切需要一套系统规范化培训教材的需要,共同组织专家完成了《江苏航道职工培训教材》编写,并由河海大学出版社公开出版发行。随着江苏航道事业的快速发展,围绕航道建、管、养、修的新技术、新工艺、新材料不断出现,对原出版教材修订整合的需求日益迫切。为此,2020年7月,江苏航运职业技术学院与江苏省交通运输厅港航事业发展中心联合启动《江苏航道职工培训教材》修订工作,将教材整合为《航道基础知识》《航闸技术》《内河航标》《内河潜水》。经过基层调研、资料收集、大纲审定、教材内审等艰苦努力,新版教材于2022年12月定稿交付。

《内河潜水》是江苏航道职工培训系列教材之一。本书在2014版江苏航道职工培训教材《内河潜水》基础上,对原有的内容进行了修订,增加了内河航道潜水的需要新型潜水设备的使用介绍、潜水安全教育、潜水应急预案等内容,修订了部分潜水技术内容。

全教材共分为九章,系统介绍了潜水技术发展简史,潜水的物理常识,通风式、自携式、需供式潜水装具的结构原理、操作使用程序和维护保养方法及紧急情况时的应急处理,潜水保障系统性能参数和使用要求,水下作业技术,潜水安全规则,潜水事故与急救等内容。

本教材适用于江苏航道一线潜水员的初级工、中级工、高级工、技师等各个层面的技术工人培训,也适用于航道站长和船闸所长以及新进人员的岗位培训,也可供港口与航道、水利类专业相关工程技术人员参考。

本教材由朱永明担任主编,王化明担任副主编,赵苏政、常致、孙圣珺、熊坤尧等参与完成了教材的编制与审核工作。

本教材在编写过程中,得到了江苏省港航事业发展中心、省工考办、省交通运输厅政治处、河海大学、东南大学、南京水利科学研究院、华设设计集团股份有限公司、苏交科集团股份有限公司、长江航道局以及全省航道系统专家和领导的大力支持和帮助,在此一并表示感谢。

由于知识经济时代江苏航道各种新知识新技术不断出现,本教材的知识体系和对新知识点涵盖的疏漏和不足在所难免,欢迎各位专家、教师和学员在使用过程中指正,以便今后进一步修订完善。

编者

2022 年 12 月

目 录

第一章 概 述

第一节 潜水发展简史 ······ 001
第二节 潜水装具分类 ······ 006
一、通风式潜水装具 ······ 006
二、自携式潜水装具 ······ 006
三、水面需供式潜水装具 ······ 007
第三节 潜水技术的应用 ······ 007
一、在海洋开发中的应用 ······ 007
二、在军事领域中的应用 ······ 008
三、在内河航道中的应用 ······ 008
思考题 ······ 009

第二章 潜水物理常识

第一节 潜水物理 ······ 010
一、物质 ······ 010
二、能量 ······ 011
三、计量单位 ······ 011
第二节 水的压强 ······ 012
一、水的物理性质 ······ 012
二、水的压强 ······ 012
第三节 水的浮力和潜水员的稳性 ······ 014
一、水的浮力 ······ 014

二、潜水员的稳性 017
第四节 水下环境对潜水员的影响 019
一、水下环境的特点 019
二、水下环境对潜水员的影响 020
第五节 气体的物理性质 023
一、大气的概念 023
二、大气的压强 024
三、湿度 025
第六节 理想气体的气态方程 026
一、气体的概念 026
二、气体的状态参量 027
三、理想气体的气态方程 027
第七节 混合气 029
一、混合气的概念 029
二、道尔顿定律 030
三、水面等值 031
四、气体的弥散 032
第八节 水下低温对潜水员的影响 032
一、热传递的概念 032
二、水下低温对潜水员的影响 033
思考题 034

第三章 通风式潜水

第一节 TF-12型和TF-3型通风式潜水装具 037
一、TF-12型通风式潜水装具 038
二、TF-3型通风式潜水装具 041
第二节 TF-88型通风式潜水装具 043
一、构造特点 043
二、技术参数 045
三、通风式潜水装具的生理学特点 046
第三节 潜水附属器材 047
一、潜水梯 047
二、入水绳与入水铊 047

三、减压架 …………………………………………………………………… 047

四、行动绳 …………………………………………………………………… 048

五、水下照明灯 ……………………………………………………………… 048

六、潜水刀 …………………………………………………………………… 048

七、潜水软管框（可称器材框）…………………………………………… 048

八、保暖服 …………………………………………………………………… 048

第四节 潜水基本程序 …………………………………………………………… 049

一、制订潜水计划 …………………………………………………………… 049

二、准备工作 ………………………………………………………………… 049

三、潜水时程序 ……………………………………………………………… 049

四、应急程序 ………………………………………………………………… 050

五、撤离 ……………………………………………………………………… 050

第五节 潜水前的准备工作 ……………………………………………………… 050

一、人员的组织与分工 ……………………………………………………… 050

二、装备器材的落实 ………………………………………………………… 052

三、装备的检查 ……………………………………………………………… 052

四、其他准备工作 …………………………………………………………… 054

第六节 着装 ………………………………………………………………………… 054

一、潜水员着装时应注意的事宜 …………………………………………… 054

二、TF-12型潜水装具着装方法与步骤 …………………………………… 055

三、TF-3型潜水装具的着装方法与步骤 …………………………………… 056

第七节 潜水基本要领 …………………………………………………………… 057

一、下潜 ……………………………………………………………………… 057

二、水底行动 ………………………………………………………………… 059

三、上升 ……………………………………………………………………… 060

四、潜水后的操作 …………………………………………………………… 060

第八节 装具的维护保养 ………………………………………………………… 061

一、潜水后的保养 …………………………………………………………… 061

二、日常维护保养 …………………………………………………………… 062

三、安全检查和检验 ………………………………………………………… 062

第九节 紧急情况应急处理 ……………………………………………………… 063

一、放漂 ……………………………………………………………………… 063

二、绞缠 ……………………………………………………………………… 064

三、潜水服破损 …………………………………………………………… 064
四、潜水鞋脱落 …………………………………………………………… 064
五、潜水压铅脱落或后压铅被钩住 ……………………………………… 065
六、供气中断 ……………………………………………………………… 065
七、通信中断 ……………………………………………………………… 065
八、头盔被撞破 …………………………………………………………… 065
九、排气阀被撞坏 ………………………………………………………… 065
十、观察窗被撞破 ………………………………………………………… 066
十一、螺栓被撞断 ………………………………………………………… 066
十二、倒栽葱 ……………………………………………………………… 066
十三、潜水员在水下被吸泥管吸住 ……………………………………… 066
十四、潜水员被泥塌方压住 ……………………………………………… 067
十五、潜水员被鱼钩钩住 ………………………………………………… 067
十六、潜水员被涵洞或进水孔吸住 ……………………………………… 067
思考题 ……………………………………………………………………… 068

第四章 自携式潜水

第一节 自携式潜水装具的分类 ………………………………………… 069
一、开式自携式潜水装具 ………………………………………………… 069
二、闭式自携式潜水装具 ………………………………………………… 069
三、半闭式自携式潜水装具 ……………………………………………… 071
第二节 自携式潜水呼吸器 ……………………………………………… 071
一、69-Ⅲ型潜水呼吸器 ………………………………………………… 072
二、69-4型潜水呼吸器 ………………………………………………… 077
三、69-4B型潜水呼吸器 ………………………………………………… 079
第三节 配套用品 ………………………………………………………… 081
一、必备器材 ……………………………………………………………… 081
二、附属用品 ……………………………………………………………… 085
第四节 潜水前的准备工作 ……………………………………………… 088
一、人员的组织分工 ……………………………………………………… 088
二、装具准备与检查 ……………………………………………………… 089
三、作业要求和安全措施 ………………………………………………… 090
第五节 着装 ……………………………………………………………… 091

一、估算气瓶内气体的使用时间 ································ 091

二、着装 ································ 092

三、核实 ································ 093

第六节　入水和下潜 ································ 094

一、入水 ································ 094

二、下潜 ································ 096

第七节　水下操作技术 ································ 097

一、水面游泳技术 ································ 097

二、呼吸技术 ································ 098

三、面罩的清洗 ································ 098

四、咬嘴的清洗 ································ 099

五、水下游泳技术 ································ 099

六、结伴潜水制度 ································ 099

七、通信及其操作规则 ································ 101

八、使用工具的作业 ································ 102

九、水下条件的适应 ································ 103

第八节　上升和出水 ································ 103

一、上升 ································ 103

二、出水 ································ 105

三、潜水后的操作 ································ 105

第九节　装具的维护与检修 ································ 106

一、潜水后的保养 ································ 106

二、日常维护保养 ································ 106

三、主要部件性能的一般检验 ································ 108

四、常见的故障和排除方法 ································ 109

第十节　自携式潜水紧急情况应急处理 ································ 111

一、装具脱落或进水 ································ 111

二、水下绞缠 ································ 111

三、溺水 ································ 112

四、供气中断 ································ 112

五、紧急上升 ································ 113

思考题 ································ 113

第五章　需供式潜水

第一节　KMB-28型潜水装具 … 116
一、性能参数 … 116
二、工作原理 … 117
三、结构组成 … 118
四、操作使用 … 123
五、维护与保养 … 129

第二节　TZ-300型和MZ-300型潜水装具的组成与构造 … 132
一、TZ-300型潜水头盔 … 132
二、MZ-300型潜水面罩 … 136
三、潜水服 … 137
四、脐带 … 139
五、背负式应急供气系统 … 142
六、附属器材 … 143

第三节　潜水前的准备 … 144
一、人员的组织与分工 … 144
二、装备检查 … 144

第四节　水面供气需供式潜水程序 … 146
一、着装 … 146
二、入水和下潜 … 149
三、水底停留 … 150
四、上升出水 … 151
五、潜水后的操作 … 151

第五节　潜水装具的维护保养 … 152
一、常规维护保养 … 152
二、主要部件的日常维护保养 … 153

第六节　紧急情况应急处理 … 154
一、主供气中断 … 154
二、通信联系中断 … 155
三、脐带绞缠 … 156
四、头盔、面罩的脱落 … 156
五、放漂 … 156

六、看不见入水绳或行动绳 ………………………………………………………… 157

七、面窗破损 ……………………………………………………………………… 157

八、潜水服撕破 …………………………………………………………………… 157

思考题 ……………………………………………………………………………… 157

第六章　潜水保障系统

第一节　潜水供气系统 …………………………………………………………… 159

一、压气泵 ………………………………………………………………………… 161

二、空气压缩机 …………………………………………………………………… 162

第二节　加压舱系统及生命支持系统 …………………………………………… 163

一、加压舱系统 …………………………………………………………………… 163

二、潜水生命支持系统 …………………………………………………………… 168

第三节　加压舱系统的安全操作与管理 ………………………………………… 169

一、加压舱的操作方法 …………………………………………………………… 169

二、加压舱系统管理规则 ………………………………………………………… 171

三、加压舱安全措施 ……………………………………………………………… 173

四、加压舱工作人员要求 ………………………………………………………… 173

第四节　潜水应急保障系统 ……………………………………………………… 174

一、潜水应急保障车 ……………………………………………………………… 174

二、操作及使用说明 ……………………………………………………………… 175

三、系统维护及注意事项 ………………………………………………………… 176

第五节　不减压潜水与减压方法的应用 ………………………………………… 178

一、不减压潜水的深度和时间极限 ……………………………………………… 178

二、减压方法及减压表的应用 …………………………………………………… 180

思考题 ……………………………………………………………………………… 183

第七章　水下作业技术

第一节　船体水下部分的检查和故障排除 ……………………………………… 184

一、船体水下部分的检查 ………………………………………………………… 184

二、故障排除 ……………………………………………………………………… 185

第二节　水下检修闸门、阀门 …………………………………………………… 185

一、检修闸门、阀门的一般内容 ………………………………………………… 186

二、水下检修闸门、阀门安全注意事项 ………………………………………… 186

第三节　水下平基 ··· 187
一、精度要求 ·· 187
二、平基作业 ·· 187
三、注意事项 ·· 189
第四节　船体水下封堵 ··· 189
一、漂浮船舶的水下封堵 ·· 189
二、沉船船体封堵 ·· 191
第五节　打捞沉船时的潜水作业 ··· 194
一、探摸沉船 ·· 194
二、除泥和卸货 ·· 196
三、攻穿船底钢缆 ·· 198
第六节　水下爆破 ··· 199
一、水下炸礁 ·· 200
二、爆破沉船 ·· 202
三、水下爆破安全注意事项 ·· 203
第七节　水下氧-弧切割 ··· 204
一、水下氧-弧切割的原理 ·· 204
二、水下氧-弧切割的设备及材料 ·· 204
三、水下氧-弧切割规范参数的选择 ······································ 206
四、水下氧-弧切割电路和气路的连接 ···································· 207
五、水下氧-弧切割的基本操作方法 ······································ 208
六、水下氧-弧切割操作程序 ·· 209
七、水下氧-弧切割时氧气和切割电极消耗的估算 ························ 209
八、水下氧-弧切割的安全注意事项 ······································ 210
第八节　湿法水下焊接 ··· 211
一、概述 ·· 211
二、湿法水下焊接 ·· 213
第九节　水下摄影和电视 ··· 216
一、水下摄影 ·· 216
二、水下电视 ·· 219
第十节　水下检测 ··· 221
一、水下检测的分类 ·· 221
二、常用水下检测仪器设备和工具 ······································ 222

三、水下检测操作程序 …………………………………………………… 222

第十一节　绳结 ………………………………………………………… 223

一、绳结的名称、用途与打法 ……………………………………………… 224

二、绳索的连接 ……………………………………………………………… 229

第十二节　特殊条件下的潜水 ………………………………………… 231

一、夜间潜水 ………………………………………………………………… 231

二、在污染水中潜水 ………………………………………………………… 232

三、岩洞潜水 ………………………………………………………………… 233

四、冷水潜水 ………………………………………………………………… 234

五、沉船潜水 ………………………………………………………………… 235

思考题 ………………………………………………………………………… 236

第八章　潜水安全规则

第一节　总则 …………………………………………………………… 238

第二节　潜水员安全管理 ……………………………………………… 241

一、潜水员平时安全管理 …………………………………………………… 241

二、潜水员潜水过程中安全管理 …………………………………………… 242

第三节　设备和装具 …………………………………………………… 243

第四节　内河潜水安全规则 …………………………………………… 244

第五节　内河潜水安全操作规程 ……………………………………… 246

一、潜水员安全操作规程 …………………………………………………… 246

二、信号员安全操作规程 …………………………………………………… 248

三、软管员安全操作规程 …………………………………………………… 249

四、供气员安全操作规程 …………………………………………………… 249

五、电话员安全操作规程 …………………………………………………… 249

六、信绳信号的正确使用 …………………………………………………… 250

思考题 ………………………………………………………………………… 251

第九章　潜水事故与急救

第一节　放漂 …………………………………………………………… 252

一、放漂的原因 ……………………………………………………………… 252

二、放漂可能引起的疾病和损伤 …………………………………………… 253

三、放漂后的处理 …………………………………………………………… 253

四、放漂的预防 ··· 254

第二节 供气中断 ··· 254

一、发生供气中断的原因 ··· 254

二、供气中断引起的疾病 ··· 255

三、供气中断的处理 ··· 255

四、供气中断的预防 ··· 255

第三节 绞缠 ··· 256

一、发生绞缠的原因 ··· 256

二、绞缠可能导致的疾病 ··· 256

三、绞缠的处理 ··· 257

四、绞缠的预防 ··· 257

第四节 溺水 ··· 257

一、概述 ·· 257

二、潜水时发生溺水的原因 ·· 258

三、临床表现 ·· 258

四、急救与治疗 ··· 258

五、预防 ·· 259

第五节 水下冲击伤 ·· 259

一、概述 ·· 259

二、形成条件 ·· 260

三、致伤过程与临床表现 ··· 260

四、诊断 ·· 261

五、急救与治疗 ··· 261

六、预防 ·· 262

第六节 水下触电 ··· 262

一、概述 ·· 262

二、电流对人体的作用 ··· 263

三、水下触电事故的原因 ··· 265

四、症状和体征 ··· 265

五、急救与治疗 ··· 267

六、预防 ·· 267

第七节 水中援救遇险潜水员 ··· 268

一、对水下遇险者的救生 ··· 268

二、对水面遇险者的救生 ………………………………………… 269
三、水中拖运遇险者的要求和方法 ……………………………… 269
第八节　现场急救措施与技术 …………………………………… 270
一、现场处理的基本原则 ………………………………………… 270
二、水中心肺复苏方法和步骤要点 ……………………………… 271
三、心脏骤停和心肺复苏术 ……………………………………… 272
四、加压治疗 ……………………………………………………… 277
思考题 ……………………………………………………………… 278

附表

参考文献

第一章 概 述

随着社会的发展和人们对物质资源的需求,地球上的资源已不能满足人们的需要。为此人们不得不向外部空间发展,其中水下资源是人类勘探开采的一个重要领域,但是水下环境不同于陆地环境,它需要借助某种手段进行作业。在这种情况下,潜水技术应运而生。人类潜水可以追溯到5 000多年以前,但是人们真正的潜水作业还是在19世纪40年代以后出现,经过漫长的岁月,随着海洋石油工业的发展,潜水技术、装具等得到了不断的发展,潜水作业取得了优异的成绩。

通常把人们主动从水面潜入水下,再从水下上升出水的这一过程,称之为潜水;对于从事潜水作业的人员,称之为潜水员;在潜水过程中所采用的各种方法,称之为潜水技术。

根据目的的不同,潜水可以分为产业潜水、娱乐潜水、科教潜水和军事潜水。潜水作为人类进入水下环境的一种手段,在人类原始时代就已经开始。如今,潜水已成为经济建设、国防建设和科学研究中不可缺少的一个特殊技术工种。潜水在军事上主要用于水下侦察、水下爆破、援潜救生和水下兵器的打捞等,在民用上主要用于水产和矿产资源勘察和开发、水下施工、沉船打捞、闸阀门检查、清扫航道、水库检修、水产养殖和海洋考察研究等方面。

本章主要简略地回顾潜水各个阶段的发展情况和当今潜水技术的发展趋势。

第一节 潜水发展简史

人类的潜水活动发展到了今天,主要经过了早期的原始潜水、近代潜水和现代潜水三个阶段。早期的原始潜水主要有屏气潜水(俗称赤膊潜水)、呼吸管潜水、气囊潜水、原始潜水钟潜水等方法。

屏气潜水就是下潜者在水面深吸一口空气,潜入水中进行活动。由于下潜者所能承受的屏气时间非常有限,所以这种潜水作业的时间很短(见图 1-1 屏气潜水)。在与大自然的斗争中,我们的祖先也创造了不少泅水的方法,如流传于民间的"狗刨式""寒鸦凫水""扎猛子"等。"扎猛子"实际上就是今天的屏气潜水,由于下潜者的身体直接承受水下的环境水压,因此,屏气潜水是一种最原始的承压潜水技术。屏气潜水不需要任何器具,所以在一定的条件下,仍然是一种有用的潜水方法。迄今,世界上屏气潜水的最深记录于 2013 年由法国自由潜水运动员吉翁·奈瑞创造。他一口气潜了 125 m 深度,从此刷新了世界纪录。

呼吸管潜水就是下潜者口含一根管子,管子的上端口露出水面,用于呼吸水面空气。据史料记载,我国明朝就有渔民使用呼吸管潜水从事捕捞业。由于下潜者肺内气体是常压,胸壁外是环境水压,呼吸阻力很大,吸气困难,该潜水方式也只适用于很浅的水中作业(见图 1-2 呼吸管潜水)。

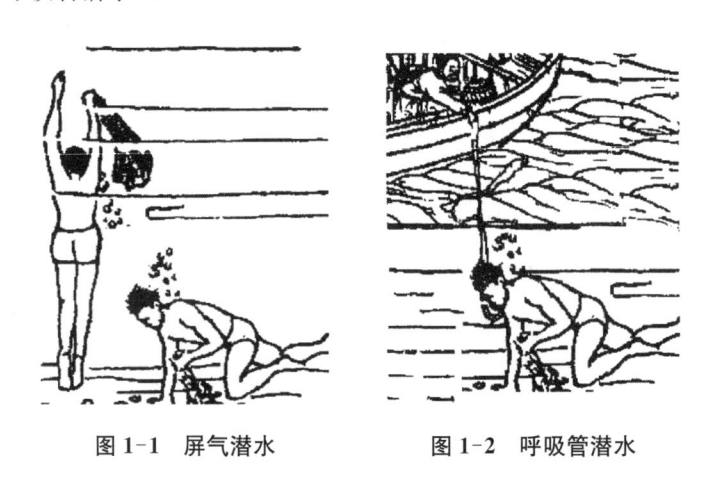

图 1-1　屏气潜水　　　图 1-2　呼吸管潜水

气囊潜水就是下潜者自携气囊进行潜水的一种方式。这种方式可以使下潜者肺内、外压力基本平衡,吸气阻力小,从而使呼吸困难得到改善,为下潜者提供了一定的安全保障。但是由于受气囊容积和浮力的限制,潜水作业时间和潜水深度不可能很长。随着潜水深度的增加,气囊潜水越来越难,时间也很有限,当气囊较大时,其浮力相对较大,下潜者入水相当困难。

原始潜水钟潜水是利用木质或金属材料做成一个称之为"潜水钟"的容器,潜水时把下潜者上半身或全身罩在里面,"潜水钟"与水面有一根供气导管,呼吸气体由水面用人工或机械的方法将空气通过导管输入钟内,由于钟内气体与下潜者所承受的压力相平衡,呼吸阻力不大。所以,潜水深度增加,水下作业时间延长。但是,由于钟体庞大笨重,移动操作很不方便,并且下潜者基本上浸在水中,影响下潜者的安全和工作效率(见图 1-3 原始潜水钟潜水)。

随着人类科技知识的丰富和积累,生产力的发展和社会的不断进步,公元 1819 年英

图1-3 原始潜水钟潜水

国人塞布发明了通风式潜水装具。这种潜水装具通过手摇式压气泵能将空气输入金属头盔内，供下潜者呼吸，排气则从潜水服腰部排出，它的最大作业深度可潜至20 m水深。

公元1837年塞布又改进了他本人发明的通风式潜水装具。把金属头盔与潜水服用螺栓连接起来以保持水密，空气则由软管连接头盔经单向阀输入头盔内供下潜者呼吸。潜水服（服）内的空气通过头盔上可调节的排气阀排出，头盔内的压力始终高于周围的水压，为现代通风式潜水装具奠定了基础。随后，在通风式潜水装具沿用了100多年的时间里，经不断改进，到了20世纪40年代基本定型，形成了近代通风式潜水装具（见图1-4 近代通风式潜水装具）。

图1-4 近代通风式潜水装具

目前我国的通风式潜水装具主要有TF-3型、TF-12型和TF-88型。为了解决通风式潜水装具在使用过程中的"放漂"问题，人们又设法把头盔排气阀改为自动排气阀。同时，为了解决水面供气中断时，潜水员应急逃生过程中的呼吸问题，增加了应急供气系统，如我国自行研发生产的TF-88型通风式潜水装具就佩戴有应急气瓶，这样大大提高了通风式潜水作业的安全性。

　　早在1860年法国人首先成功研发了需供式供气调节器。需供式潜水装具是将压缩空气经减压阀减压后,经脐带连接至头盔的供气组合阀,至二级减压器,使其气体压力降至与环境压力一致,供潜水员呼吸。另外,应急供气时,压缩空气从背负应急供气系统的应急气瓶,经一级减压器和应急供气截止阀进入二级减压器供潜水员呼吸。当潜水员吸气时,压缩空气按照潜水员的需要自动进行供气。目前我国的需供式潜水装具主要有HJ-801型、TZ-300型、MZ-300型。它们的主要区别在于潜水头盔,其中HJ-801型与MZ-300型潜水装具属于面罩式,而TZ-300型潜水装具属于头盔式。

　　法国人Benoit(伯努瓦)在1866年设计出第一套自携式潜水呼吸器,其供气方法的原理设想是创造性的,其结构还比较原始,未能得到进一步的发展。直到20世纪40年代中期(1943年),由法国海军的Cousteau(库斯托)和工程师Emile Gagnan(埃米尔·加格南)共同设计出开式回路自携式潜水呼吸器SCUBA(斯库巴),又称"水肺"潜水,它由一个高压气瓶、一级减压器、中压软管、按需供气阀等组成。自携式潜水呼吸器的出现,使得潜水员在水下有自由活动空间,简便灵活,很快就被人们所熟悉,也引起了人们对潜水的兴趣,这无疑是人类潜水史上的一次飞跃。随着高压压缩空气和高压气瓶的出现,解决了贮存较多气体的问题,因此,用"水肺"装备的轻潜水装具,获得了更大的实用价值。这种潜水呼吸器的结构原理一直沿用至今,它是现代自携式潜水装具的原型(见图1-5自携式潜水装具)。

图1-5 自携式潜水装具

　　我国从60年代初期开始引进苏联产品双管咬嘴式空气潜水呼吸器,并以苏制产品为基础改进制成QH-40型国产双管咬嘴式空气潜水呼吸器;60年代中期又以法国产品双管咬嘴式空气潜水呼吸器和日本产品单管咬嘴式空气潜水呼吸器为基础,制成了2-9型呼吸器。60年代后期,我国海军医学研究所又参照国外的样机,做了一些改进,研制成功了单管全面罩式空气潜水呼吸器,并于70年代初投入批产,产品名称为69-Ⅲ型空气潜水呼吸器,其后又接着研制成单管咬嘴平衡式空气潜水呼吸器,产品名称为69-Ⅳ型空气潜水呼吸器,并于1981年投入生产。69-Ⅲ型和69-Ⅳ型潜水呼吸器在国内的潜水作业、潜水运动单位被广泛采用,成为我国通用的普及型潜水装具。

随着潜水深度的不断增加,呼吸空气潜水氮麻醉带来的影响限制了潜水深度,氦氧潜水的出现开创了使用混合气潜水的新技术,收到了防止氮麻醉、增加潜水深度的功效。但是,任何一次深潜水作业后又必须减压,而减压时间又相当长,真正用于潜水的时间很少、功效较低。为了解决潜水深度与潜水时间的矛盾、减压时间与潜水作业之间的矛盾,20世纪50年代出现了"饱和潜水"新技术,并相继研制了水下居住舱、甲板居住舱、潜水钟等饱和潜水设备系统,潜水员可以长时间的在水下作业、停留、居住,然后一次性减压回到常压状态(见图1-6 饱和潜水水下居住舱及有关设备示意图),这是人类在潜水技术上的一项重大突破,是人类探索海洋空间的巨大进步。在潜水技术和潜水装具不断发展的同时,近40多年来,为适应更大水深环境的潜水需要,国际上又不断地研制出载人的常规深潜水器(Human Occupied Vehicle,HOV)、调压出入深潜水器,能携带人员去执行大水深现场的决策和精细作业任务,如我国的"蛟龙"载人潜水器。美国、加拿大、英国、日本等发达国家也一直致力于水下自主机器人技术(Autonomous Underwater Vehicle,AUV)的研发,如:美国Hydroid公司的REMUS系列水下自主机器人和英国AUVAC公司的Autosub系列水下自主机器人,最大潜深6 000 m。目前AUV主要用于水下探测(如海底地形、海底沉物)、海底目标跟踪和海洋数据采集等。

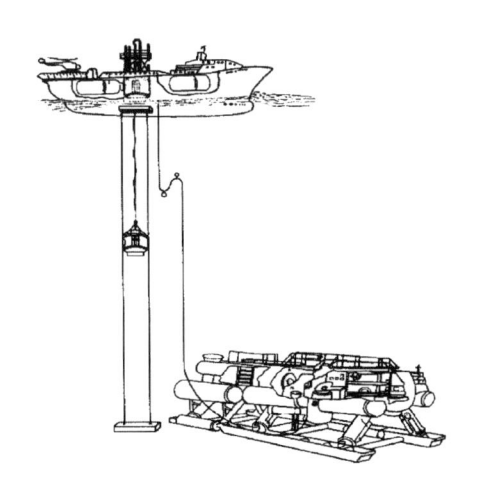

图1-6 饱和潜水水下居住舱及有关设备示意图

由于内河航道和船闸的水下空间相对较小,且目前AUV的智能化水平仍有待提高,因此与AUV相比,采用遥控无人潜水器(Remote Operated Vehicle,ROV)更适合实现内河航道及船闸的水下检测,大量的ROV开始进入潜水市场。目前国内外的水下机器人公司陆续推出了系列水下机器人,如 VideoRay、Outland Technology、SEAMOR Marine、深之蓝等,国内相关研究机构也开展了水下作业机器人的研发。目前,ROV 已经成功应用于江河、湖泊、航道及船闸的水下检测,如水下机器人携带多波束声呐系统、高清摄像头等设备对钢围堰、闸门门槽、航道等进行检测,在潜水作业方面部分代替了"潜水员",降低了潜水员的工作负荷和危险,为水下机器人的推广与应用开创了新局面。

第二节 潜水装具分类

潜水装具的分类较多,根据重量可分为重潜水装具和轻潜水装具;根据供气方式的不同可分为自携式潜水装具和管供式潜水装具等。目前使用比较流行的潜水装具可分为三大类型,即通风式潜水装具、自携式潜水装具和水面需供式潜水装具。

一、通风式潜水装具

通风式潜水装具是将潜水头盔、领盘和潜水服连接在一起形成一个密闭空间,通过潜水软管从水面不断地将新鲜空气送入头盔,潜水员就是在这个空间里呼吸压缩空气,并不时从头盔的排气阀排除多余的气体,以此来实现呼吸气体的更新。

装具启用至少应配备包括头盔、潜水服、保暖用衬衣裤、压铅、潜水鞋、潜水供气软管、腰节阀、潜水对讲电话、信号绳、腰绳、空气压缩机等设备。

该型装具主要用于深潜水作业、繁重的打捞和水下设施维修以及水产养殖等。装具主要优点包括不受供气限制、身体保护和保暖好、水下通信良好;其缺点是作业开展较慢、水下灵活性差、容易引起放漂、需要辅助人员多。同时,作业深度一般在 60 m 以内;潜水队最少需要 6 人作业。

目前国内主要代表产品有 TF‑3 型、TF‑12 型以及 TF‑88 型潜水装具等,其中 TF‑88 型潜水装具佩戴有应急供气系统,增加了潜水作业的安全性。

二、自携式潜水装具

自携式潜水装具主要是以自携式潜水呼吸器作为呼吸装置,配用湿式或干式潜水保暖服作为防护服装的潜水装置。它的优点是:重量轻,携带方便;排水量小;浮力近于中性,水下活动灵活;潜水员可着脚蹼在水下潜泳;其缺点是:水下停留时间和深度受限制、呼吸阻力较大、易受水流影响、没有电话通信设备。该种装具使用深度一般限制在 40 m 以内,流速不超过 0.5 m/s,潜水队最少需要 4 人作业。

装具启用需要配备的器材主要包括潜水呼吸器、高压气瓶、潜水保暖服、面罩、压铅、脚蹼、信号绳等设备。

该装具主要应用于作业深度 40 m 以内的水下作业，其中包括水下搜索、水下检查、小型水下检修和打捞以及水产养殖等。

目前我国国内主要代表产品包括 69-Ⅲ 型和 69-Ⅳ 型潜水装具等，其中 69-Ⅳ 型潜水装具使用最广，而 69-Ⅲ 型潜水装具使用较少。

三、水面需供式潜水装具

需供式潜水装具是将压缩空气从水面供气装置的气瓶组，经软管供减压阀，使其输出供气压力调至比潜水深度的环境压力高 1 MPa，经脐带连接至头盔的供气组合阀，至二级减压器，使其气体压力降至与环境压力一致，供潜水员呼吸。呼气时，由二级减压器呼气单向阀排入水中；应急供气时，压缩空气从背负应急供气系统的应急气瓶，经连接气瓶上的一级减压器，打开供气组合阀的应急供气截止阀，二级减压器就有继续供人体呼吸的气体。

使用本装具至少需要配备包括头盔或面罩、应急气瓶、潜水保暖服、压铅、安全带、潜水对讲电话、脚蹼或潜水鞋、脐带、空气压缩机等设备。本装具主要应用于水下搜索、水下检验和维修、救助打捞以及水产养殖等；其主要优点包括不受供气限制、水下活动灵活、无移动浮力不放漂、工作展开迅速、水下通信良好、安全性能好；但其缺点有垂直活动受限、支持设备多；其工作深度限制在 60 m 以内；潜水队最少需要 5 人作业。

目前我国主要代表产品有 HJ-801 型、MZ-300 型和 TZ-300 型潜水装具等，其中前两种属于面罩式潜水装具，而 TZ-300 型属于头盔式潜水装具；进口产品有美国的 KMB-28 型（面罩式）、KM-37 型（头盔式）潜水装具。

第三节　潜水技术的应用

一、在海洋开发中的应用

海洋占地球总面积的 71%，地球上的水域面积占地球表面积的 60% 以上，是一个巨大的自然资源宝库。在海洋科学技术的发展中，虽然已经有许多的仪器和潜水器可以用来了解海洋，并进行一定的作业，但还有许多工作离不开人的直接作业，需要潜水员到水下去进行观测、调查、采样、施工或者管理，完成一切仪器设备或者机械手所难以完成的复杂任务。因此,在向海洋进军的研究中,人类加紧尝试使自己进入海洋深处,以便于直接研究海洋,已成为一个重要的内容。潜水员掌握潜水技术是潜水作业的重要手段。随着科学技术的发展,人类开发利用海洋资源的力度不断加大,对潜水设备的改进和发展、对潜水技术的研究都提出了非常迫切的要求。目前,人类在航天事业上已经取得了辉煌成就,如月球已有人类的足印、探测器已进入太阳系、宇宙飞船的太空对接、空间站的设立等都足以证明航天事业的科技发达。但是,人类在潜水作业征服海洋方面的研究和实践却远远落后于航天事业。俄罗斯"库尔斯克"号核潜艇的沉没与全体艇员遇难,从另一角度揭示例证了潜水作业的艰难程度。相信随着科学技术的不断进步与发展,人类开发利用海洋的不断深入,潜水技术的发展必将有一个历史性的飞跃。

二、在军事领域中的应用

在军事领域,潜水技术也同样具有重要的实用价值。它不仅可以用于沉船打捞、潜艇脱险、水下建筑物的建设与维护等,而且还可以实施对敌方码头、舰船的袭击等。

三、在内河航道中的应用

潜水作为水下作业的重要手段,在港航系列的建设与维护、内陆江河、湖泊等淡水领域也有重要的作用。潜水技术主要应用于对内陆江河、湖泊以及水库大坝的监测维修;码头和桥梁的建设与维护;内河沉船的打捞以及水产养殖、娱乐休闲等。

内河航道的特点是河道狭窄(同宽阔水面相对而言),山区河床的比降较大,水流较急,不利于潜水作业的实施,但平原河道一般水深不大,流速很小(一般在 0.2 m/s),有利于潜水作业的实施。因为内河潜水作业具有点多、线长、流动、分散的特点,加上内河航道上过往的船只频繁,在航道内进行工程施工,既不能断航,更不能断流。所以,航道工程多采用水下施工方法,其中一些项目必须由潜水员承担。如航道整治工程中的水下爆破、扫床清障作业中的清除暗桩和打捞沉船、水工建筑工程中的水下安装和水下灌筑混凝土、水下切割和焊接、船体封补和检查船舶水下部位情况,以及各种船闸闸门与阀门的水下定期检查与维修等作业,都要依靠潜水员的水下作业来完成。由此可见,内河潜水技术,在内河航道系统中占有非常重要的地位。

我们在学习时,首先必须认识潜水工作的重要意义,克服神秘、危险、可怕的负面印象,在学懂潜水基本理论的基础上,再经过严格的操作训练和反复的水下实践体验,就能切实有效地掌握潜水技术。在水下实践或作业时,不论什么情况下,首先必须沉着冷静,胆大心细。遇到疑难问题必须及时报告水面人员,服从指挥,又要具有独立工作的能力,才能圆满地完成水下特殊环境的各项潜水作业任务。

思考题

1. 潜水活动发展到今天主要经过哪三个阶段？
2. 什么叫潜水？什么人员称潜水员？
3. 什么叫潜水技术？潜水技术与潜水作业技术有何区别？
4. 根据潜水的目的不同，潜水可分为哪四类？
5. 潜水在军事和民用方面分别有什么用途？
6. 为什么说屏气潜水是一种承压潜水技术？
7. 用潜水呼吸管潜水为什么只能下潜很浅的深度？
8. 潜水装具是什么？
9. 请说明通风式重装的优缺点。
10. 轻装与重装有何不同之处？
11. 为什么水面需供式轻装在产业潜水中用得最广？
12. 内河航道与内河潜水的特点有哪些？
13. 内河潜水员主要工作内容有哪些？
14. 怎样才能学习和掌握潜水技术？

第二章　潜水物理常识

水下环境是一个复杂多变的世界,这里具有高压、低温、黑暗等影响潜水员生存和作业的特点。潜水过程是潜水员从常压进入高压,又从高压返回到常压的过程。在生存环境发生改变的情况下,潜水员的生命安全取决于能否克服相应环境压力的变化以及由于压力变化而引起各组成气体分压对人机体的影响。因此,为保证潜水作业的安全实施,潜水作业人员必须了解和掌握与潜水有关的物理知识。

第一节　潜水物理

地球表面能适合人类自由活动的空间,仅局限于大气层的一定范围。一旦超过这个范围,外在环境明显恶化,人类很难生存。在这种环境下能否生存,完全取决于是否拥有有效抵御外在恶劣环境因素的手段。要安全实施潜水作业,潜水员必须首先了解水下环境的特点,掌握抵御或缓解环境不利因素影响的技术。因此,掌握一些物理学(关于物质、运动和能量等)的基础知识,特别是气体的运动规律、浮力原理、热、光、声在水下的特性,对安全潜水是非常重要的。

一、物质

一般情况下,物质有三种聚集状态:固体、液体和气体。一切物质的分子都在不停地做无规则运动,其运动速度和物质的温度有密切关系,速度越快,其温度越高。一切物质的分子之间都有相互作用力。固体分子的空隙及其运动速度最小,液体分子次之,而气体分子则最大。气体没有固定的形状和体积,在受到压力作用后,体积还会缩小。气体具有明显的扩散性和可压缩性。

二、能量

功和能的概念是密切相关的,它们构成了物理世界的第二要素。对某物体施加一个力,这个物体在力的方向上移动了一段距离,我们把力和位移的乘积叫作这个力对物体所做的功。单位时间所做的功则叫功率。

能量是指做功的能力。能量守恒定律指出:自然界的能量既不能创造,也不能消灭,只能从一种形式转换成另一种形式。能量有六种基本形式,即:机械能、热能、辐射能、化学能、电能和核能。

潜水物理学中,将着重研究光(属辐射能)、声(属机械能)和热能在水下的传播特性。

三、计量单位

物理学在很大程度上依赖于物质或能量的一种状态与另一种状态的比较标准。潜水员必须熟悉掌握各种计量单位,才能理解和运用好物理学原理。在潜水界,以往经常使用公制单位和英制单位。我国颁布法定计量单位以后,英制单位和公制中的许多单位已被剔除在法定计量单位以外。我国的法定计量单位是以国际单位为基础,适当保留个别常用的非国际单位所组成的计量单位体系。今后,凡是遇到计量单位的问题时,我们都应使用国家法定计量单位。潜水中常用到的一些法定和非法定计量单位的换算关系见表2-1。

表2-1 常用法定和非法定计量单位的换算

物理量	法定单位	非法定单位	换算关系
长度	米(m) 厘米(cm) 毫米(mm)	英尺(ft) 英寸(in)	1 m=100 cm=1 000 mm 1 ft=12 in=0.304 8 m 1 in=25.4 mm
体积	立方米(m^3) 升(L)	立方英尺(ft^3) 立方英寸(in^3)	1 m^3=1 000 L 1 ft^3=0.028 3 m^3 1 in^3=0.016 4 L
质量	克(g) 千克(kg) 吨(t)	磅(lb)	1 kg=1 000 g 1 lb=0.453 6 kg 1 t=1 000 kg
力	牛顿(N) 千牛(kN)	磅力(lbf) 公斤力(kgf) 吨力(tf)	1 kN=1 000 N 1 lbf=4.445 3 N 1 kgf=9.8 N 1 tf=9.8 kN

续表

物理量	法定单位	非法定单位	换算关系
压强	帕(Pa) 兆帕(MPa) 千帕(kPa)	标准大气压(atm) 工程大气压(at) 厘米水柱(cmH$_2$O) 公斤力/平方厘米（kgf/cm^2） 毫米汞柱(mmHg) 磅力/平方英寸(1bf/in^2) 巴(bar)	1 MPa=10^6 Pa 1 atm=760 mmHg =14.71 bf/in^2 =101.325 kPa ≈0.1 MPa 1 at=1 kgf/cm^2 =98.066 5 kPa ≈0.1 MPa 1 cmH$_2$O=98.066 5 Pa ≈0.1 kPa 1 bar=100 kPa
热量	焦耳(J)	卡(cal) 大卡(kcal)	1 cal=4.186 8 J 1 kcal=1 000 cal

第二节 水 的 压 强

一、水的物理性质

水的分子是由两个氢原子和一个氧原子组成的,其分子式为 H$_2$O。纯净的水是一种无色、无味、透明的液体,在 4℃时密度最大,为 1 g/cm^3,是空气密度的 770 多倍。水的沸点是 100℃,冰点是 0℃。

与空气比较,水是不可压缩的。但是当一定量的水,加压至 20 MPa 时,它的体积会减少 1‰。由于水的压缩性很小,故可忽略不计。因此,我们通常称水是不可压缩的。

一般情况下,非纯净水的密度较纯净水的大。海水的密度约为 1.025 g/cm^3,海水含盐量为 30～35 g/L。

水与其他液体一样,具有易流动性。这是因为水在压力作用下,可达到平衡状态;而在拉力或切力的作用下,会产生变形。由于水具有流动性,因此它是一种流体。

二、水的压强

(一) 压强的概念

单位面积上受到的压力叫作压强。压力既可以由物体的重量产生,例如大气的重量和水的重量可分别产生大气的压力和水的压力;又可以由物体间的作用力产生,例如空气压缩机的活塞对气缸内空气的作用所产生的压缩力。

压强的基本单位为帕(Pa),因为帕的单位很小,所以在计算水和气体压强时,常用兆帕(MPa)来表示。

$$1\ Pa = 1\ N/m^2$$
$$1\ MPa = 10^6\ Pa$$

需要注意的是,在国家法定计量单位颁布前,潜水界经常使用大气压以公斤力/平方厘米等作为压强单位,现已不允许使用。但大气压作为压强的一个概念仍在使用,不过已不再是压强的法定单位。在医学和潜水等领域,经常把压强称作压力,这个力不是物理学概念中的压力,而是特指压强。

潜水员在水中所承受的压强包括由水的重量所产生的静水压强,以及由水面大气的重量所产生的大气压强。

水面大气压强随海拔高度和天气的变化而变化,但一般情况下,我们认为地球表面的气压近似等于0.1 MPa(一个大气压)。对于气体的压强,一般使用压力表即可测出,当我们把压力表置于海平面大气中时,压力表的指针指在刻度盘上"0"的位置。这并非说大气的压强为零,实际上大气的压强约是0.1 MPa,也就是说压力表所显示的压强值不包含大气压强。为了研究方便,我们经常使用绝对压强和相对压强的概念。

所谓相对压强(也叫表压或附加压),表示物体实际承受的压强与大气压之间的压差。压力表所显示的压强是相对压强。

所谓绝对压强,表示物体实际承受的压强,也就是施加的总压强。

绝对压强等于相对压强加上0.1 MPa(一个大气压)。

在气体定律的计算中,以及研究高压环境下,对人体的生理效应时,应使用绝对压强。

(二) 静水压强

由于水的重量而产生的压力叫作静水压力。单位面积上承受的静水压力就是静水压强。

在中学的物理课程中,我们学习过:液体内部同一点各个方向的压强都相等,而且深度增加,压强也增加。在同一深度,各点的压强都相等。若 ρ 为某种液体的密度,则深度为 h 处的静水压强 P 为

$$P = g\rho h \tag{2-1}$$

式中:P——静水压强,Pa;

g——重力加速度,N/kg;

ρ——液体的密度,kg/m^3;

h——水的深度,m。

在潜水中,我们经常近似认为江河湖海的水密度都是1 g/cm^3,重力加速度取10 N/kg,

静水压强以 MPa 为单位,则(2-1)式可简化为

$$P=0.01h \tag{2-2}$$

当 $h=10$ m 时,$P=0.1$ MPa(相当于一个大气压);同理,当 $h=20$ m 时,$P=0.2$ MPa(二个大气压)……也就是说当水深每增加 10 m 时,静水压强即增加 0.1 MPa(一个大气压)。

例 2.1 某潜水员潜入 36 m 水深处,问其承受多大的压强。

解:潜水员在水下受的压强由静水压强和水面上的大气压强叠加而成。

$$P=0.01h=0.01\times36=0.36(\text{MPa})$$

$$P_{绝}=P+0.1=0.36+0.1=0.46(\text{MPa})$$

所以潜水员在 36 m 水深处,承受了 0.46 MPa 的压强。

(三)帕斯卡定律

潜水员工作环境是在有自由液面的水下,在这种具有自由液面的水中,不同深度压强是不同的。

如果把水或其他液体放入一个没有自由液面的密闭容器内,并向容器内某点施加一个压力,情况会怎样呢?

实验证明:在密闭容器内的液体,能把它在一处受到的压强,大小不变地向液体各部分、各方向传递。这就是帕斯卡定律。

水压机及其他一切液压机械均是根据帕斯卡定律的工作原理而设计。

(四)水流动时压强与流速的关系

水的压强除了因自重产生的静水压强外,若水是流动的,那么因水的流动亦会产生压强的变化。

在稳定流动的水中,截面面积小的地方,流速大,压强小;截面面积大的地方,流速小,压强大。

当然,流速和压强并非成简单的反比关系。

第三节　水的浮力和潜水员的稳性

一、水的浮力

(一)浮力的概念

把一块木板放入水中,它会浮在水面,用弹簧秤称一个浸在水里的物体,其重量比在

空气中称的重量轻。这些事实说明浸在液体中的物体会受到一个向上的力。这种方向向上的托力，称为液体的浮力。

浮力是怎样产生的呢？

我们将一个正方体放入盛水的容器中，见图 2-1。设 A,B 两面平行于水面，A 面到水面的深度为 h_1，B 面到水面的深度为 h_2。从图中可以看出侧面 C 和 D，E 和 F 处于同一深度，故彼此受到的静水压力大小相等，方向相反，互相抵消。但 A 面和 B 面则不同，根据(2-1)式可知，B 面压强大于 A 面压强。即

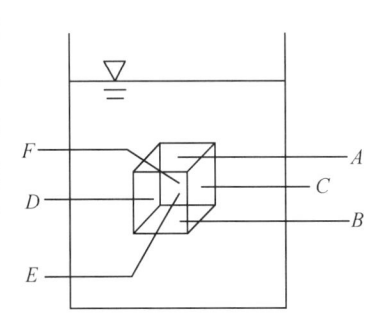

$$g\rho h_2 > g\rho h_1$$

图 2-1 浮力产生的原因

设 A、B 面的面积为 S，显然 B 面的压力一定大于 A 面的压力。即

$$S g\rho h_2 > S g\rho h_1$$

$$S g\rho h_2 - S g\rho h_1 > 0$$

从上式可知：B 面和 A 面存在一个压力差。这个压力差即为 B，A 两面的合力。这个合力的方向是垂直向上的。

由此可见，浸在液体中的物体，它受到向上的浮力，这个浮力就是物体受到的压力的合力。

(二) 阿基米德定律

实验证明，浮力的大小与浸入物体的体积及液体的密度有关。在同一种液体里，浸入物体的体积越大，浮力也就越大；液体的密度越大，浮力亦越大。

浮力的大小等于浸没物体排开液体的重力，这就是阿基米德定律。用公式表达为

$$D = g\rho V \tag{2-3}$$

式中：D——物体受到的浮力，N；

　　　g——重力加速度，N/kg；

　　　ρ——液体的密度，kg/m^3；

　　　V——物体排开液体的体积，m^3。

对于纯水，如果 D 的单位用 kN，g 取 9.8 N/kg 时，则(2-3)式可简化为

$$D = 9.8 V(\text{kN}) \tag{2-4}$$

(三) 物体的沉浮

一块钢板放入水中会沉到水底，但是用钢板制造的船却可漂浮在水面。为什么会有

这种现象呢？原来,浸在水中的物体除受到向下的重力 W 外,还受到向上的浮力 D,见图 2-2。物体的沉浮是由 D 和 W 共同作用的结果。

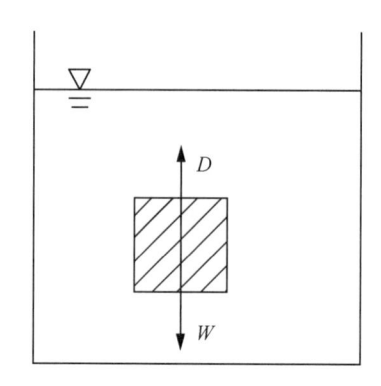

图 2-2　水中物体受力图

当 $W=D$ 时,合力 $D-W=0$,此时物体可以在液体内部任何位置平衡。我们把物体的这种状态叫悬浮状态(也叫中性状态)。

当 $D>W$ 时,合力 $D-W>0$,方向向上,物体会漂浮在水面,我们把物体的这种状态叫漂浮状态(也叫正浮力状态)。

当 $D<W$ 时,合力 $W-D>0$,方向向下,物体会沉到水底,我们把物体的这种状态叫下沉状态(也叫负浮力状态)。

显然,在水中的物体只能处于这三种状态中的一种。我们调节 D 和 W 的大小。可以改变物体的沉浮状态(简称为浮态)。

对物体的浮态进一步分析,实际上决定物体沉浮的因素是物体和液体各自的平均密度。当物体的平均密度等于液体的密度时,呈悬浮状态;当物体的平均密度小于液体的密度时,呈漂浮状态;反之,呈下沉状态。

例 2.2　欲把一个边长为 15 cm 的正方体钢块(密度 $\rho=7.8$ kg/m³)从水底打捞出水,至少需要多大的力？

解：钢块在水中分别受到向上的浮力 D 和向下的重力 W,打捞所需的力是它们间的合力。

$$D=9.8V=9.8\times 0.15^3=0.033(\text{kN})=33(\text{N})$$

$$W=g\rho V=9.8\times 7.8\times 0.15^3=0.258(\text{kN})=258(\text{N})$$

$$W-D=258-33=225(\text{N})$$

所以至少需要 225 N 的力才能将铁块打捞出水面。

(四) 潜水员的沉浮原理

潜水员在水中的沉浮和一般物体在水中单纯的沉浮有所不同。一般物体在水中的浮态完全取决于物体所受到的浮力和自重的差值,这个差值是固定不变的,所以只能处于三种浮态中的一种。一般物体的沉浮可以称作重力沉浮。潜水员和鱼类在水中的沉浮相类似。我们知道鱼类在水中的沉浮,一方面通过腹内的鳔,改变自身的排水体积,从而改变浮力和自重的差值,达到沉浮目的,这属于重力沉浮。另一方面,运用尾和鳍的推力达到潜游和浮游的目的,这种沉浮称作动力沉浮。

潜水员在水中的沉浮,一种是重力沉浮,一种是动力沉浮。重潜水属于重力沉浮,重潜水运用了压重物(如压铅),结合调节潜水服内的空气垫,使重力和浮力的差值可以在较大范围内任意调整,达到沉浮目的。而轻潜水服内没有(或者有很少)可任意调节的气垫,也就是说重力和浮力的差值无法随时改变,所以,轻潜水主要依靠脚蹼的推力达到沉浮目的。

二、潜水员的稳性

潜水员在水下作业时,需要采取各种不同的体位(比如:站立、半屈位、跪姿等),不论采取何种体位,都要求潜水员保持身体处于稳定的平衡状态。

(一)重心和浮心的概念

所谓潜水员的重心,是指潜水员自身的重力和潜水装具的重力,共同作用形成的合力的作用点。对于潜水员来说,重心一般在腰带部位。

潜水员的浮心,是指潜水员(含装具)在水中所受到的浮力的作用点。对于重潜水员来说,浮心一般在乳头的高度上。直立体位时,重心和浮心的垂直距离约为 20 cm,这个距离也叫稳性高度。

(二)潜水员在水下的稳性

潜水员在水下保持身体平衡的能力,称作潜水员的稳性。它取决于重心和浮心的相对位置以及潜水员本身的平衡感。

潜水员的平衡分为稳定平衡,不稳定平衡和中性平衡三种情况。稳定平衡的基本条件是:保持浮心在上,重心在下,并且在同一条铅垂线上。但潜水员在水下作业过程中,需要经常地变换体位,因此,也就不可能永远保持在一种平衡状态。由于不断变换动作,潜水员的重心和浮心随之不断地发生位移,因而原有的平衡不断被打破,而产生新的平衡。造成重心和浮心位移的原因很多,主要为身体长度的改变、重量的增减,潜水服内空气垫的位移等。潜水员在水下应保持稳定平衡。

潜水员水下不稳定平衡的条件是:重心在浮心的上方,或浮心与重心不在同一条铅垂线上。造成潜水员不稳定平衡的原因主要有:①压铅位置挂得过高,潜水员进入水后,重心位置在浮心之上,潜水员感到头重脚轻,极易倾倒,当潜水员两只潜水鞋都脱落时,亦会产生同样现象;②一侧压铅脱落或者一只潜水鞋脱落,会造成浮心与重心不在同一条铅垂线上,重力和浮力形成的倾覆力矩使潜水员倒转放漂。潜水员应避免不稳定平衡。

中性平衡是指:潜水员在水下浮力和重力相等,且浮心与重心重合的情况,此时,潜水员可悬浮于任何位置,并可绕重心与浮心的重合点作任意转动,这将不利于潜水员水下工作的正常进行。

(三)潜水员重心和浮心变化规律

潜水员的稳性取决于重心和浮心的相对位置。为了更好地掌握水下稳性,我们有必要对重心和浮心的变化规律进行分析和概括。

1. 重心的变化规律

在潜水运动中,一般认为在正确着装的基础上,不施力于物体,潜水员的重心位移很小。在直立的静态状态下,重心不变,而徒手运动时,虽因体位的变化造成重心的位移,但这种位移仍然是小范围的。由于重心在小范围发生偏离,潜水员可以轻易控制稳性,保持平衡。

重心的变化只有在潜水装具各部分配重不当、着装时佩挂物的位置偏差、运动时发生压铅、潜水鞋脱落、搬运重物时用力不当情况下,才会出现较大幅度的位移。如果重心位移后仍在浮心的下方,则仍属于稳定平衡范围。如果重心位移后处于浮心的上方,则为不稳定平衡。这时如果潜水员有准备,可以迅速将重心和浮心调整在同一条铅垂线上,仍可保持一个暂时的平衡,当然这是不易掌握的,一旦重心和浮心偏离同一条铅垂线时,倾覆力矩将使潜水员失去平衡,这是很危险的。

2. 浮心的变化规律

浮心的变化是随时随地发生的。这是因为潜水员在水下作业时,空气垫浮力的大小和位置随时都在变化。我们知道,空气垫浮力的大小是通过改变排水体积来实现的,而空气垫体积和位置是随时变化的,这种变化往往是不对称的,这就使得浮心随空气垫的变化而产生位移。浮心总是向排水体积相对增大的方向移动的。由于浮心的随时变化,从而随时改变着重心和浮心的相对位置关系,影响稳性。

对于重装潜水员几种常规移动与浮心变化关系可概括为:

(1) 空气垫体积增大时,浮心下移,反之上移;

(2) 后仰时空气垫前移,浮心亦前移;

(3) 前俯时空气垫后移,浮心亦后移;

(4) 左侧身时空气垫向右移,浮心亦右移;

(5) 右侧身时空气垫向左移,浮心亦左移。

第四节 水下环境对潜水员的影响

水下环境是水面以下作用于人体的各种客观条件的总称。潜水员入水时,就是处在这一特殊环境中。

一、水下环境的特点

(一)黑暗、高压、低温

由于水的反射和吸收,在40～50 m深的水下基本上能见度等于零,即完全处于黑暗之中。在这种情况下,潜水员在水下主要是靠触觉摸索着进行工作,视觉基本发挥不了作用,色觉鉴别力亦差。所以,潜水员在水下的活动范围受到较大限制,工作效率也受到一定影响。

由于静水压的存在,海水中每下潜10 m就增加一个大气压,因此,水下是一个高压环境。在水下,潜水员的胸廓受静水压的挤压,不可能如在水面大气环境中一样自由地呼吸,除非呼吸气体的压力与所处环境的压力相等,否则连正常的吸气动作也是不可能完成。

水的温度受气候影响较大,一年四季不同。通常水温比人体体温低,特别是随着深度的增加水温越低。所以,潜水员在水下进行潜水作业,不论在什么水域,对机体局部或全身来说,都处在低温条件下。

(二)阻力、浮力、稳度

潜水员在水下作业,接触的是水,水本身阻力较空气的大,加之水流(海流、潮汐)的影响,潜水员的每一个动作都要克服较大的水阻力或水流的冲击力,因而必须付出较多的能量消耗。

水的浮力对潜水员的下潜、水底保持一定作业体位和稳性以及上升出水都会带来很大的影响。因此,潜水员在水中的活动速度远比在空气中慢,而且效率也明显降低。

(三)定向差、通信困难

潜水员携带自携式装具潜水时,肌肉、关节的本体感受器对体位的保持却达不到原来的调节效果。因此,潜水员在水中对自己体位的感觉及对环境的定向能力均有明显减退。另外,潜水员在水下主要靠骨传导接收音响刺激,因此在水中辨别音源方向也十分困难,这影响潜水员在水中的定向能力。

潜水员潜到水下,如果不使用装具,当然无法讲话;即使使用装具,也会在语音上产生障碍,从而造成通信困难和心理上的不安全感。

此外，潜水员在水下工作时，还会受浪、流、涌和水底底质以及水生物等的影响。

二、水下环境对潜水员的影响

(一) 水下环境对潜水员的物理影响

1. 阻力对潜水员的影响

人在水中运动时，要受到水的阻碍，这种阻碍运动的力就是水的阻力。当流速达 1.5～2.0 m/s 时，潜水员直立时，水流冲击力分别达 80～140 N，如此大的冲击力潜水员在水中是难以稳定的。

通常将流速超过 1.0 m/s 以上的水流称为急流。潜水员可通过减小迎水面积来减小水流的冲击力，如可在水下匍匐行进等。

2. 浮力对潜水员的影响

浸入水里的物体，都要承受一个垂直向上的力，这种力称为浮力。物体还有一定的重量，形成一种下沉的力，这种力称为重力。凡是比重小的物体，在水中所排开的水重量大于该物体本身的重量，即正浮力大于负浮力，物体上浮。相反，物体下沉。

人在水下的浮力接近于零，当吸气时胸廓扩张即可产生正浮力。深呼气时胸廓缩小即可产生负浮力。当穿着潜水服和佩戴呼吸器时，体积的增加大于重量的增加，正浮力大于负浮力。必须佩戴适当重量的压重物，造成负浮力大于正浮力，潜水员才能潜入水下进行活动。有经验的潜水员可以利用供气量来调整水下的正负浮力。

(二) 水下环境对潜水员的视觉影响

人在水下的视觉与在空气中不同，由于介质的不同及光的反射、散射、折射、吸收等传播原因，人在水下的视觉与空气中有较大的变化。

1. 视力减弱

如人在空气中视力为 1 时，在水中可降至 1/100～1/200，视力减弱很大。这是因为眼与水接触，屈光度减小而成为严重的"远视眼"，使光线无法聚焦在视网膜上。为了弥补这一缺陷，目前使用的潜水装具都具备使水与眼角膜之间用空气层隔开的目镜，让光线仍然由空气入眼，使眼屈光度得以保持。

2. 视野缩小

人在水下的视野约为空气中的 3/4。视野缩小的原因，是光线由水进入眼内，屈光度减少。由于角膜与水接触时折射率小，原来视野边缘上的光已不能折射到视网膜上，潜水员要转动头颈和眼球来加大视野。

3. 空间视觉改变

人眼感知物体大小、形状、位置、距离等的视觉，称为"空间视觉"。人在水下空间视觉改变的特点是放大、位移和失真。这是光线从一个介质射入另一介质时，在两个介质分界处除一部分反射外,另一部分光线则改变方向射入第二介质中产生折射以及人习惯于感觉直射光线所致。水下物体看上去显得大些,约为原物的4/3;距离显得近些,约为原距离的3/4。

4. 水下色觉改变

光谱中的各种色光射入水下后,按光波的长短次序,随着水深的增加逐渐被吸收。长波光先被吸收,短波光后被吸收。各种色光先后被滤掉,所以色觉发生改变。如在10 m深处,红色光已不见了,从伤口流出来的血,看起来不是红色而呈深绿色。潜水员水下作业时要知道这一现象。

(三) 水下环境对潜水员的听觉影响

水下听觉是听觉器官受到水下声波刺激所产生的感觉。人在水下,听力和听觉辨别能力不同于正常听觉。声音在水下传播的速度比在空气中(332 m/s)快四倍多,约为1 500 m/s。

声音在水中传播也发生衰减,但比空气中小。衰减的因素很多,主要是声波能量被水吸收和散射等,这种衰减随着声音频率的增高而加大。

水下嘈杂的声音较空气中要少得多,水愈深愈静,故对声音的干扰非常小。人在水下听觉的改变,可能出现以下情况:

1. 听觉传音过程改变

人在水下,头部(或戴头盔、面罩)直接与水接触,仅外耳道残留少量空气,传音是靠骨传导;如戴头盔,则存在气传导。在空气中骨传导利用率低于气传导,但在水中骨传导比在空气中有利。因为水与头骨相近,声音从水中传到头骨时,能量衰减少。另外,水下的声音也可以通过肢体、躯干等传到头骨,再传到内耳。

2. 听力减退

在水下不论骨传导或气传导,都会产生听力减退。潜水员头部浸水或不直接浸水时,音源在水-金属-空气等不同介质的界面上,大部分声能被反射,音强度衰减较大,使听力减退,但金属敲击声和螺旋桨转动声能听到。因而敲击信号是潜水员在水下普遍采用的联系方式。水下潜水员交谈可通过水面电话来实现。

3. 听觉辨别能力降低

声源判定距离变近。潜水员在水下判断自己与声源的距离只有实际距离的1/4,是因为水中传播的音速比空气中快4倍,而人习惯于在空气中判断音距。

声源定向能力降低。潜水员在水下对音源方向的辨别能力很低,以致丧失,主要是传音途径由气传导改为骨传导,这种改变使辨别音源方向产生了困难。音色改变。潜水员在水下对音色的辨别能力也有改变,如敲击金属气瓶会发出短促、清脆声,没有在空气中特有的持续"余音";如水下爆炸声,好似用木棒击碎陶土罐时所发生的声音。

（四）水下环境对潜水员的生理影响

1. 水温对潜水员的影响

水温与潜水关系极为密切，主要是寒冷对潜水员的影响。如水温过低或在水下停留时间过长，机体产生的热量既要供给劳动时所消耗的能量，还要补偿机体在水中散失的大量热量，以维持正常的体温。体内温度每降低 0.5～0.8℃，就会导致心理能力降低 10%～20%，记忆力损失 40%；严重的体温过低，降到 35℃，将导致心脏功能不稳定；降低到 32℃左右多数人会失去知觉，最终由于心脏停搏和呼吸系统肌肉麻痹而导致死亡。

潜水员进行潜水时，通常是 15℃以下着干式潜水服，15～22℃着湿式或干式潜水服，22～30℃可裸潜（俗称赤膊潜水）。当水温超过人体温度潜水时，穿潜水服比不穿能延长水下耐受时间。在寒冷和高温的水中潜水，还应对水下停留时间加以限制，日常对潜水员的饮食营养、休息、热水浴等应加强保障，以确保潜水员水下作业的安全。

2. 压力对潜水员的影响

人体的主要代谢过程是：肺内吸入空气，氧在肺泡与微血管间通过气体交换，氧则溶于血液，由血液循环送到组织供生理氧化。经代谢在体内形成二氧化碳输送到肺组织的肺泡而排出体外。

当体外氧分压高于体内，经过气体的交换和血液循环，机体不断地将氧输入组织进行生理氧化。当体内二氧化碳分压高于体外，机体不断地将二氧化碳排出体外保证新陈代谢。人的机体对气体分压的变化具有一定的耐受能力。当吸入气体中各单质气体的分压大于或小于某一值时，会对人的机体造成伤害。

(1) 吸入气中氧分压低于 0.016 MPa（相当常压吸入气含氧 16%），可引起缺氧症。

(2) 吸入气中氧分压大于 0.303 9 MPa（即 20 m 水深吸纯氧），停留一定时间后，会引起急性氧中毒。

(3) 吸入气中氮分压达 0.480 MPa（即 50 m 水深吸用空气），可引起氮麻醉。

(4) 吸入气中二氧化碳分压大于 0.003 039 MPa（相当于常压下吸入气中二氧化碳占 3%），可引起二氧化碳中毒。

另外，水下环境压力还可造成潜水员减压病的发生等。

第五节　气体的物理性质

一、大气的概念

地球表面被一层厚达几千公里的空气包围着。包围着地球的空气层就叫大气层。

空气是无色、无味、透明、易压缩的气体，密度为 1.2~1.3 g/L。

空气可溶解于液体，人体中含有大量的水分，空气会以一定的比例溶解在人体中。

空气主要由氮气、氧气、二氧化碳、灰尘、水蒸气及惰性气体组成。惰性气体包括：氦、氖、氩、氪、氙和氡，它们化学性质相当稳定，在空气中含量非常稀少。除此之外，空气中还含有少量化学性质活泼的氢和一氧化碳等。空气中几种成分含量见下表2-2。潜水中会遇到各种气体，其中主要有氧、氮、氦、氢、氖、二氧化氮、一氧化碳和水蒸气等八种，它们以不同的含量存在于空气之中。

表 2-2　空气中几种成分含量及密度

气体名称	分子式	体积百分比（%）	密度（g/cm³）
氮	N_2	78	1.25×10^{-3}
氧	O_2	21	1.43×10^{-3}
二氧化碳	CO_2	0.033	1.97×10^{-3}
氦	He	0.000 5	1.8×10^{-4}

在常规潜水作业时，所使用的气体，最常用的是空气，空气是一种天然的潜水混合气体。在某些潜水作业时，也可以将空气中某些成分的气体与氧气混合，组成特殊的混合气体。下面介绍潜水中最常见的几种气体：

（一）氧气

氧气在空气中含量居第二位，但它是空气中对人类最重要的气体。氧气在空气中约占体积21%。无色、无臭、无味，化学性质活泼，易与其他元素结合。氧不能燃烧，但能助燃。

我们在呼吸空气时，人体所必需的其实只有氧气，它是人类及其他生物赖以生存的气体。

（二）氮气

氮气是空气中含量最多的气体，约占空气体积中78%。氮气无色、无臭、无味。它是所有生命的组成部分。但它与氧气不同，不能支持生命，也不能助燃。氮气化学性质较稳定,在高压下易溶解于血液。空气中的氮对空气潜水来说,可视作氧气的稀释剂。当然氮气并非是可用做稀释氧气的唯一气体。在高压环境下,呼吸含有高比例氮气的混合气体(比如空气)时因氮的分压过高,氮气会引发氮麻醉,使潜水员的定向能力和判断能力减弱。

(三) 氦气

氦气是无色、无味、无臭的惰性气体,不能溶于水。氦气在空气中含量极少,在高压环境下氦的麻醉作用少。故在 60 m 内深的潜水中,经常用氦气和氧气按一定比例配制成氦氧混合气,用于深潜水作业。

氦与氮比较,虽有不会发生氮麻醉的优点,但其也有引发语言失真和散热性强等缺点。

(四) 二氧化碳

当空气中二氧化碳含量较少时,它无色、无臭、无味,但当二氧化碳含量较大时,它具有酸味和臭味。二氧化碳比较重,常做泡沫灭火器中的灭火剂。二氧化碳极易溶于水,是机体呼吸和燃烧的产物。如果通风不良,人体排出的二氧化碳会在潜水员头盔或加压舱内积聚,当其浓度过高时,会发生二氧化碳中毒。

(五) 水蒸气

水蒸气是空气中所含的水,它以气态形式出现。水蒸气在空气中的含量与温度和湿度以及气体压强等因素有关。水蒸气含量过大,会使潜水面窗模糊,寒冷环境下供气软管内结冰或身体寒冷。水蒸气含量过低,会使呼吸道干燥难受。

二、大气的压强

大气的压力,是指大气层中空气对地球表面的压力。

大气压力是由大气的重量所引起的。空气虽然无形无色,但它是由具有重量的各种物质组成。早在 17 世纪,伽利略就发现空气具有重量。

单位面积地面所承受的大气压力叫作大气压强。大气的压力究竟有多大呢?由于大气层的体积巨大无比,显然无法用衡器来称量。17 世纪 40 年代意大利科学家托里塞利根据伽利略实验的启发,决定测定大气的重量。

托里塞利用一根长 1 m、口径 1 cm^2、一端密封的玻璃管,装满水银(水银的密度为水的 13.6 倍)。用一个手指将开口的一端密封,然后将玻璃管倒置并插入装有水银的槽内。移开手指,玻璃管内的水银下降,当达到距槽中的水银液面高度为 760 mm 时,水银停止下降,并一直保持这一高度见图 2-3。

托里塞利实验说明,压在槽内上方空气的重量等于 760 mm 水银的重量。

后来,法国科学家帕斯卡重复了托里塞利试验。他证明:只要截面面积相同,地球上

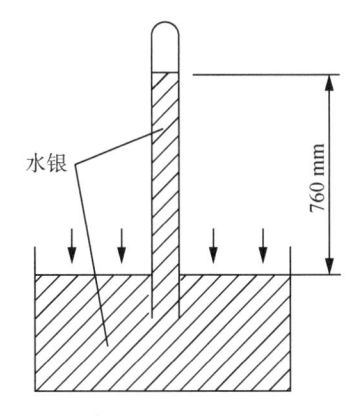

图 2-3 托里塞利实验

高达几千公里的空气柱重量与 10 m 海水水柱的重量近似相等。

根据上面结论,我们可计算出,1 cm² 的地面,其上空的大气重约为 1.033 6 kg。地球表面大气压强约为 0.101 3 MPa。

地球表面大气压强的值并非恒定不变的,它与天气、海拔高度等因素有关,但地球表面大气压强的值波动范围很小,并且围绕 0.101 3 MPa 波动。当大气压强值等于 0.101 3 MPa 时,我们称之为标准大气压。潜水作业有关计算中,不考虑大气压强值的变化,并用 0.1 MPa 作为大气的压强值。

三、湿度

空气中含有水蒸气,潜水混合气中也会有一定量的水蒸气。水蒸气是水的气态形式,它也遵循气体定律。

大气中水蒸气的含量叫作湿度,湿度大则表明空气中所含的水分多。潜水员呼吸气体中应含适量的水蒸气,这样可以滋润人体组织。但是如果湿度过大,潜水员会感觉不适,且当水蒸气冷凝为水时,可引起供气软管和装具中的气路结冰堵塞,使潜水员面窗模糊。

如果我们将一定量的水装入一个广口瓶中,然后将瓶密封,这时由于水分子的运动,一部分水将蒸发到液体上方的气体中,同时气体中一部分水蒸气将回到瓶内的水中。水将持续蒸发,最终将会出现离开液体表面的水蒸气分子数与返回水中的水蒸气分子数相等的平衡状态,此时称之为瓶内上空空气已被水蒸气饱和。

湿度与水蒸气的分压有关,而水蒸气的分压与液态水的温度有关。当水温和水面气温上升时,更多的水分子将蒸发到气体中,直至达到更高的水蒸气分压的平衡状态。如果水和气体温度降低,那么气体中的水蒸气将凝结为液态水,直至出现较低的水蒸气分压的平衡状态,所以一种气体中水蒸气所能达到的最大分压取决于这种气体的温度。水蒸气饱和时的温度叫露点。

气体中水蒸气的含量通常用绝对湿度和相对湿度表示。

绝对湿度是指单位体积的混合气体中水蒸气的质量。

相对湿度是指混合气体中水蒸气的质量与同一温度下该混合气被水蒸气饱和时的水蒸气质量之比,用百分数表示。显然,相对湿度的值在0%～100%之间。

在研究湿度时,还常用到湿球温度和干球温度的概念。干球温度为气体的实际温度。湿球温度是气体冷却到饱和(露点)的温度。只有在相对湿度为100%时,两种温度才相等,否则,湿球温度总是低于干球温度。

湿度在常规潜水中对潜水员的影响并不大,但在饱和潜水中,因潜水员长期居住在饱和深度的高压环境中,湿度对潜水员有一定影响。一般相对湿度应控制在50%～70%范围内。若相对湿度过高,潜水员会感到较潮湿,并容易引起细菌,特别是霉菌感染,若相对湿度过低,潜水员会感觉干燥,并使二氧化碳吸收剂效率降低。

第六节　理想气体的气态方程

一、气体的概念

根据分子运动论的观点,物体分子间存在着吸引力,这使物体分子不断聚集,同时当分子间距离靠得很近时,分子间又会产生排斥力,使分子间距离拉开。一般来说气体分子间的距离较大,且分子的质量很小,按照万有引力定律可知,气体分子间的作用力是很小的。

为了研究方便,我们通常忽略气体分子间的作用力。所谓理想气体,就是分子间没有相互作用力的气体。

由于理想气体分子间没有作用力,气体分子可以自由运动,造成气体没有一定的形状和体积,在没有外力的情况下,具有无限扩散的性质。

因为气体分子间的距离很大,气体在外力作用下具有易压缩性的特点。自然界的气体虽然非完全意义上的理想气体,但我们把它看作理想气体来研究,按理想气体理论推导出的有关气体定律进行计算,所得的结论误差很小。故我们在有关气体定律的计算中,都把实际的气体看作是理想气体。这样处理可大大简化研究过程。

二、气体的状态参量

对于一定质量的气体,我们常用气体的体积(V)、压强(P)和温度(T)来描述其状态,这三个量称为气体的状态参量。

由于气体可以自由移动,所以具有充满整个容器的性质,因此气体的体积由容器的容积来决定。气体体积的法定单位为立方米(m^3)、立方厘米(cm^3)和升(L)等。

温度是用来表示物体冷热程度的物理量。我们常用的温度是摄氏温度。在气体定律的计算时不能再使用摄氏温度,而应使用热力学温度(或叫绝对温度),其单位是开尔文,简称开(K)。

绝对温度(T)和摄氏温度(t)之间的关系为

$$T = t + 273$$

从上式可以看出,$t = -273℃$时,绝对温度 $T = 0K$。我们把这时的温度叫绝对零度。在气体定律计算中用的是绝对压强,相对压强不能直接代入气体定律公式中计算。

三、理想气体的气态方程

对于一定质量的气体,如果三个状态参量 P、V 和 T 都不改变,我们说气体处于某一状态。如果这三个量或任意二个量同时变化,我们说气体的状态改变了。

实验证明:一定质量的理想气体,它的压强和体积的乘积与绝对温度的比,在状态变化时始终保持不变,即

$$\frac{PV}{T} = 恒量 \quad 或 \quad \frac{P_1 V_1}{T_1} = \frac{P_2 V_2}{T_2} \tag{2-5}$$

我们把(2-5)式称为理想气体的气态方程。

式中 P_1、V_1、T_1 分别为第一种状态的压强、体积和绝对温度;P_2、V_2、T_2 分别为第二种状态的压强、体积和绝对温度。

气态方程描述了气体压强、体积和绝对温度之间的变化规律。

对于一定质量的气体,如果压强、体积和绝对温度三个量中一个量保持不变,那么根据(2-5)式可以分别得出,其余两个量的关系。

(一)波义耳-马略特定律

气体状态变化时,温度保持不变的过程叫作等温过程。根据(2-5)式,当 $T_1 = T_2$ 时

$$P_1 V_1 = P_2 V_2 = 恒量 \tag{2-6}$$

即:一定质量的气体,在温度保持不变时,气体的压强与体积成反比。

这个规律是17世纪,由英国科学家波义耳和法国科学家马略特分别发现的。我们

把(2-6)式称为波义耳-马略特定律。

(二) 盖·吕萨克定律

气体状态变化时,压强保持不变的过程叫作等压过程。根据(2-5)式,当 $P_1=P_2$ 时

$$\frac{V_1}{T_1}=\frac{V_2}{T_2}=恒量 \tag{2-7}$$

即:一定质量的气体,在压强保持不变时,气体的体积与绝对温度成正比。

这个规律由法国科学家盖·吕萨克最早发现。我们把(2-7)式称为盖·吕萨克定律。

(三) 查理定律

气体状态变化时,体积保持不变的过程叫等容过程。根据(2-5)式,当 $V_1=V_2$ 时

$$\frac{P_1}{T_1}=\frac{P_2}{T_2}=恒量 \tag{2-8}$$

即:一定质量的气体,在体积保持不变时,气体的压强和绝对温度成正比。

这个规律由法国科学家查理首次发现。我们把(2-8)式称为查理定律。

例 2.3 将常压下 31 m³ 的空气(温度 23℃),压入容积为 8 m³ 真空的加压舱内,这时舱上压力表指到 0.3 MPa。问舱内空气的温度为多少?

解:常压空气的绝对压强为 0.1 MPa,舱内空气的压强 0.3 MPa 是相对压强。舱内空气在压缩过程中,质量保持不变,可运用(2-5)式。

已知:$P_1=0.1$ MPa, $V_1=31$ m³ $T_1=23+273=296$ K,

$P_2=0.3+0.1=0.4$ MPa, $V_2=8$ m³。

求:T_2。

根据(2-6)式可得

$$T_2=\frac{P_2 V_2}{P_1 V_1}\cdot T_1=\frac{0.4\times 8}{0.1\times 31}\times 296=305.5(K)$$

$$t_2=T_2-273=32.5(℃)$$

所以,舱内空气温度升到 32.5℃。

例 2.4 自携式潜水员,下水前用压力表测得气瓶压强为 12 MPa,瓶内空气为 50℃,潜入 20 m 水深处,水温为 10℃。问潜水员到达水底时气瓶内空气的相对压强为多少?

解:潜水员从水面到达水底的过程中,需不断呼吸,消耗瓶内压缩空气,也就是气瓶内的质量非恒定,(2-5)式已不适用。但如果潜水员快速到达水底,我们可以忽略气瓶内部物质的减少,即近似认为恒定,这样(2-5)式仍可近似使用。同时,因潜水员快速到达水底,气瓶内空气的温度也不可能同步降至水温,但为了计算方便,我们近似地认为潜水

员到达水底时,其瓶内气温降至水温。

已知:$P_1 = 12 + 0.1 = 12.1 \text{ MPa}$　　$T_1 = 50 + 273 = 323 \text{ K}$
$T_2 = 10 + 273 = 283 \text{ K}$　　　$V_1 = V_2$

求:P_2。

根据(2-9)式可得

$$P_2 = \frac{P_1}{T_1} \cdot T_2 = \frac{12.1}{323} \times 283 = 10.6 (\text{MPa})$$

所以潜水员到达水底时气瓶内空气的相对压强 $= P_2 - 0.1 = 10.5 (\text{MPa})$

例 2.5　自携式潜水员,在水下 20 m 水深处,深呼吸吸足压缩空气,然后取下呼吸器直接上升出水,问到达水面时,其肺部体积为水下 20 m 时的多少倍?

解:潜水员在 20 m 水深时,其肺部承受的压强是静水压强和水面大气压强之和,屏气出水后,与大气压强相等。因是屏气出水,肺部内空气的质量保持不变。如果我们不计出水后气温的差异,则可运用(2-6)式计算。

已知:$P_1 = P_静 + 0.1 = 0.01 \times 20 + 0.1 = 0.3 \text{ PMa}$,$P_2 = 0.1 \text{ PMa}$,$T_1 = T_2$。

求:$\dfrac{V_2}{V_1}$。

根据(2-6)式可得

$$\frac{V_2}{V_1} = \frac{P_1}{P_2} = \frac{0.3}{0.1} = 3 \quad \text{即}: V_2 = 3 V_1$$

所以出水后肺部的体积是水下 20 m 时的三倍。

从这个例题可以知道:这种屏气出水是相当危险的,肺部过度膨胀会引起肺气压伤。正确的出水方法是在出水过程中不断呼出肺部气体,随深度的减少肺部内存气体的量也会不断减少,这样到达水面时,肺部体积不会出现明显膨胀。

第七节　混 合 气

一、混合气的概念

混合气是指两种或两种以上单一气体按一定比例混合所组成的均匀混合的气体。

潜水中呼吸的混合气一般采用人工配制而成,常用的配制方法有:分压配气法、容积配气法、流量配气法及称量配气法等。

空气是最常见的天然混合气,它含有氧、氮、二氧化碳、水蒸气等成分。空气是最常用的潜水呼吸气源。因空气中含有大量的氮,在深潜水时,会使潜水员发生氮麻醉,故在深潜水中常用氧气和其他一些惰性气体配成潜水混合气体。现今最常用的是用氧气和氦气按一定比例配制成氦氧混合气,用于氦氧潜水和饱和潜水。

混合气具有一定的压强,一瓶装有某种混合气的气瓶,我们用压力表可测出这瓶混合气的压强。这个压强是由混合气中各个成分共同作用的结果,我们把它称作混合气的总压。如果我们把混合气体中某一成分气体单独留在气瓶内,其他成分全部排出气瓶,这时所留下的单一气体将单独占据整个气瓶的空间,我们用压力表能够测出这种单一成分气体的压强。

混合气体中,某种单一成分气体的压强叫作混合气体中这种单一成分气体的分压。故在混合气体中,每一种成分的单一气体都具有各自的分压。

二、道尔顿定律

混合气的总压用压力表可轻易测得,但混合气中某种成分气体的分压,几乎不可能用压力表测出。因为我们无法在容器中仅保留某种气体,而把其他成分气体排出。

英国科学家道尔顿通过实验证明:

混合气体的总压强,等于各组成成分气体的分压之和,即

$$P = P_1 + P_2 + P_3 + \cdots + P_n \tag{2-9}$$

式中:P——混合气的总压强;

P_1、$P_2 \cdots P_n$——各组成成分气体的分压。

我们把(2-9)式称作道尔顿定律,也叫分压定律。

道尔顿指出混合气中,任何一种气体的分压与这种气体在整个容器中的分子百分数(体积百分比)成正比。

道尔顿定律可用于计算混合气中某种成分气体的分压,即

$$P_x = P \cdot C \tag{2-10}$$

式中:P_x——某种气体的分压;

P——混合气总压;

C——某种气体在混合气中所占的体积百分比。

例 2.6 已知空气中 O_2,N_2 和 CO_2 的体积分别占空气总体积的 21%,78% 和 0.03%。求在常压及水下 50 m 时,它们各自的分压。

解:常压下,空气的总压强为 0.1 MPa;水下 50 m 时,空气的压强变为 0.6 MPa。在空气的压缩过程中,各种成分的百分比不变。

据(2-10)式,在常压时

$P_{O_2}=0.1\times21\%=0.021(\text{MPa})$

$P_{N_2}=0.1\times78\%=0.078(\text{MPa})$

$P_{CO_2}=0.1\times0.03\%=0.00003(\text{MPa})$

在水下 50 m 时

$P_{O_2}=0.6\times21\%=0.126(\text{MPa})$

$P_{N_2}=0.6\times78\%=0.468(\text{MPa})$

$P_{CO_2}=0.6\times0.03\%=0.00018(\text{MPa})$

混合气体中各成分气体对人体生理有不同的反应。气体对人体生理的作用取决于气体的分压。

三、水面等值

从上面例题中,可以看出,潜水员在 50 m 水深时,从空气中吸入的氧分子的数量,比在常压(0.1 MPa)下从空气中吸入的氧分子数量还多得多。同样吸入的二氧化碳分子数也为在水面正常空气中的六倍。为了比较气体在高压环境和常压环境对人体生理作用的影响,我们引入水面等值的概念。

所谓水面等值,指在某一深度的水中,一定分压的某种气体的浓度,与在水面常压(0.1 MPa)时呼吸的混合气体中这种气体的含量相同。即

$$SE=\frac{P}{0.1}\times100\% \tag{2-11}$$

式中:SE——水面等值;

　　P——气体在某深度水中的分压。

例 2.7 某种混合气体中,CO_2 分压为 0.003 MPa(绝对压强)。其水面等值为多少?

解: 已知 $P_{CO_2}=0.003$ MPa,根据(2-11)式,可得

$$SE=\frac{P}{0.1}\times100\%=\frac{0.003}{0.1}\times100\%=3\%$$

所以其水面等值为 3%。

上例中,说明潜水员在水下所吸入的二氧化碳的数量,相当于在水面常压下呼吸的气体中含有 3% 的二氧化碳,这对潜水员来说是相当危险的,即可能引起二氧化碳中毒症状。为了避免这种现象的出现,应严格控制呼吸气源中二氧化碳的含量,并经常对潜水

头盔进行通风,防止头盔内二氧化碳大量积聚引起分压过高。

四、气体的弥散

气体的弥散,是指某种气体的分子,通过自身的运动而进入另一种物质分子间隙内部的现象。它是气体分子在分压作用下运动的结果。

把两种气体放在同一容器内,尽管两种气体的密度不同,但到最后,这两种气体将完全均匀混合。气体的弥散遵循从高分压向低分压区域扩散的规律。分压的差值越大,弥散的速度也越快。

第八节 水下低温对潜水员的影响

一、热传递的概念

物质的分子运动所产生的能量,叫热能,简称热。热与温度密切相关,但是具有相同温度的物质所含的热能并不一定相等。所以热和温度是不同的概念,热的单位是J(焦耳)。

质量为1 kg的物质,温度升高1℃所需要的热量,叫该物质的比热。比热的单位是J/(kg·℃)。

气体与固体和液体不同,由于它的分子间距离较大,所以吸热时,体积和压强都会明显增大。因此对气体比热影响较大,在研究气体的比热时,必须分别从压强和体积中,取其一个为恒量,另一个为变量来研究。压强不变时叫等压比热,体积不变时叫等容比热。

等压比热大于等容比热。例如:空气的等压比热为1 005 J/(kg·℃),等容比热为712 J/(kg·℃)。常用气体的比热见表2-3。

表2-3 常用气体的比热　　　　　　　　　　单位:J/(kg·℃)

气体名称	等压比热	等容比热
空　气	1 005	712
氧　气	921	670
氮　气	1 047	754
氢　气	14 277	10 090
氦　气	5 234	3 140
二氧化碳	837	628
一氧化碳	1 047	754
水蒸气	1 842	1 382

热能可以从一个物体传递到另一个物体上,这个过程就叫热传递。

热传递有三种方式:传导、对流和辐射。通过物体直接接触来传递热量的方式叫传导。通过被加热流体(气体、液体)的运动来传递热量的方式叫对流。通过电磁波来传递热量的方式叫热辐射。

物质的热传导性能通常用导热系数来表示。导热系数小,则热传导性能差,保温性能好;导热系数大,则热传导性能好,保温性能差。常用气体的导热系数见表2-4。

表 2-4 常用气体的导热系数

气体名称	0℃时的导热系数 $w/(m \cdot ℃)$	与空气导热系数之比
空 气	0.022 3	1.00
氧 气	0.023 3	1.04
氮 气	0.022 8	1.02
氢 气	0.157 9	7.12
氦 气	0.132 1	6.23
二氧化碳	0.013 7	0.61

物质的热传递性能与其密度成正比,密度越大,单位时间内传递的热量越多。

二、水下低温对潜水员的影响

潜水员在寒冷的水中作业时,将通过传导和对流的方式散失大量的热量。由于水的导热系数比空气大得多,故潜水员主要通过传导方式散失热量。潜水员感到舒适的水温下限约为21℃。低于这个温度时,潜水员会感到寒冷,此时,仅穿游泳服的潜水员向水中的散热超过自身体内的热代偿。受冷的潜水员不可能有效地工作,思维也会受到影响,并且易诱发减压病,严重时甚至会冻僵致死。潜水服所用材料为导热系数低的热的不导体,穿着潜水服可保持潜水员的体温。在寒冷的水中长时间作业时常需要使用较厚的潜水服、干式潜水服或热水潜水服,不同水温对潜水员的影响和防寒要求见图2-4。

因为气体的热传递性能与它的密度成正比,所以随着水深的增加,水压力增大,通过气体绝热屏障的散热和通过呼吸向四周环境的散热会明显增加,如果呼吸的是高导热系数的氦氧混合气(导热系数为空气中的6倍),散热将更多。呼吸氦氧混合气时,在0.1 MPa时,仅呼吸散热一项就占身体产热量的10%;在0.7 MPa时,增加至28%;在2.1 MPa时,达到50%。同时随着水深的增加,水压力将潜水服压缩,潜水服密度变大,其隔热保暖功能大幅下降。例如一件普通的湿式潜水服在50 m水深时,其隔热保温能力仅相当于10 m水深时的40%。在上述情况下,仅依靠普通潜水服不能保持体温,必须向身体表面和呼吸气体补充一定的热量,比如,可以穿着热水潜水服和对呼吸气体加热等。

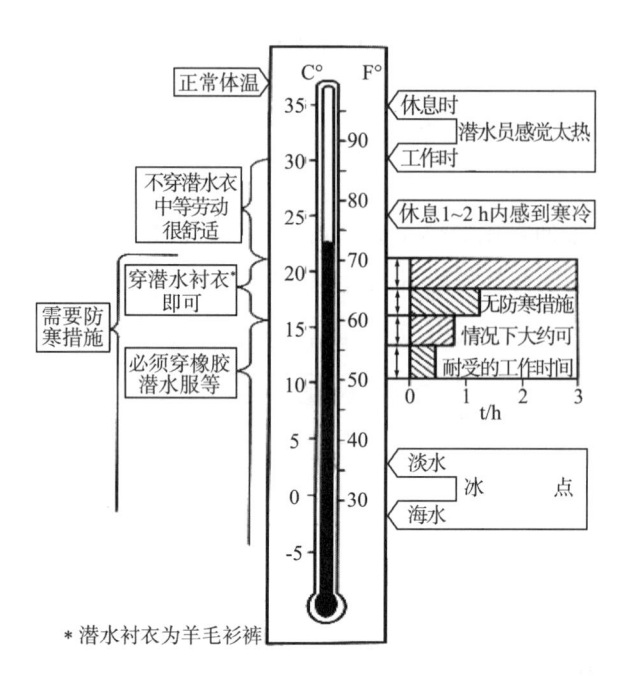

图 2-4　不同水温对潜水员的影响和防寒要求图

思考题

1. 为什么说水下深度每增加 10 m,静水压强增加 0.1 MPa?
2. 什么叫静水压强,什么叫绝对压强和相对压强?
3. 物体在水中有哪几种浮态,其决定因素是什么?
4. 潜水员在水下怎样才能保持稳定平衡?
5. 潜水员的浮心有何变化规律?
6. 试简述重装潜水员的沉浮原理。
7. 潜水员水下阻力与哪些因素有关?
8. 潜水员水下失稳主要由哪些原因引起?
9. 水下 35 m 处的静水压强为多少?
10. 一潜水员在水深 30 m 处水底,欲打捞一个重量为 50 kg,体积为 15 L 的物体,问至少需多大的力?
11. 在潮感河段,什么时候进行潜水作业最理想?
12. 潮汐和海流对潜水作业有何影响?
13. 大气压是压强单位吗?

14. 氦气有哪些性质,潜水中使用氦气有何优缺点?

15. 为何说波义耳-马略特定律、盖·吕萨克定律和查理定律都是理想气体的气态方程特殊情况?

16. 潜水员屏气出水有何后果?

17. 什么叫水面等值,它在潜水中有何意义?

18. 气体的弥散有何规律?

19. 一种气体中水蒸气的最大分压取决于何种因素?

20. 什么叫绝对湿度和相对湿度?

21. 什么叫湿球温度和干球温度,它们有何关系?

22. 有一个气瓶容积为 0.45 m³,压强为 15 MPa(表压),假定温度不变,将瓶内气体压力降至常压,问排出的气体有多大体积?

23. 一个充满压缩空气的气瓶,在室内 18℃ 时测得压强为 12.1 MPa,现将气瓶放在室外烈日下曝晒,温度升高至 40℃,问瓶内压强变为多少?

24. 一定质量的气体在 5℃ 时体积为 15 L,在压强不变的前提下,温度升至 60℃ 时,它的体积将变为多少?

25. 试计算在水下 60 m 时,压缩空气中氧和氮的分压。

26. 具有相同温度的物体,它们的热能一定相同吗?

27. 热传递对潜水员有何影响?

28. 为何潜水员在水下会丧失对声源位置的判断能力?

29. 潜水员在水下,不借助设备,可以相互通话吗?一方在水下,一方在水面呢?

第三章　通风式潜水

通风式潜水装具,是内河航道工程潜水作业时,广泛采用的设备。其主要由硬质金属头盔、排水量较大的潜水服、压重物及潜水鞋等组成,见图3-1。因其总重量较大,故又称为重潜水装具。使用这种装具时,新鲜的压缩空气从水面不断地通过潜水软管送入头盔,并定时地从头盔排气阀排出头盔和潜水服内多余的气体,以达到呼吸气体更新的目的,故称使用这种装具的潜水为通风式潜水。

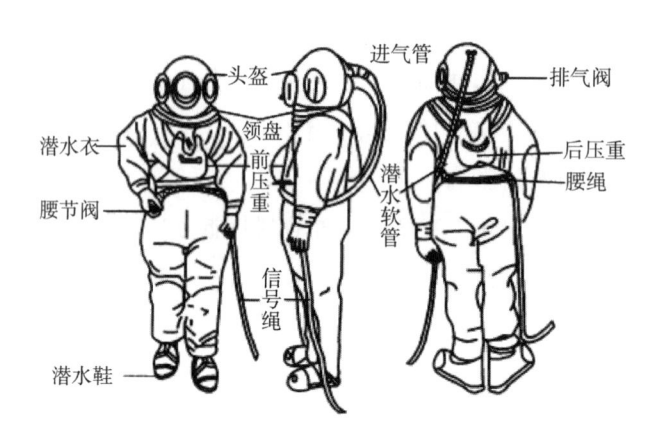

图 3-1　着 TF-12 型通风式潜水装具的潜水员(前面、侧面、后面)

通风式潜水时,头盔、领盘和潜水服连接在一起形成一个与水隔绝的干燥环境,它可以防护潜水员肌体免受水域环境和障碍物损伤,特别是头盔可保护头部免受碰伤;潜水员可以穿毛衣、毛裤等保暖用品,潜水员与潜水服之间又有"气垫",因此保暖性能良好;重潜水服可以充气,浮力可以控制,因此在泥泞的底质作业、在使用工具反作用力很大的喷射作业、挖掘隧道及其他作业中,它是最理想的装具;因为潜水员的负浮力很容易控制,所以穿着重潜水装具在水流较急的水域潜水时稳定性较好。此外,它还具有呼吸阻力小、通信效果好、时间不受限、结构简单等优点。

但是,使用通风式潜水装具时,也存在着笨重、穿着时间长、气体消耗量大、气体更新不彻底及操作不当易引起放漂事故等缺点。

目前,国产的通风式潜水装具主要有 TF－12 型、TF－3 型以及 TF－88 型等。其中 TF－12 型和 TF－3 型是较早期的两种常用装具,供气方式单一且不具备应急供气系统；TF－88 型是前两种装具的升级产品,它最突出的特点是自携应急气源,头盔上有自动排气阀,因此更安全可靠。

本章将介绍通风式潜水装具的结构、使用方法、维护及常见紧急情况处理方法等。

第一节　TF－12 型和 TF－3 型通风式潜水装具

TF－12 型和 TF－3 型通风式潜水装具主要潜水深度为 45 m 以浅,最大潜水深度为 60 m,在水流速度不超过 2 m/s 的情况下使用。这两种装具的基本原理相同,结构大同小异,主要由头盔、领盘、潜水服、潜水软管、压铅、潜水鞋、腰节阀、信号绳、腰绳、潜水电话等组成(图 3-2),总质量约 68 kg。下面主要介绍 TF－12 型通风式潜水装具的构造,对 TF－3 型只从结构特点上做一简要说明。

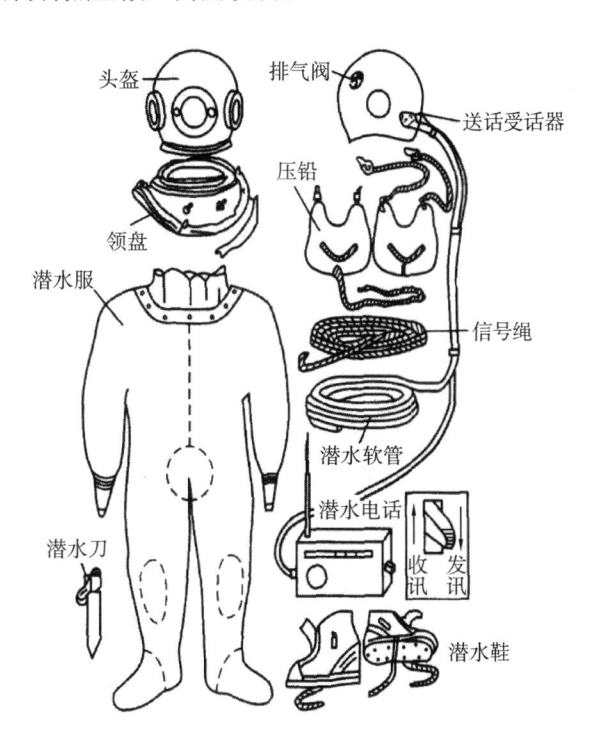

图 3-2　TF－12 型通风式潜水装具的各组成部件

一、TF-12型通风式潜水装具

(一) 头盔

头盔由1.2 mm铜板压制而成,头盔顶部加厚到1.5 mm。头盔内、外壁都镀有一层锡,防止氧化。头盔的前、左、右壁上各有一个由6 mm厚透明的钢化玻璃制成的观察窗,观察窗外装有安全防护罩,见图3-3和图3-4。

头盔的后部有进气管和电话线引入管各1个。进气管与短潜水软管相连接,压缩空气由此进入头盔内,进气管内有个弹簧式单向阀,其功能是在供气软管万一破损或供气中断时阻止头盔内气体倒流。进气管的内口焊在头盔的内壁,在其接口处设置三路分气挡板,分气挡板延伸到三个观察窗上缘,使输入气体不断吹到前面窗和侧面窗的玻璃上,这样既使输入头盔内的压缩空气不直接吹到潜水员头部而引起不适,同时又使水气不易凝结在观察窗玻璃上妨碍潜水员视线。电话线则通过电话线引入管进入头盔内,与送受话器连接。

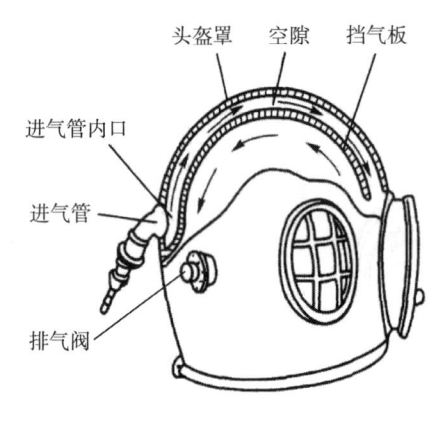

图3-3 头盔剖视图

头盔的下缘立壁上有四排等距离的间断螺纹,可与领盘上相对应的四排螺纹相连接。头盔的右后部位装有排气阀(图3-5),排气阀里有一个顶压弹簧,潜水员用头部顶压排气弹簧的圆顶片时,就可将潜水服内的多余气体和潜水员呼出的气体排入水中,达到通风、更新呼吸气体、调节潜水员的正负浮力的作用。

头盔后部还设有一个安全定位销,当头盔与领盘连接后,此销插到领盘定位孔内,防止头盔与领盘连接后螺纹松动。有时还缚保险绳加固。

头盔质量约9 kg(不包括附件)。

(二) 领盘

领盘是由1.5 mm铜板制成,表面镀锡,防止氧化。领盘颈部上缘有四排等距离的间断螺纹,可与头盔下缘四排间断螺纹相连接。领盘上槽内有皮革垫圈,用于确保头盔与领盘连接后水密和气密,见图3-4。

领盘的正前部位有挂桩二个,供前、后二块压铅悬挂之用。领盘边缘一周焊有加强板,加强板上焊有十二个柱式螺栓,用于潜水服凸缘上十二个螺孔套在这十二个柱式螺栓上,然后用四块领圈压板套压在潜水服的凸缘上,再用十二个蝶形螺帽旋紧,便将领盘与潜水服连在一起。

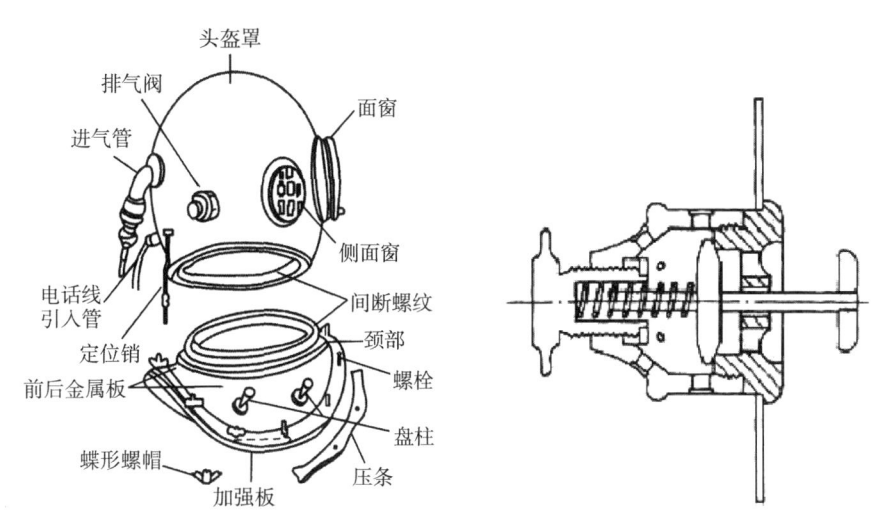

图 3-4　TF-12 型通风式潜水装具的头盔和领盘　　图 3-5　头盔排气阀结构示意图

领盘的质量约 9 kg(不包括附件)。

领盘的作用是上接头盔,下连接潜水服,承上启下组成了一个密闭空间,将潜水员与水隔绝,并有悬挂前后压铅的功能,增加了潜水员的负浮力,以保持潜水员在水下的稳性。

(三)潜水服

TF-12 型重潜潜水服由三层不透水橡胶布制成。外层是特制的涂胶布料,中层是纯橡胶片,内层为涂胶细帆布。潜水服上端用橡胶凸缘围成一个领圈,领圈上有十二个与领盘上相适应的螺孔。凸缘上端还有个衣领口供潜水员穿、脱潜水服之用;潜水服上袖口由橡胶制成,潜水员根据自己手腕的粗细,再套上合适的橡胶手套箍于袖口上,以保持手腕处水密和气密。潜水服在衬、膝、裆、脚底等易磨损处,都加有护垫以抗磨损,见图3-2。

潜水服一般分大、中、小号,供不同身高的潜水员选择使用。大号长 1.9 m,质量约 7 kg;中号长 1.83 m,质量约 6.5 kg;小号长 1.7 m,质量约 6 kg。此外,潜水服还有特大号。

(四)潜水软管

潜水软管的常用规格为 30 m 和 60 m 两种。潜水软管内、外两层是橡胶,中间夹有数层尼龙线网橡胶层。潜水软管的外径为 34 mm,内径为 13 mm,工作压力为 1.5 MPa。

一套标准的 TF-12 型通风式潜水装具,潜水软管应为 120 m。潜水软管外表应用细帆布包缠,以防使用过程中磨损严重。潜水软管与潜水软管连接处应用收紧箍加以保险,潜水软管与腰节阀连接处也要加以保险。从腰节阀连接处向上每隔 3 m 间距做一个标记,以示软管入水的深度。

潜水软管一端连接水面供气阀,一端连接腰节阀,再通过短潜水软管(俗称小辫子)向头盔内输入压缩空气供潜水员呼吸。

(五)压铅(见图3-6)

压铅由铅铸成。通风式潜水装具的压铅共二块,分前、后二块挂在潜水员前胸、后背,挂在前胸的称前压铅,挂在后背的称后压铅。压铅悬挂点即是领盘上的挂桩。

压铅又分轻、重两种。轻型压铅总质量约 25 kg,前压铅质量约 13 kg,后压铅质量约 12 kg;重型压铅总质量约 30 kg,前压铅质量约 15.5 kg,后压铅质量约 14.5 kg。通常使用轻型压铅,重型压铅大多是在水深超过 45 m、冬季穿着较多、水流较快、潜水员浮力较大等情况下采用。

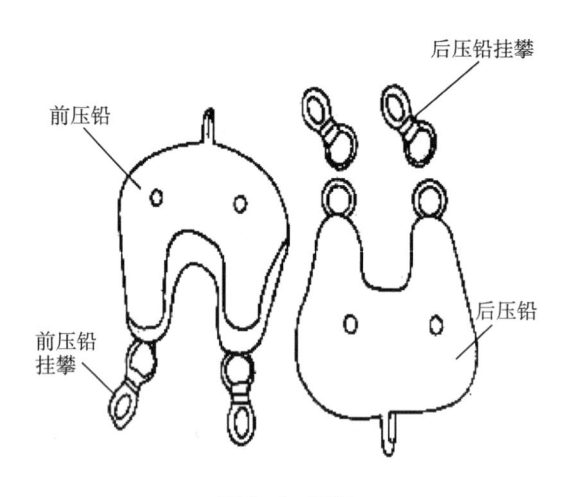

图 3-6　压铅

压铅的主要作用是增加潜水员在水下的负浮力,以保持潜水员的稳性。

(六)潜水鞋(见图3-7)

潜水鞋头部由铜包头,鞋底是带有网格花纹的铅鞋底,鞋底由木衬板用螺丝固定在铅鞋底上,鞋帮是由两层胶布粘合而成,每只鞋左右各有一根鞋带,供穿着时系扣之用。

潜水鞋质量约 16～17 kg。

潜水鞋用来增加潜水员下肢在水下的负浮力,以保持潜水员在水下的稳性。

(七)腰节阀(见图3-8)

腰节阀又称空气调节阀,用铜制成的角式单向供气节流阀。腰节阀一头连接水面供气软管,另一头连接通向头盔的那根短潜水软管。腰节阀在水面供气压力为 0.4～1.4 MPa 范围内调节供气流量的大小。

腰节阀在潜水员着装时系在腰部右侧腰绳上。

图 3-7　潜水鞋　　　　　　　　图 3-8　腰节阀

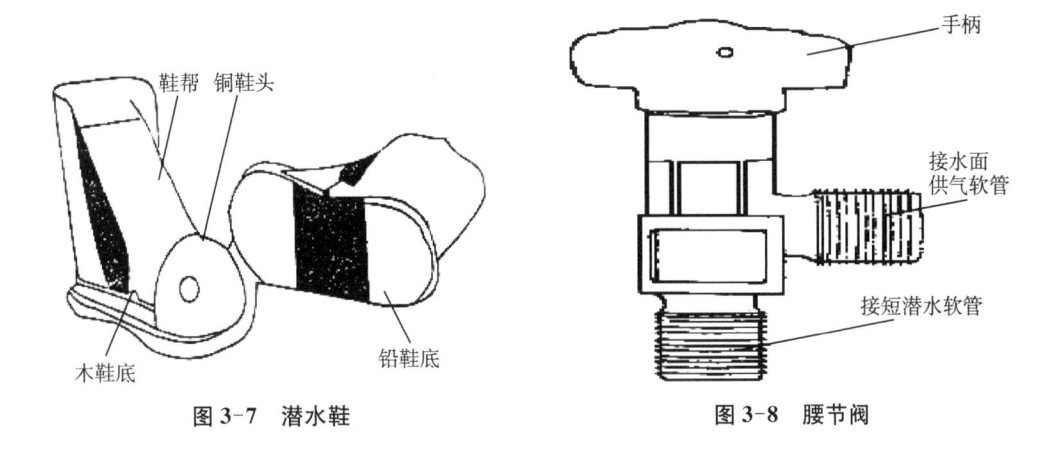

（八）信号绳

信号绳宜选用直径 8～10 mm 的纤维绳，其长度应达到使用水域处水深的 2 倍以上。现使用尼龙绳较多，其优点是重量轻、强度牢。信号绳应每 3 m 做一标记，供潜水员水下减压时使用。

信号绳用于传递信号、传递工具，必要时用于救援。信号绳联系方法放在第四章自携式潜水中，这里不做详细介绍。

（九）腰绳

腰绳通常用直径 10～12 mm 长 2～3 m 的白棕绳或尼龙绳制成。腰绳系于潜水员腰部，它可以使穿着紧凑贴身，保护潜水员上体气垫的形成。绳的两端插套形成大小适宜的眼环，用于连接信号绳和固定腰节阀、潜水软管。另外，还可在腰绳上佩挂一些器材（如潜水刀）。

（十）潜水电话

潜水电话由导线、电话机和头盔内送受话器等组成，是供潜水员与水面工作人员通信联络之用，见图 3-2。

潜水电话导线原则上应穿在潜水软管管腔内，并从电话线引入管进入头盔内，连接送受话器。如将导线绑扎在潜水软管表面，在使用过程中容易损坏，降低通信质量。

二、TF-3 型通风式潜水装具

TF-3 型通风式潜水装具有的地区使用时，没有腰节阀，水下的供气量由水面控制掌握，其重量又大于 TF-12 型装具的重量，故在我国应用的广泛程度不如 TF-12 型。

TF-3 型通风式潜水装具在结构上有以下几个特点：

(一) 头盔(见图 3-9)

头盔和领盘连接的方式与 TF-12 型不同,头盔下缘没有间断内螺纹,它却有三个可供领盘螺栓穿越的螺孔,可与领盘颈部的三个螺孔连接,使头盔、领盘、潜水服连接在一起。

头盔质量约 11.5 kg(不包括附件)。

(二) 领盘(见图 3-9)

领盘上有三个螺栓和一个橡皮垫圈,可将潜水服领口的凸缘夹在头盔与领盘之间,在螺栓上旋紧螺帽使之牢固严密地连在一起,以保持气密和水密。为防止压铅脱落,两侧有两个防滑钩,前面有两个盘柱为系挂压铅用。

领盘质量约 5 kg(不包括附件)。

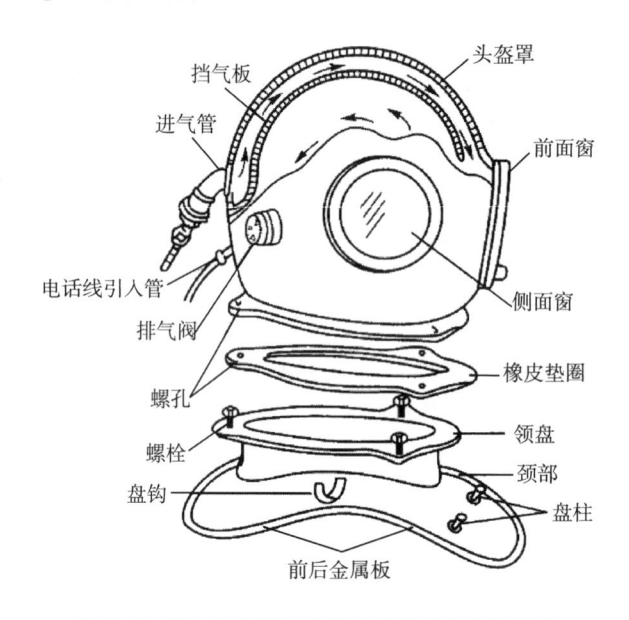

图 3-9 TF-3 型通风式潜水装具的头盔和领盘

(三) 潜水服(见图 3-10)

TF-3 型重潜潜水服上端为 3 mm 弹性橡胶制成的领口,领口的凸缘上,有上螺栓用的 3 个螺孔,用于套在领盘上的三个螺栓上。

这种潜水服分大、中、小号三种。大号长 1.86 m,质量约 6 kg;中号长 1.79 m,质量约 5.6 kg;小号长 1.71 m,质量约 5.2 kg。

(四) 压铅

这种装具的压铅比 TF-12 型潜水装具的压铅稍重些,前压铅质量约 15.5 kg,后压铅质量约 14.5 kg。

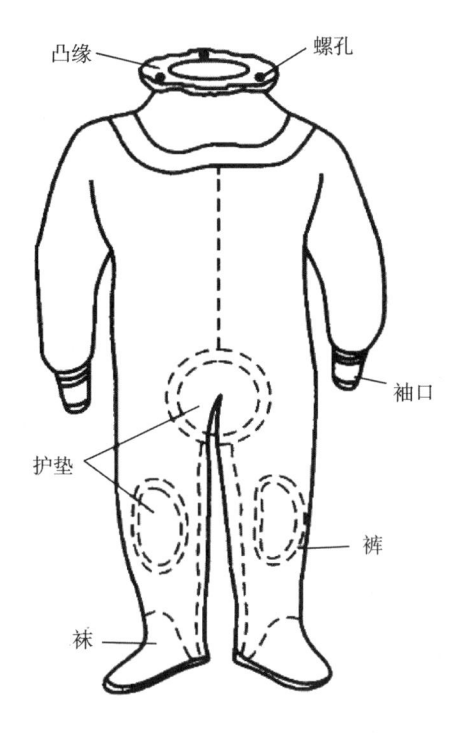

图 3-10　TF-3 型通风式潜水装具的潜水服

第二节　TF-88 型通风式潜水装具

TF-88 型通风式潜水装具是 TF-12 型、TF-3 型的升级产品，是在成熟的产品、技术的基础上研制、生产的，它保留了原有的合理部分，增配了应急供气装置和自动排气阀，因此它的性能更优越、更安全可靠。它适用于 60 m 以浅的各类潜水作业，如沉船打捞、舰船维修、港湾码头、桥涵水库等水下工程。

一、构造特点

TF-88 型通风式潜水装具主要由头盔、领盘、潜水服、潜水软管、前压铅、潜水鞋、组合腰节阀、应急供气装置及潜水电话等组成，如图 3-11 所示。由于它是在 TF-12 型和 TF-3 型的基础上研制的，有很多相同之处，因此下面只从结构特点上做一简单介绍。

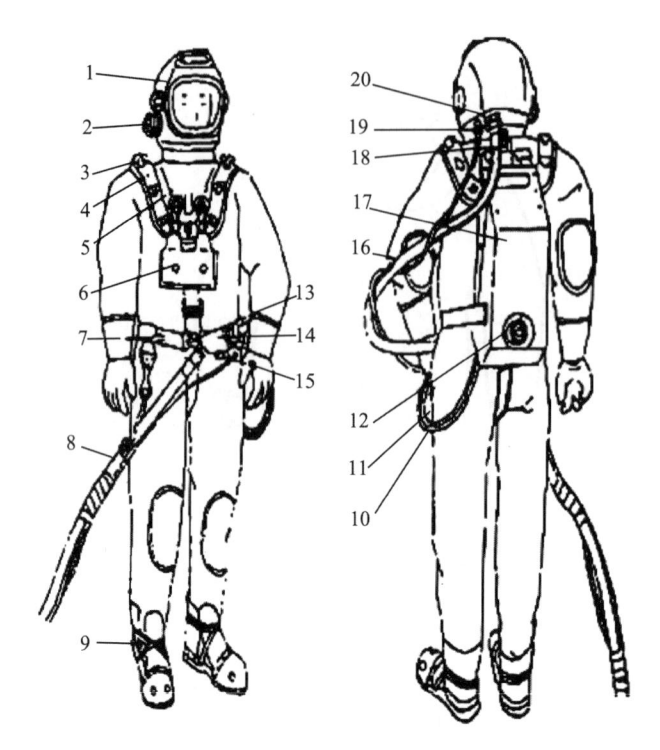

1—潜水头盔；2—可调节排气阀；3—蝶形螺母；4—压板；5—领盘；6—前压重物；7—腰带、档带；8—脐带；9—潜水鞋；10——级减压器与中压软管；11—潜水服；12—应急阀阀；13—应急阀扳手；14—组合腰节阀；15—流量控制阀；16—短供气软管；17—应急气瓶组（后压重物）；18—定位锁件；19—通信接头；20—供气接头

图 3-11　TF-88 型通风式潜水装具

(1) TF-88 型配备了应急气瓶供气系统（图 3-12），实现了两路供气，一旦水面供气发生故障，潜水员能迅速切换成应急供气状态，返回水面。有关应急供气系统的原理、结构与 TZ-300 型和 MZ-300 型水面供气需供式轻潜装具相应部件基本相似。

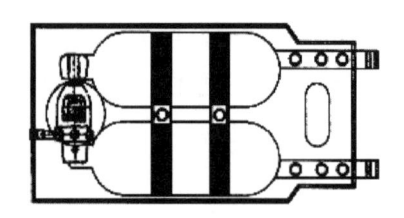

图 3-12　应急气瓶

(2) TF-88 型头盔上设置了自动排气阀，除靠头部和用手有规律的排气外，当头盔内压力上升到一定值时，自动排气阀便自动排气，减少"放漂"的可能。

(3) TF-88 型采用耐冲击的高强度聚碳酸酯材料制成了大面积的面窗、顶窗和耳窗，使潜水员水下作业的视野开阔。

(4) TF-88 型头盔进气管装有降噪音过滤杯，既可以过滤净化呼吸气体，又可使进气噪音减少,改善工作环境。

(5) TF-88型供气管、通信电缆和加强缆捆扎在一起,组合成脐带,并通过加强缆端部的旗钩,置挂在腰带上,使作用力转移到加强缆上,防止发生意外时,供气管被切断等事故。

(6) TF-88型潜水鞋采用玻璃钢材料为本体,将铜鞋头、铅鞋底和鞋帮有机地组合成一体,避免铅鞋底晃动,易脱落的缺点。

(7) TF-88型潜水服外层采用橘红色的柔软、耐磨的救生衣用布,在牢固的基础上更为柔软、轻巧,而且鲜艳醒目、尺寸更符合水中的浮态。

(8) TF-88型组合腰节阀中,高灵敏度的止回阀,可防止气体从主供气管处泄出,它和头盔上的止回阀起双重保险作用,防止意外造成潜水员的挤压伤。

(9) TF-88型头盔内送、受话机,采用涤纶振膜的小型扬声器,灵敏度高、声音清晰,比纸盆式扬声器防潮性能更好,新颖的水密接头连接,使用时更方便。

(10) TF-88型橙色、流畅型的玻璃钢头盔、领盘,配上黑色的领圈、橘红色衣服及草绿色的腰裆带,使整套装具显得美观、醒目。

二、技术参数

1. 基本参数

最大使用深度:60 m;

使用允许水流速度:<2 m/s;

最大供、排气量:190 L/min;

供气压力:0.4~1.4 MPa;

自动排气压力:1.5~3.0 kPa;

2. 规格

1) 质量

其中,潜水装具总质量:66.5±1.0 kg/套;

潜水头盔、领盘:20.0±0.25 kg/顶;

潜水鞋:16.0±0.25 kg/双;

潜水服:

特大号(kg/件)	大号(kg/件)	中号(kg/件)	小号(kg/件)
身高1.80 m以上适用	身高1.75~1.80 m适用	身高1.70~1.75 m通用	身高1.70 m以下适用
5.4	5.2	5.0	4.8

其中,应急气瓶组(起后压重作用):10±0.10 kg/组;

前压重:12.5±0.15 kg/只;

组合腰节阀、腰裆带:3.0±0.10 kg/副;

2) 供气胶管

60 m 一根(每根中间允许有一个连接点),用于主供气;

1.5 m 一根,用于潜水头盔与组合腰节阀之间的连接。

内径 (mm)	外径 (mm)	工作压力 (MPa)	最小弯曲半径 (mm)	工作温度 (℃)	工作介质
φ13	φ25	2	160	−20～90	空 气

3) 应急气瓶

容量 (L)	工作压力 (MPa)	安全膜爆破压力 (MPa)	工作介质	外径×长度 (mm×mm)	数 量
2.2	19.6	26±2	空 气	φ105×320	2

4) 一级减压及中压软管

型号	输入压力 (MPa)	输出压力 (MPa)	最大输出流量 (L/min)	安全阀开启压力 (MPa)	中压软管工作压力 (MPa)	质量 (kg)	工作介质
HJ-10	2～20	0.7～1.0	≥500	1.15～1.50	1.5	0.75	空 气

三、通风式潜水装具的生理学特点

通风式潜水装具的头盔、领盘和潜水服连接在一起形成一个密闭空间,潜水员就在这个空间里呼吸压缩空气,它可容纳 80～100 L 的气量,称为气垫,其下缘约在胸廓下缘水平上。通过潜水软管,从水面不断地将新鲜的压缩空气送入头盔,并定时地从头盔排气阀排除头盔和潜水服内过多空气,以此来实现呼吸气的更新,故称为通风换气。由于头盔-潜水服内的空间不大,输入的新鲜空气与潜水员的呼出气互相混合,当供气不足时,空间里的二氧化碳的浓度会很快增高,当达到相当于常压下的 3%(0.003 MPa)时,潜水员就会出现呼吸困难。因此,在使用通风式潜水装具潜水时,气垫里的二氧化碳浓度不应超过 1.5%(常压下)。增加头盔内的通风换气量,可以有效地降低二氧化碳浓度。在中等强度作业时,向头盔内的供气量不应少于 80 L/min(常压下)。

潜水员必须经常注意调节头盔和潜水服内的空气量。如果水面供气较多,潜水服内积蓄大量气体,正浮力增加,可使潜水员不由自主地快速浮出水面,这个现象称为"放漂"。如潜水员排气过多,潜水服内留下的气体过少,就可使潜水员的躯体四肢受压,这个现象叫"挤压"。两种结果对潜水员都是很危险的。

当潜水员在水下时,仅在潜水服的上半部有空气(气垫),潜水服的下半部没有气体,因此,潜水服受水压作用紧贴在潜水员体表。直立时,气垫以下不同距离所受的静水压力也不相同,足部、小腿受压最大。因此,下肢体表血液循环不如上肢好,容易麻木、发冷。另外,紧箍手腕的橡胶袖口不利于手部的静脉血回流;加上两手直接与水接触,受到寒冷的刺激,感觉迟钝,一旦发生外伤出血,潜水员不易觉察,所以在寒冷季节潜水时,潜水员应戴上手套或穿带有手套的潜水服。

通风式潜水装具比较笨重,作业时,潜水员体力消耗较大。当压铅佩挂不当或急流作业时,潜水员为了保持体位,体力消耗就更大。

第三节　潜水附属器材

一、潜水梯

供通风式重装潜水员出入水的潜水梯,目前尚无统一标准规格,但通常以木材或金属制成,长度根据潜水工作船舷的高度而定,梯档上下距离约 25~30 cm,宽度约 45 cm,潜水梯上端固定在潜水工作船上,下端应入水 1.5 m,以利于潜水员出水登梯时方便省力,潜水梯置放应与垂线成 15°角,以利于潜水员手抓扶梯登梯时,身体角度适宜省力。潜水梯应能承受大于 180 kg 的重量。

二、入水绳与入水铊

入水绳又称导索、老牵。入水绳应选用截面积小、拉力大的优质白棕绳或尼龙绳;入水绳的长短,以潜水作业处的水深而定,入水绳用来供潜水员上升、下潜之用,它的一端系在水下的(入水铊)物件上,另一端系在水面工作船上,要求能承受 300 kg 以上的拉力。

入水铊是用铅或铁铸成的,铊上有个固定环,供连接入水绳用,水铊质量为 50~100 kg。

三、减压架

减压架有坐式、立式两种,供潜水员在减压时用,以减轻潜水员在导索上吊着减压时的劳累。减压架通常用金属制成,坐式减压架坐板长约 50 cm,两端略为上翘,坐板中间焊有直径 12 mm、高 40 mm 的圆铁杆,顶端有个环,供系绳索用(简易式的仅有坐板供潜水员坐着减压),减压架绳的承受力,应大于 180 kg,绳索长度视水深而定,每 3 m 做一标记,以指示减压深度。减压架因受水流、潮汐及使用过程中种种因素影响,故使用率不高。

四、行动绳

行动绳又称走脚绳,一端系在入水铊上,另一端由潜水员在水下控制,用来水下寻找实物。行动绳的长短视工作需要而定,通常为 10 m 左右。

五、水下照明灯

水下照明灯可增强水下光线,它由灯罩、电缆及控制开关组成,电源应符合国家有关水下用电安全规范。使用时,应先置于水中,然后才合上开关。

水下手电筒(图 3-13),电源一般是 4 节 1.5 V 大号电池,用于水下一般照明。还有一种 WS-91 L 型携带式全密封水下照明灯,电压为 12 V,由可充电式蓄电池供给电源。

图 3-13　水下手电筒

六、潜水刀

潜水刀为钢制刀,长为 20 cm 左右,一边为刀刃,并带有锯齿,配有刀鞘,供潜水员自卫和切割物品用。

七、潜水软管框(可称器材框)

潜水软管框是用三角或五角架由木或金属制成。三角或五角架用以放置潜水软管,(又叫潜水器材框,也可制成圆形)并有一个帆布套,可以把三角或五角架罩住,以防潜水软管日晒雨淋。

八、保暖服

潜水员着装时,贴身所穿的衣服,如绒衣、毛线衣、毛线袜、棉袜等。

第四节　潜水基本程序

潜水作业是在高压环境下进行的,劳动强度大,独立性强,是具有一定危险性的特殊作业。因此,为保证潜水作业任务的顺利完成,为保障潜水员的生命安全,必须根据潜水规则拟定潜水基本程序,并在实施时认真遵循。潜水基本程序通常可分为制定潜水计划、准备工作、潜水时的程序、撤离等几部分。

一、制订潜水计划

潜水计划的制定应包括下列程序和内容：
(1) 认真调查,掌握作业水域的气象、水文、底质及其他现场情况。
(2) 潜水深度和方式。
(3) 根据潜水作业部门本身的能力、任务的性质及潜水作业量,合理配备相应的人力、装备及器材。
(4) 制订潜水方案和潜水作业实施方案。
(5) 全面分析潜水作业中,各种可能遇到的情况,研究出行之有效的安全措施。
(6) 对医务保证和其他有关部门提出相应的要求,确保潜水顺利进行。

二、准备工作

(1) 向各有关人员讲述潜水计划的内容,强调潜水安全有关事项。
(2) 工作场布置,即潜水装备系统或工作母船就位,并出示或发出各种有关信号。
(3) 供气系统和潜水装具的检查,配套器材和作业工具的检查。
(4) 潜水现场水下可能造成伤害的预防措施及水下救援人员、装具的落实。
(5) 作业潜水员和预备潜水员的体检,并得到潜医的认可。

三、潜水时程序

(1) 工作人员就位,潜水监督、潜水员和水面支持人员各自履行岗位职责。
(2) 潜水监督在潜水站或作业现场指挥,指令作业潜水员着装下潜并监视水下动态。
(3) 作业潜水员按规则进行下潜、工作深度停留、上升或减压停留、出水(或进入水面备便的加压舱减压出舱)。
(4) 合理安排作业潜水员的轮换。
(5) 潜水监督可根据当时的气象、流速等情况的变化,有权中止潜水。

(6) 做好记录。包括潜水作业记录、潜水记录、潜水减压或治疗记录等。

四、应急程序

(1) 当潜水员在水下发出紧急情况的信号时,应尽快判明事故的性质,并迅速通知有关人员。

(2) 由潜水监督指挥水下和水面的应急救援。

(3) 应急救援措施:

①在预备潜水员的协助下,将遇险潜水员护送出水面;

②医学处理或同时作加压治疗、急救;

③医疗部门的应急救援或向应急服务机构呼救(应预先与这些机构取得联系)。

五、撤离

(1) 由于气象环境恶劣或出于其他原因导致的短暂撤离(指工作母船的撤离),重新就位时,仍按前述程序循进。

(2) 潜水任务完成后的完全撤离,须收拾和清理作业现场,撤离后应通知有关单位。

(3) 进行潜水设备系统和潜水装具的清洁、整理和例行养护。

(4) 如潜水深度较大,潜水次数较多或工程持续时间较长,可考虑安排对潜水员进行保护性的减压治疗。

第五节　潜水前的准备工作

潜水前的准备工作,对水下潜水员的安全及潜水任务的完成,都有非常重要的意义,准备愈周到、细致、全面,潜水员的安全就愈有保障,潜水作业的进行也愈顺利。因此,在潜水作业前,除了要根据潜水现场水域的环境条件、任务性质及作业量等因素制定周密的潜水计划外,还要认真做好人员的组织与分工、设备器材的准备与检查等准备工作,以确保潜水作业顺利进行。

一、人员的组织与分工

使用通风式潜水装具进行潜水作业时,根据任务的性质,合理地组织人员,并明确分工,是保证潜水作业人员安全和顺利完成任务的最基本要素。潜水作业通常是以潜水小队或潜水组为单位组织实施的。一般是根据潜水工作任务的大小、要求完成任务的时间及作业区的环境条件来确定参加作业人员的数量。潜水工作量大、时间要求紧、作业区允许几个潜水小组同时开展作业时,可组成潜水队进场作业(潜水队可由多个潜水小组所组成)。如果潜水工作量小,可组成潜水组进场作业。通风式重潜水作业基本人员配备,见表3-1。

表3-1 通风式重潜水作业基本人员配备表

潜水员	最适合的人数		最少人数	
	1名潜水员	2名潜水员	1名潜水员	2名潜水员
潜水监督	1	1	1	1
潜水长	0	1	0	1
预备潜水员	1	1	1	1
信号员	1	2	1	2
扯管员	1	2	1	2
电话员	0	1	0	0
照料员	1	1	0	0
潜水队人数	6	11	5	9

在实际工作中,可根据参加潜水作业现场的实际情况调整所需人员。必要时,可派一名潜水医生,负责潜水作业现场的潜水医学保障工作。只有一个潜水组进场潜水作业时,潜水长和潜水监督可由一人兼任。

潜水监督直接对项目主管负责,通过各值班潜水长全权指挥潜水队进行潜水作业。潜水监督要贯彻执行潜水条例、潜水规则和潜水方案,设法完成潜水作业任务计划,保证潜水作业人员的安全与健康。

潜水长除负责现场指挥全组人员进行潜水作业外,还应对潜水员的安全负责,督促本组人员严格遵守安全操作规程,包括从装具准备、检查、穿戴、下潜到整个工作过程中的每一个步骤。对装备的检查,特别强调应督促本组人员仔细、认真、一丝不苟地进行;当潜水员在水下时,应随时注意供气设备的工作情况;定时询问潜水员的主观感觉,了解其工作进展情况;随时注意观察潜水地点周围环境的变化,并采取必要的安全措施,使潜水员安全潜水;同时负责将潜水作业情况,记载在潜水日记上。当潜水长必须进行潜水作业时,应征得潜水监督许可,并指定有潜水长资格的潜水员代理指挥,方可进行潜水。

信号员是下潜人员的主要安全保证人,负责照管潜水装具的穿戴和脱卸,妥善而正确地协助潜水员下潜和上升,迅速无误地用信号绳传递潜水员所需工具和传达信号。信号员应特别注意与下潜潜水员的安全有关的一切情况。信号绳握在手中要松紧适度,过松容易在水中绞缠,太紧影响潜水员在水下的行动,操作受到牵制。信号绳无论松放或收紧,速度均不宜太快。要从信号绳中,始终能感觉出潜水员的水下动态。在潜水员浮出水面,没有登上潜水梯脱下头盔以前,信号员不能擅自松脱手中的信号绳。

电话员是下潜人员的主要联系人。在保证潜水员的安全和工作协调配合上,电话联络比信号绳联络有更大的优越性。电话员要求由熟悉水下作业情况的人员担任。电话员还要做好记录工作,准确记录下潜时间、深度、水下停留时间,监督减压程序。电话员不能擅离职守,应随时传达对潜水员的指令并监督其执行情况。注意倾听下潜人员的答话和报告,并有针对性地询问他的主观感觉。电话员可根据下潜人员的呼吸节律判断他的状况。注意力集中的电话员,常可根据潜水员在水下自言自语的习惯了解他的工作情况,给予适当的提醒或劝告。譬如潜水员过度疲劳时,应提醒他适当休息。但询问不宜过多,以免分散潜水员注意力,干扰他的工作。如果电话发生故障,应通知信号员让潜水员上升出水。在无法用潜水电话的情况下,只能利用信号绳传递信号。有时,也由信号员或其他人员兼任电话员的工作。

扯管员要和信号员动作协调地松放或收拉潜水软管。收拉胶管的速度要均匀,并与放出的信号绳长度略相等。在任何场合下,绝不可将潜水软管一圈圈地抛入水中。潜水软管要握在手中慢慢松出,并根据潜水员的工作情况放出或收拉潜水软管。要从潜水软管的力量上感觉出潜水员在水下的动态。要积极配合信号员做好潜水员的下潜和上升工作。当工作中发现潜水软管有不正常情况时,应立即通知信号员,以便及时采取必要措施。在潜水员攀上潜水梯还未脱下头盔以前,潜水软管不能随便离手,任意搁置一旁。

总之,每次潜水员下水作业,每个岗位上的人员都应该坚守岗位,尽职尽责,全力为潜水员安全顺利地工作创造条件。

二、装备器材的落实

出发前对装备器材必须落实和备便,其配备情况,应根据任务的性质、作业区的条件及作业过程中可能损坏等因素,并应按装备器材的使用要求进行认真的准备,一切符合要求后,才许可出发。

三、装备的检查

在展开潜水作业前,潜水长应组织人员清点设备器材,检查在运输环节中有无遗失、损坏;应与委托方或有关部门联系,确定设备器材的摆放位置。然后,组织人员对潜水设备、潜水装具、水下工具及附属器材进行准备和检查。

(一)潜水头盔、领盘和潜水软管

潜水头盔、领盘和潜水软管由潜水员准备和检查。重点检查头盔、领盘外形是否良好,有无变形现象,排气阀是否灵活气密,潜水电话通信音量、音质是否良好,供气软管有无变形或裂变,腰节阀是否灵活和气密。详细的检查项目如下:

(1) 检查所有头盔面窗上的橡胶垫圈有无损坏和磨损严重的情况。

(2) 检查头盔内部,以保证排气阀、扬声器及其他部件干燥,无铜锈,特别要注意潜水员通信系统的接线是否牢固。

(3) 检查头盔后面鹅颈式接头上的螺纹,应无破损、无松动、无铜锈、无磨损。

(4) 检查头盔上的安全插销和安全绳,应活动自如。

(5) 检查领盘上的所有螺栓,应无变形,螺纹未损坏。

(6) 核实领盘与潜水服接合处的压条、铜制垫片及蝶形螺母是否齐全。

(7) 检查领盘压条上的序号,以保证压条能按序号装配到领盘的相应位置上。

(8) 检查头盔单向阀的性能(吹烟试验)。

(9) 检查供气腰节阀的填衬,核实其是否灵活好用。

(10) 检查排气旋塞,应活动自如。

(二)潜水服

潜水服由一名潜水员和一名辅助人员准备和检查。检查潜水服有无破裂、严重磨损或其他质变现象,特别要注意橡皮领圈衬垫、颈围和袖口是否完好。

(三)信号绳、腰绳、压铅、潜水鞋、潜水电话等

信号绳、腰绳、压铅、潜水鞋、潜水电话等由一名潜水员和一名辅助人员准备和检查。检查信号绳的长度、强度、质量、标志;检查腰绳的质量;检查压铅的眼环、肩绳、下档绳是否齐全牢固;检查鞋帮、绑扎绳有无损坏;检查潜水刀是否锋利;检查潜水电话的通话性能是否良好等。

(四)供气设备

空压机、水面供气台由一名辅助人员(最佳人选是机工)负责准备和检查,重点检查空压机及水面供气控制台的所有阀门是否灵活、接头连接处是否气密及仪表准确性状况等。空压机使用前应进行试运转。

(五)甲板减压舱

在使用前,应检查甲板减压舱的密封部件、管路、阀门及接头等密封性能是否良好,检查仪表是否准确,电话装置、照明设备是否正常,舱门开关是否灵活,舱内所需的器材如吸氧装置、医疗器材、被褥、污物桶等是否齐全备好。

(六)水下专用工具

检查水下专用工具是否齐全、完好,并准备妥当。

(七)潜水附属器材

潜水前,潜水长应安排人员准备好潜水梯、入水绳、减压架、行动绳、保暖服等器材,医护人员准备好医疗救护用品。潜水工作船抛锚定位后,应固定好潜水梯,安放好入水绳和减压架,入水绳的水底一端通常系一根适当长度的绳子,以供潜水员行动使用。

四、其他准备工作

潜水前,应通知本船通信部门,在桅杆上,白天悬挂国际"A"信号旗,夜间则挂红、绿灯各一盏,红灯在上,或根据各港口规定悬挂信号灯,表示"我有一名潜水员在水下,你船缓慢速度避开"。

除此之外,潜水监督还应向有关部门联系了解作业水域的水深、流速、水温、气象等情况。

准备和检查完毕应向潜水长报告,潜水长视情况作出确认、抽检或复查,并将检查情况填写在潜水日志上。

第六节 着 装

一、潜水员着装时应注意的事宜

潜水员着装时,潜水员穿着的防护用品,必须柔软合身,在水温低的水域或冬季潜水穿着的保暖衣,必须柔、薄、软以及保暖性能好,避免穿着硬质的、会摩擦肌体或增加正浮力的衣着。

潜水员着装时,应选择适宜自己的潜水服,袖口处应戴适合自己手腕粗细的手箍(卡),防止过紧、过松,以免带来疼痛麻木或出现渗漏。

潜水员着装时,绑扎潜水鞋的鞋绳要求松紧适当,要求系扣部位准确舒适,新绳不宜过紧,以免入水后收缩引起疼痛。

潜水员着装时,操作人员在领盘上置放压板(条)和拧螺帽时要防止掉落,以免损坏(冬季,压板落地易断裂)或落地后弹入水下。蝶帽的旋拧务必既要拧紧防止渗水,又要松紧均匀规则整齐,以免影响压铅的悬挂。

潜水员着装时,当腰绳系好后,务必先扣上信号绳,在辅助人员扶助下登梯,登梯时用手抓牢梯子,脚要站稳,再次调试潜水电话是否良好,确认良好后再挂压铅,以免过早挂压铅有损潜水员的体力。着装时,应先开启腰节阀通气,并由辅助人员将潜水头盔内壁和观察窗擦拭干净。

潜水员装戴头盔时,务必集中注意力,站稳在潜水梯上抓牢潜水梯,与辅助人员配合好,防止碰撞发生意外。戴好头盔后,再次校对电话通信,确认正常后才可按程序实施下步程序。

给潜水员戴领盘或戴头盔时,操作人员应沿着潜水员的后脑勺套下,这样就可避免沿额头套下较易不慎碰着潜水员鼻、唇部位的危险。

二、TF-12型潜水装具着装方法与步骤

(一)穿潜水服

着装开始前,潜水员先穿好毛衣、毛裤、毛袜等,然后站到潜水方凳上,二名辅助人员提起潜水服衣领分别站在潜水方凳略前面左右两侧,这时,潜水员用左右两手分别支撑在辅助人员的肩上,并顺势离开方凳,使身体通过衣领口进入潜水服内,然后穿上衣袖坐下,戴好手箍。

另一种穿潜水服的方法是潜水员先坐在潜水方凳上,将潜水服拉套到大腿上,然后站立,两手下垂于腹部,由辅助人员将潜水服衣领向上拉,此时潜水员则进入潜水服内。两手伸出衣袖后,再坐到潜水方凳上,配合辅助人员戴好手箍(卡)。

(二)穿潜水鞋

潜水员穿好潜水服坐下后,辅助人员应将潜水鞋置放在潜水员脚前,并拉挺鞋帮,用一手轻拍潜水员小腿部,示意穿潜水鞋,潜水员应动手把潜水服裤腿部分向上拉紧弄挺,以防有皱褶影响舒适度。再顺势抬脚,将脚伸入潜水鞋内,然后由辅助人员根据潜水员的要求,或根据自己的经验,准确无误地扎紧潜水鞋鞋绳。

(三)戴领盘、加压条、上蝶形螺帽

潜水员坐在潜水方凳上,由辅助人员站在左右两旁,将潜水服领口折合成双层、垫上毛巾,然后将垫好毛巾的衣领向后方向,沿着潜水员左、右颈部折压,并由一人压住已折压的衣领(此时潜水员额头以下已蒙入潜水服衣领内),另一人即拿着领盘沿着潜水员后脑勺套下,此刻潜水员的头部已从潜水服内伸出领盘颈部圆口。随后,辅助人员将垫在潜水服衣领上的毛巾整理好,并贴紧前领盘口,辅助人员各自用一手抓住领盘口与毛巾,并轻微下压(下压目的一则便于操作,二则防止操作时领盘弹着潜水员下巴和鼻),另一手则将潜水服橡胶凸缘往上提,将凸缘上螺孔对准领盘上相对应的螺栓套去,让领盘上螺栓从潜水服橡胶凸缘螺孔中伸出。此时,二名辅助人员应从领盘正前方各自向左、向右延伸操作,直至领盘后部操作结束。最后,把压板按编号顺序对号入座置放在潜水服凸缘上,将蝶形螺帽在领盘螺栓上用手旋紧,再用专用扳手按规定的顺序拧紧。用专用扳手拧紧蝶形螺帽的顺序是:先拧潜水员的前手四根压条上的中间八个,再拧潜水员正面和背面压条接口上的两个,最后拧潜水员两肩上的两个。如不按上述顺序拧紧蝶形螺帽,就可能会使压条变形而影响潜水服与领盘连接处的水密和气密性能。必须注意各蝶形螺帽的松紧程度要一致,上好蝶形螺帽后,从整个领盘的情况看,应该是通过以潜水员正背面和正胸前两蝶形螺帽引线为对称轴的对称图形。

（四）扎腰绳

领盘戴好后，潜水员起立，由辅助人员将腰绳扎在潜水员腰部，扎腰绳时潜水员应主动配合将腰绳放在自己认为最适宜的部位，然后由辅助人员收紧腰绳。扣腰节阀时，潜水员应主动配合，拿好潜水软管与腰节阀连接处一段，有利于辅助人员的系扣动作。最后再用双花结扎好信号绳。

（五）挂压铅

信号绳连接好后，潜水员戴好工作手套，辅助人员手拿供气软管、信号绳将潜水员引到潜水梯上站好，潜水员打开腰节阀通气，并用手试压排气阀，辅助人员用布擦拭头盔内壁，并试通电话，这一切完成后，先将前压铅挂在领盘柱桩上，再将后压铅挂在领盘柱桩上。挂妥后，用后压铅上的挡绳绕过潜水员腋下到前胸，穿过前压铅下端环孔，再从另一侧腋下绕至后压铅上系扣扎紧。

（六）戴头盔

上述五项程序完成后，辅助人员应对潜水电话再次检验，确认良好状态后，将头盔拿起，慢慢轻轻地将头盔从潜水员头部戴下，对准领盘上间断螺纹，按顺时针方向转动旋紧，辅助人员旋紧头盔时，应用膝部抵住潜水员后压铅，潜水员应用手牢牢抓住扶梯，以防潜水头盔旋转过程中，潜水员处于整个身体被迫扭动状态，严重时甚至会把腰扭伤。

潜水头盔旋紧后，辅助人员应插好头盔上安全销，扣好保险绳，请示下潜，经潜水长同意后，用手轻拍头盔，示意潜水员可以下潜。

三、TF-3型潜水装具的着装方法与步骤

（一）穿潜水服

潜水员坐在木凳上，将潜水服穿至膝盖部，两手下垂于小腹部，由四名辅助人员在潜水员左、右、前、后四方握住潜水服领，同时用力向外又向上拉起潜水服，潜水员则乘势下蹲，使整个身体进入潜水服内，然后由辅助人员协助穿上衣袖，戴好手箍（卡）和手套。

（二）穿潜水鞋、戴领盘、系腰绳

潜水员穿好潜水服后，辅助人员拉起鞋帮，潜水员将脚伸入潜水鞋内，辅助人员根据潜水员要求，牢固地扎好鞋带绳。然后潜水员坐在凳上，由辅助人员拿起领盘，在其他人员的协助下，小心翼翼地将领盘戴上，再将潜水服上的螺栓孔套在领盘螺栓上，接着潜水员站立，举起手臂，让辅助人员将腰绳扎在腰部后再坐到凳上。

（三）戴压铅、系信号绳

辅助人员抬起压铅平稳放在潜水员肩上，潜水员用腰绳首端从前压铅上方穿过，辅助人员将挡带由潜水员下挡穿过，与前压铅的眼环连接扎好，然后把信号绳与腰绳系扣扎牢。

（四）戴头盔

辅助人员搬起头盔，发出供气指令，然后将头盔螺孔对准领盘螺栓慢慢戴在领盘上，再将螺帽拧紧，即全部着装完毕，由信号员向潜水长报告"着装完毕"。

第七节　潜水基本要领

一、下潜

（一）下梯入水（见图 3-14）

图 3-14　下梯入水

潜水员着装完毕，调整好气量，在接到下潜指令后，双手抓住潜水梯逐格下梯。潜水员下梯过程中，辅助人员应将信号绳、潜水软管徐徐松下，同时又要密切注意潜水员下梯动作，以防潜水员坠落时可随时收紧信号绳、潜水软管。潜水员下梯入水取得浮力后，不应立即大量排气下潜，应调节浮力，在水面做气密检查，确认无异常后，用手拉一下信号绳，或电话通知辅助人员。辅助人员如也未发现漏气现象，应回拉信号绳一下（或电话通知），示意可以下潜。

（二）沿导索下潜（见图 3-15）

潜水员下潜时，应沿导索（入水绳）下潜。沿导索下潜可用两个办法：一是潜水员下潜前，辅助人员将导索引至潜水梯处，潜水员下梯时或下梯接触水面后，即可用手抓住导索；另一种方法是如果引导索至潜水梯不方便的话，潜水员下梯接触水面后，辅助人员应拉信号绳、潜水软管把潜水员拉至导索处，并拉信号绳一下，示意潜水员已到导索处。

图 3-15　沿导索下潜

沿导索下潜时潜水员手抓导索,将信号绳、潜水软管置放于胸前,用脚交叉缠住导索,通过排气阀排气,取得负浮力,开始下潜。

潜水员在水面被辅助人员拉动时,为减少阻力,应侧身向前,同时应一手握住信号绳、潜水软管,并有意识地使排气阀朝上,以防排气时进水。同时潜水员应让信号绳多受力,以减轻潜水软管受力,这样也避免了信号绳、潜水软管最终受力点集中在腰节阀处,起到既保护装具作用,又保护了自己的腰部不受损伤。

(三) 下潜注意事项

潜水员下潜时,应根据自己身体的适应情况掌握好下潜速度,应根据水深,调节好供气量和控制好排气量。新潜水员一般每分钟下潜速度不超过 15 m。下潜过程中如果有耳膜疼痛时,应停止下潜,做口液吞咽或鼓鼻动作,以适应环境。疼痛消失后即可继续下潜,如无效果则上升 2~3 m,重复口液吞咽或鼓鼻动作,感觉无疼痛后,再继续下潜。如无效则必须返回水面,出现这种情况,多数是潜水员带有感冒潜水,造成咽鼓管不通。

下潜过程中,辅助人员应根据潜水员下潜速度将信号绳、供气软管徐徐松放入水,并要注意潜水员下潜的速度,防止潜水员失控坠落发生挤压伤。如发现潜水员突然加速下潜的异常情况时,应立即拉住信号绳、潜水软管不松动,并立即与潜水员通过电话或信号绳取得联系,问明情况后,再视情况处理。

潜水员快着底时,应放慢下潜速度,双脚徐徐平稳着底,以免下潜速度过快,造成水下不明障碍物戳伤臀部。下潜到底后,用信号绳拉一下或电话通知"我已到底",辅助人员接到通知后回拉信号绳一下或电话予以答复回话"好的,已到底"。

潜水员着底后,应根据水深调整好气垫,观察或探摸周围的情况,确认信号绳、潜水软管无绞缠后开始行动。

二、水底行动

潜水员在水底行动前,应理清好信号绳、潜水软管、导索及其他绳索,然后根据水流方向或水下物件来判断自己该如何到达目的地。潜水员水下行动一般应向前顶流或侧流行进(图3-16),如确需顺流而动,应根据水流情况选择最慢流时潜水,并应抓住水下物件或导向绳(行动绳)慢慢行动。

图3-16 潜水员在水底顶流行进

水底行动中发现与作业无关的障碍物、深坑(洞)时应绕行,或从障碍物上方通过,行动中要防止信号绳、供气软管绞缠或兜搭,并随时予以清理。对妨碍或危及潜水作业安全的障碍物,应先行拆除、移位或系固稳定。潜水员如工作需要须进洞进坑时,必须倒退行动,先脚后身,并通知水面辅助人员抓紧信号绳及供气软管,以防跌入低凹处发生"倒立"。如要从高处到低处,必须先告诉水面辅助人员将信号绳、供气软管拉紧配合好,然后潜水员掌握好用气技术,从高处降落低处,这对有经验的潜水员来说是可行的。如果潜水员对从高处降落到低处深度和用气技术都感到把握不大,可以叫辅助人员通过信号绳传递一根若干米长的绳索,将此绳索一端系扣在高处某部位,另一端松向低处,潜水员则抓住此绳索逐步下潜到目的地。探明情况后即再返回系扣信号绳处,解开系扣点,请辅助人员将多余信号绳收紧,然后根据探明的情况再作处理。

潜水员在潜水作业过程中,由于种种原因发生信号绳、供气软管绞缠、兜搭或穿裆等情况,不必惊慌失措,一般都可以自行解脱,如确有困难,请求水面派员援助。

潜水员在水下发现空气有异味时,或感到身体不适,应与水面人员取得联系,必要时应立即上升出水。水下不明生物,不要去碰动,以保证安全。

潜水员在水下调节腰节阀时,应徐徐启闭,切勿急躁从事,以免弄错启闭,造成自我紧张或失控。潜水员应熟练掌握和控制好供气量,注意预防放漂。

潜水员在水下作业时,任何时候头部都必须高于脚部,以免发生头朝下、脚朝上的"倒栽葱"事故。

潜水员在潜水梯上休息或出水上梯、开启头盔前,务必站稳,辅助人员应将信号绳系固在牢固之处,防止潜水员因疏忽而从梯子上落入水中发生意外。

三、上升

(1) 潜水员接到上升指令时,不必问为什么,应按照指令迅速上升出水。

(2) 潜水员接到准备出水通知后,应立即停止作业,将水下正在使用的工具放妥,并清理好信号绳和供气软管,然后通知辅助人员收紧信号绳、供气软管准备上升,并按原路线返回导索处。与下潜时一样,控制好气垫,调整成适当正浮力逐渐上升,上升过程中要控制速度,以免放漂,上升速度一般以每分钟不超过 8 m 为宜。上升过程中如需减压,必须听从水面指挥,按规定实施减压,见图 3-17。上升过程中,潜水员应随时做好停止上升的思想准备,出水时应有一手举过头部,以免出水时头盔碰撞水面漂浮物。

图 3-17　潜水员出水及减压

(3) 潜水员登木梯时,辅助人员应将因急流而造成漂浮的梯子压下去(人可站梯上),以方便潜水员登梯。潜水员逐格登梯时,辅助人员可根据潜水员登梯脚步用信号绳有节奏地稍用力提拉,以减轻潜水员的登梯负荷力。潜水员从水面抓住潜水梯登梯一瞬间,应迅速将潜水服内气体大量排出,以保证登梯时裤脚管内无余气,弯曲方便,并一鼓作气登上舷梯或甲板面处,等候开帽卸装。

四、潜水后的操作

(一) 卸装

潜水员出水后的卸装,按着装的反顺序进行。卸装后应检查装具有无损坏,每天潜水结束后应用淡水把各个部件冲洗干净,并作必要的保养。

(二) 潜水员的安全

由于冷水的麻痹作用,最初不易察觉潜水时的受伤,如割伤、动物咬伤、冻伤、擦伤等对诸如以上的伤,应给予必要的治疗。在证实未发生减压病、肺气压伤等问题之前,尽可能长时间对潜水员的一般情况进行观察。潜水后,潜水员至少在 6 h 之内不得离开有减压舱的潜水单位,也不能单独留下;至少在 12 h 之内,不得远离有减压舱的潜水单位。假如需乘飞机飞行(如需治疗某种损伤,但潜水现场又不具备这种医疗能力时),那么应该用直升机或飞机在低空(不得超过相当于 240 m 高度)运送潜水员。如飞机运送患减压病的潜水员,飞机应尽可能在最低的安全高度(低于 240 m 的高度)飞行,同时,在进入加压舱之前,患者应呼吸纯氧。

(三) 记录和报告

一些情况必须在潜水工作刚刚结束时记录下来,而另一些记录可在方便时加以填写。电话员负责潜水日志、潜水登记本,并将它们保存起来。潜水员有责任适当地填写他的个人潜水记录。此外,还应指定专人负责保管器材使用记录。

潜水员还应向潜水监督报告水下完成工作情况和问题。

第八节 装具的维护保养

潜水装具的性能是否良好,直接关系到潜水员水下作业安全。因此,必须对潜水装具进行认真维护和定期检查。

一、潜水后的保养

(1) 装具使用完毕后,应用清洁淡水冲洗干净,然后用压缩空气吹干或用干布擦干。注意防止潜水头盔内送、受话器进水受潮。

(2) 潜水服应在通风阴凉处挂在衣架上晾干,然后在橡胶部分涂滑石粉,防止互相粘连。

(3) 潜水头盔颈部密封圈,应涂上硅脂。

(4) 如 TF-88 型潜水装具长期不再使用时,应泄放应急气瓶内的气体,使瓶内压力降至 2 MPa 左右。

二、日常维护保养

(一) 头盔

头盔必须经常擦拭,搞好内壁清洁工作,特别是易发感冒、咳嗽、流鼻涕的冬季。

头盔消毒清洗时,应先取出头盔内送受话器,用酒精纱布擦拭,然后用肥皂水清洗头盔内部,再用湿干净棉布擦拭干净,最后用酒精纱布擦拭。

头盔外壳铜质部分,为防止氧化,应用擦铜油擦拭。排气阀和排气阀中拆开的部件,要用擦铜油擦拭后,再涂上甘油或植物油后装妥,以防生锈。擦头盔、排气阀时,应避免使用棉纱,以防棉纱头夹在排气阀内。

(二) 供气软管

供气软管使用后,应立即用淡水冲洗干净,在污染区或油污区进行过施工作业的供气软管,应用清洁剂进行清洗,然后用清水冲洗干净。对供气软管应经常实施检查,看是否有裂缝或质变现象。

供气软管应定时消毒清洗,先用清洁的温水冲洗管内,并用压缩空气吹干管内,然后用75%的酒精液1 000~1 200 ml,对整套软管管内进行消毒,最后再次用清洁的温水冲洗,并用压缩空气吹干。

供气软管应堆放在通风好、温度适宜的室内,避免暴晒或雨淋,以防止质变老化。盘卷直径不宜太小,防止硬弯折裂,供气软管上严禁堆压重物,且切勿沾上油渍。

(三) 领盘

领盘养护主要应对铜质部分擦拭擦铜油,防止氧化;对牛皮垫圈拭抹高级机油,防止萎缩老化,影响气密;对间断螺纹、螺栓涂抹高级植物油,使其保持润滑。

(四) 潜水服

潜水服最好用衣架悬挂,尽量避免折叠存放。存放的室内环境以温度15~35℃,相对湿度50%~80%为宜,橡胶部分撒些滑石粉。

(五) 信号绳

信号绳平时不应放在潮湿处,并严禁用作其他用途。

三、安全检查和检验

(一) 头盔

对头盔的安全检查:首先应看外形是否完好,然后认真检查排气阀、挡风板及送受话器等是否正常。

对头盔进行内压试验时,充气压力为0.05 MPa,时间5 min,检查各部分焊、铆处的气密情况;对头盔连接的短潜水供气软管弯头作150 kg的拉力试验,看有无变形或裂痕。

(二) 供气软管

安全检查时,应察看软管表面有无裂纹、划伤、脱胶等缺陷,此外,还应检查软管内电话线有无断线、接触不良等现象。试验时,将供气软管一端封闭,另一端供气 1.5 MPa,保压 2 min,检查软管各处有无泄漏及局部鼓起等现象。

(三) 领盘

领盘的安全检查主要检查间断螺纹、螺柱上的螺纹是否良好。悬挂试验时,挂桩悬挂 50 kg 负荷,历时 5 min 看有无变形。

(四) 潜水服

对潜水服进行安全检查时,主要检查有否发硬或发黏,有无裂纹,橡胶部分袖口衣领有无老化现象,以及护垫部分的磨损程度。试验时,采用 0.01 MPa 气体内压试验 5～10 min,用皂水试抹接缝处,有无漏气和局部有无凸胀现象。

对于三螺栓潜水服领口,4 人拉开其领口是直径的 2 倍时,不破裂,并能复原,视为合格。

(五) 信号绳

安全检查时,主要看是否有霉烂、断股、松股、硬伤、破损、污染等现象,并应做 180 kg 拉力试验。

对于检验不合格的或勉强够格的,应视具体情况报废或降级使用,决不能勉强使用,以杜绝事故的发生。

第九节 紧急情况应急处理

紧急情况是指各种各样的意外情况,以及由此而产生的需要立即采取措施的状态。尽管潜水作业前,已经作了周密的计划和充分的准备,但水下环境较为复杂,受大自然影响的因素很多,一些人为的因素难以完全控制,难免会出现一些潜水紧急情况。特别是通风式重潜水装具,由于自身构造的特点,操作不当便会引起放漂,一旦发生供气中断,无法依赖应急供气(指 TF-12 型和 TF-3 型)来争取更多时间处理危机等等。因此通风式潜水时,要认真准备,规范操作,而一旦发生紧急情况时,应组织有力,处理果断。绝大多数的紧急情况,只要识别得早、处理得当,是可以转危为安的。

一、放漂

已经下潜的潜水员,失去控制能力,在正浮力的作用下,身不由己地迅速漂浮出水面的整个过程称为放漂。放漂后处理不当会产生一定的危险,因此,要求潜水员能熟练控制气垫,尽量避免放漂。一旦放漂,潜水员也不要惊慌,应镇静处理。其操作方法是:潜水员可用双手用力扯住领盘,使头部接触排气阀,排除潜水服内多余的气体,使双脚下沉,然后翻身成正常漂浮状态,调整好浮力与稳性。此时要注意,也不能排气过多,以免造成重力大于浮力,致使潜水员迅速下沉,产生不良后果。如潜水员放漂后本身无法排除,则水面应进行协助,利用信号绳、软管立即将潜水员拉到潜水梯,以便水面人员根据情况迅速处理。在潜水员放漂时,信号绳、软管要快速拉紧,同时电话员(或配气员)要掌握好供气量,严禁将供气阀(腰节阀)完全关死。

有关放漂的原因、危害以及处理原则详见第九章第一节。

二、绞缠

潜水员的信号绳、软管被水下障碍物缠绕、钩挂、阻挡而不能上升出水,以致被迫在水中长时间暴露,这种情况称为水下绞缠。有关绞缠的原因、危害以及处理原则详见第九章第三节。

三、潜水服破损

潜水服破损常见于潜水服袖口破裂,如破口裂缝较小,少量进水或渗水,影响不大,夏季可继续作业。如破口裂缝较大,进水较多,应停止工作,开大腰节阀增加供气量,同时将袖口损坏的那只胳膊垂直向下,通知水面准备上升出水。

如果潜水服破裂较大,特别是在上半身,水会很快灌满潜水服,这很危险,会造成潜水员窒息。遇此情况,人应保持站立姿势,发出上升信号并急速上升出水。在此之前,应开大腰节阀增加进气量,用手把压铅往下拉,以防头盔升高,使进入潜水服内的水淹没头部。出水后迅速脱下保暖衣服,采取防寒保暖措施,如需减压则迅速进加压舱。

四、潜水鞋脱落

潜水鞋脱落多见于潜水鞋鞋绳未能扎紧、扎牢所致。

发现潜水鞋鞋绳有松动,自己设法扎紧。如已脱落,人应保持直立,把鞋脱落的这只脚的小腿交叉在另一腿的小腿肚处,要保持稳性,适当将供气量减小,以免空气进入无鞋的裤脚而产生倒立。设法找到失落的鞋并穿上扎紧。如难以找到或把握不大则通知水面准备上升,控制好气量,顺着导索并用脚夹紧导索上升出水。

如离导索距离远或其他因素,无法采取上述措施,应请求水面派员救援。救援方法很多,如水面带鞋或索链类等重物替他扎上,或寻找到失落的鞋替他穿上,或派两名潜水员左右夹带帮其出水等等。

五、潜水压铅脱落或后压铅被钩住

潜水压铅脱落常见于压铅绳索断裂,造成压铅偏向单面下垂,身体重心倾向一边。潜水员应将腰节阀关小些,控制好气量,尽量保持身体平衡,把自己信号绳一端拉长些,用以系扣下垂的压铅,尽可能拉到原来位置上扎住,然后立即上升出水检查。

预防的办法是:定期更换压铅绳,发现问题及时处理,潜水作业前严格检查。

后压铅被物体钩住时,潜水员要保持镇静,自行轻轻转动身体,稍上升或下沉,就有可能脱钩。做此项解脱时,严禁转身动作过大、过猛,否则稍有不慎,易将潜水帽与头盔连接处松动,造成更大事故。无法自行解脱时,应请求水面派员救助。

六、供气中断

潜水过程中,由于某种原因突然中断对潜水员供气,这种潜水事故称为供气中断。有关供气中断的原因、危害以及处理原则详见第九章第二节。

七、通信中断

通信中断通常是由潜水电话送受话器损坏、电话线在腰节阀处、引入管处发生断线等引起的。发生通信中断后,水面人员与潜水员之间可以利用信号绳进行联系,此时潜水员应立即上升出水进行修复。如潜水作业较为简单,作业现场环境较安全,可暂时利用信号绳作通信工具继续工作。

八、头盔被撞破

头盔被撞破多见于水下行动过快不慎被尖锐物体触破,头盔损坏比潜水服损坏更为严重。由于空气比水轻,故空气能迅速从破损处溢出,水会从上而下直灌潜水服内,这是非常危险的。事故发生后,首先要镇静,急速用手捂住破损处,开大腰节阀提高供气量,然后通知水面人员准备立即上升出水。

预防的办法是在水下行进时,不得盲目快速前进,用手在前缓缓向前,从蹲下到起立过程中要缓慢,防止头顶上方有异物碰撞。

九、排气阀被撞坏

排气阀被撞坏是行动中过猛、过快地撞到障碍物所致。或检查不严,排气阀顶部阀门的连接盖脱落,失去阻水作用而造成的,从而使水无阻拦地涌入头盔内,这是很危险的。对此情况应镇静勿慌,立即把头盔侧向阀门一方,用手快速捂住孔洞漏气处,开大腰节阀供气,并通知水面人员准备立即上升出水。

预防的办法是:水下行动前进不能过猛过快;蹲下与站立起来时,要缓,禁止猛地一下站立;加强对潜水装具的维护保养,潜水前必须仔细检查。

十、观察窗被撞破

观察窗被撞破是行动过猛、过速、撞击所致。对此情况,应保持镇静,把头俯下,用手遮盖破损处,开大腰节阀供气,并通知水面人员准备立即上升出水。

预防观察窗破损,首先应加强观察窗防护罩的牢度,水下行进时不可低头快速猛进,应用手向前缓缓爬行或逐步探摸向前。

十一、螺栓被撞断

领盘螺栓被撞断会造成潜水头盔与潜水服脱离产生裂缝。事故发生后,应通知水面人员准备紧急上升出水。在此之前应设法把潜水头盔固定在颈上,用手压住,站立身体,增加供气流量,保持气垫,阻止进水。

预防办法同上述几项相同。

十二、倒栽葱

潜水事故中倒栽葱是极少发生的,但是,这是最危险的事故之一。倒栽葱发生的原因多见于操作不慎造成的,其原因是头部低于脚部,使空气进入裤腿发生倒立,或上升过程中,在外力作用下发生头朝下脚朝上。其预防的根本办法是:任何时候,潜水员务必始终保持头部高于脚部,以防空气进入裤腿,形成倒栽葱。

如果发生此类事故,潜水员应避免排气,以防水进入头盔,发生溺水。如发生倒栽葱上升到水面,水面人员应立即采取措施,将潜水员拉到潜水梯边,使其体位恢复正常。如中途上升中遇到障碍物被吊在半途水中,应立即派预备潜水员援救。

潜水员水下行进时,严禁快速前进,以免跌入洞内、坑内或舱内,造成头朝下。如果必须进入这些场所,应采用系扣导索的方法,从高处顺导索而下。

十三、潜水员在水下被吸泥管吸住

在水下除泥时,如果潜水员的脚被吸泥管吸住,一般情况下,在通知水面人员停止向吸泥管供气后,即可自行脱离。

潜水员在水下除泥时,如果一只手被吸泥管吸住,切勿强拉,以免袖口损坏。同时为防止袖口被吸破,导致潜水服内大量气体溢出,除立即通知水面人员关闭吸泥管供气阀外,另一只手则开大腰节阀供气,待吸泥管失去吸力后,将手退出管口。

潜水员如两只手被吸泥管吸住,应立即通知水面关闭吸泥管供气阀,停止向吸泥管供气,并视情况决定是否派员下潜救护。

被吸泥管吸住,多数是某一只手,这种情况往往发生在用手探摸吸泥管管头是否有垃圾塞住,或用手往吸泥管里面塞(吸泥管口径能承受的)垃圾时发生的;脚被吸住,多数发生在吸泥管吸泥时由于泥被大量吸去,泥层与管口空间距离拉大,潜水员去探摸吸泥管时,脚正好伸到管口与泥层之间,造成被吸。

潜水员被吸泥管吸住事故往往发生在使用直径 250～300 mm 的气升式吸泥管中。因为这种吸泥管直径较大,所配空压机排气量较大,吸力较足,水越深,吸力也越大。

吸泥管水下端口都设有防护罩,这样既可防止较大垃圾进入管内造成堵塞,又可对潜水员水下操作起到一定的安全保护作用。用吸泥管进行水下除泥时,如有两名潜水员同时操作,特别是对吸泥管的移位过程中不关闭吸泥管供气阀时,应通知另一名潜水员避让,同时应注意吸泥管不要绞得太高,以免操作不当造成自己被吸。

十四、潜水员被泥塌方压住

潜水员被泥塌方压住造成的后果很严重,轻则受伤,重则危及生命。潜水员被塌方压住多见于,冲淤泥埋电缆、沉船内外除泥等。发生这种事故后,潜水员应立即通知水面派员救助,同时,自己潜水服内应保持一定的气量,形成一定的气垫防止挤压伤,并尽可能不松掉自己手中的水枪,用水枪冲去自己身边泥沙。

预防方法主要是:水下除泥时,应一层层地往下除,潜水员应从上方往下方冲泥,坡度不能太陡,以免塌方。人不能离开吸泥管过远冲泥,因为一则冲泥效果差,二则也不利安全。如果有轻微塌方现象应提高警惕,如发现自己身体有漂浮感产生,很可能是塌方预兆,应先行出水回避。在易塌方地区,尽量采用"自动除泥"方法,减少潜水员下潜冲泥的频率。

十五、潜水员被鱼钩钩住

潜水员被鱼钩钩住,多见于潜水员对沉船沉没于渔业捕捞区的初次探摸中。被鱼钩钩住后千万不能以扭动身躯来摆脱鱼钩,否则必将招致被更多鱼钩钩住。正确的方法是用潜水刀割掉鱼钩线,迅速出水。如果背部等处被钩,自己无法处理,应请求派员帮助。

预防的方法是预先了解水域情况,下潜动作要缓,特别是到底后,第一次行动更要掌握好节奏,千万不要盲目过速行动。

十六、潜水员被涵洞或进水孔吸住

潜水员被涵洞或进水孔吸住是很危险的,特别是涵洞、进水孔的洞口很大时,在靠近时,整个人会被吸进,造成重大事故。

因此，潜水员在闸门、水库阀门、电站闸涵等处作业时，务必小心谨慎，应事先用长棍或竹棒在接近闸涵处向闸涵处伸去试探"吸力"大小，当长棍或竹棒被吸，再逐渐试抽回，直到吸力消失，再试探距离。另一种方法可在水下接近"吸力"处，先听声源，然后根据声音方向，判断位置。水声越响，距离越近，闸涵或破洞更大，千万不可贸然前进，可缓慢向前，手拿小短棒向前探索，稍有吸力，短棒被吸，即知吸力大小，以便采取措施。严禁使用倒退法和用脚试探"吸力"法。

思考题

1. TF-12型潜水装具主要由哪些部件组成？
2. 试述TF-12型潜水装具的头盔、领盘、潜水服的构造和功能。
3. 试述压铅、潜水鞋的作用。
4. TF-3型潜水装具与TF-12型潜水装具有哪些不同之处？
5. TF-88型与TF-12、TF-3型潜水装具比较，主要有哪些优点？
6. 潜水前对潜水装具应重点检查哪几项？
7. 潜水作业后如何保养装具？
8. 潜水员着装时应注意哪些事项？
9. TF-12型潜水装具戴领盘、加压条、上蝶形螺帽应如何操作？
10. TF-12型潜水装具扎腰绳、挂压铅、戴头盔应如何操作？
11. 潜水员下潜时应注意哪些事项？
12. 潜水员在水底从高处降落低处时，应如何操作？
13. 潜水员上升出水时应如何操作？
14. 如何对头盔进行安全检查？
15. 如何对供气软管进行检查？
16. 放漂的原因和可能引起的后果是什么？
17. 潜水员信号绳、供气软管绞缠的原因是什么？如何预防？
18. 如何预防"倒栽葱"潜水事故？
19. 潜水员被吸泥管吸住后如何处理？
20. 潜水员水下除泥时应注意的安全事项是什么？
21. 潜水员对水库闸门探摸时应注意的主要安全事项是什么？

第四章　自携式潜水

第一节　自携式潜水装具的分类

自携式潜水装具的呼吸气体储存在气瓶中,由潜水员潜水时随身携带,故称自携。自携式空气潜水最大安全深度为 40 m。自携式潜水相对于重装潜水来说,具有轻便、灵活、水下活动范围大、容易掌握使用、应用范围广等优点,因此在军事、科研、水下勘测、水下简单作业以及娱乐潜水等领域获得广泛应用。但是自携式潜水也存在着不足,如潜水深度受限、水中停留时间短暂、身体防护有限、受水下低温影响及通常没有通信装置等,因此自携式潜水装具在使用时要更加注意对水下潜水员的安全监护。

自携式潜水装具从气体更新方法上可分为开式、闭式和半闭式三种。

一、开式自携式潜水装具

开式自携式潜水装具是把呼出的气体全部排出呼吸器,这种类型的潜水装具结构简单,使用安全。呼吸气体一般使用空气,亦可使用混合气。过去曾用氧气潜水,但因高压氧能使潜水员发生氧中毒,因此现在已经很少使用氧气潜水。图 4-1 是开式回路自携式潜水呼吸器的供气示意图,气瓶中的高压气体经供气调节器调节后供潜水员吸用,潜水员呼出的气体经排气阀排出。

二、闭式自携式潜水装具

闭式自携式潜水装具省气、隐蔽性好,主要应用于军事方面。图 4-2 是采用氦氧混合气的闭式回路自携式潜水呼吸器的供气示意图,该呼吸器主要由气瓶、呼吸袋、安全排气阀、产氧罐等组成。气体的流程是:氦氧气瓶中的气体经供气装置进入呼吸袋,供潜水员吸用,呼出的气经产氧罐后流入呼吸袋。产氧罐有产氧剂,在气体循环中,此种物质能

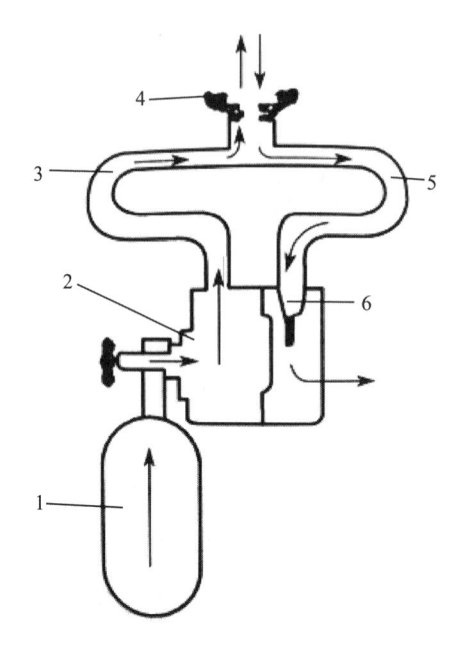

1—气瓶；2—供气调节器；3—吸气管；4—咬嘴；5—呼气管；6—排气阀

图 4-1　开式回路自携式潜水呼吸器的供气示意图

产生氧气并吸收呼出气体中的二氧化碳和水蒸气。氧分压可由电子自控装置根据潜水员耗氧量的变化，自动控制在设定值范围。

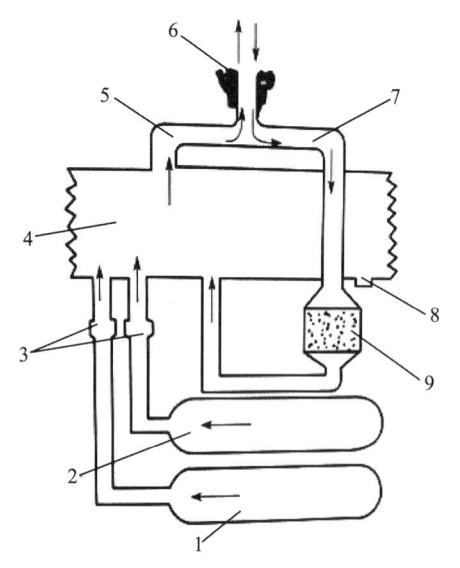

1—氧气瓶；2—混合气瓶；3—供气装置；4—呼吸袋；5—吸气管；6—咬嘴；7—呼气管；8—安全排气阀；9—产氧罐

图 4-2　闭式回路自携式潜水呼吸器的供气示意图

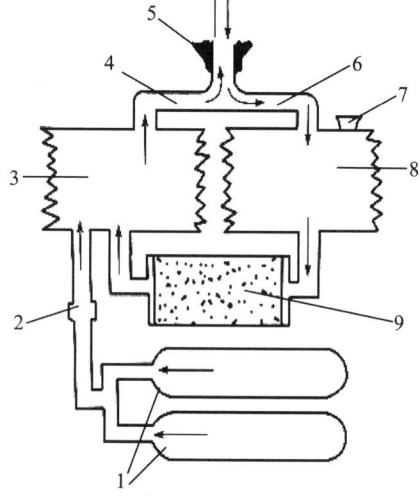

1—气瓶；2—调节器；3—吸气袋；4—吸气管；5—咬嘴；6—呼气管；7—安全排气阀；8—呼气袋；9—产氧罐

图 4-3　半闭式自携式潜水呼吸器的供气示意图

三、半闭式自携式潜水装具

半闭式自携式潜水装具的特点是潜水员呼出的气体中，部分排入水中，部分净化后再供吸气用。半闭式自携式潜水装具的耗气量比闭式装具大，但比开式装具的耗气量要小得多。它的供气流程与闭式装具相似。图4-3是半闭式自携式潜水呼吸器的供气示意图，瓶中的氦氧气体流入吸气袋供潜水员吸用，潜水员呼出的气体流入呼气袋，多余的气体由安全阀排出，呼气袋的气体再经二氧化碳吸收罐净化后流入吸气袋。潜水员消耗的气体由供气部分定量补给。因自携气量和二氧化碳吸收剂有限，所以潜水深度和时间都受到限制。若采用水面供气，此种装具可用于深度较大的潜水。

第二节　自携式潜水呼吸器

自携式潜水装具包括潜水呼吸器和配套用品两大部分。

潜水呼吸器是由气瓶和供气调节器（包括一级减压器、中压管和二级减压器）组成，见图4-4，是保证潜水员在水下维持正常呼吸的主要部件，是自携式潜水装具的核心部分。因此，自携式潜水装具的名称，往往以潜水呼吸器的类型而定。如今，人们习惯上把使用这种装具的潜水称为"斯库巴"潜水，这是直接按自携式潜水呼吸器的英文名称缩写（SCUBA）的音译命名的。

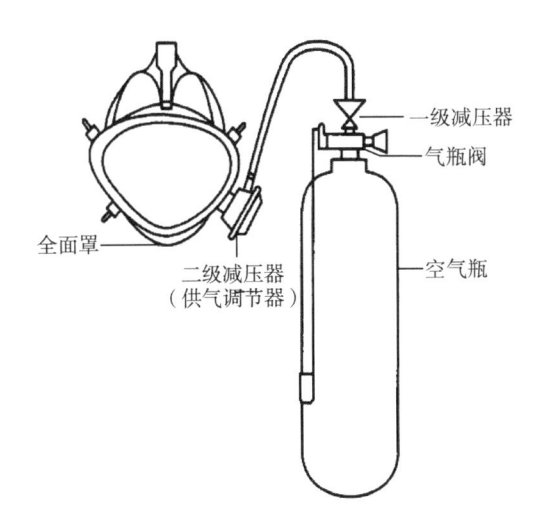

图4-4　69-Ⅲ型开放式潜水呼吸器

配套用品有面罩、脚蹼、潜水服、压铅、呼吸管等部件;还有潜水刀、水深表、潜水表、水下指北针等用品,见图 4-5。

自携式潜水装具的品种,国内主要有 69-Ⅲ 型、69-4 型及 69-4B 型等,其主要区别是:69-Ⅲ 型潜水装具采用全面罩和供需式调节器;而 69-4 型和 69-4B 型采用半面罩和咬嘴型供需式调节器,其他组成器材完全相同。本节主要介绍 69-Ⅲ 型、69-4 型及 69-4B 型潜水呼吸器的工作原理与结构。

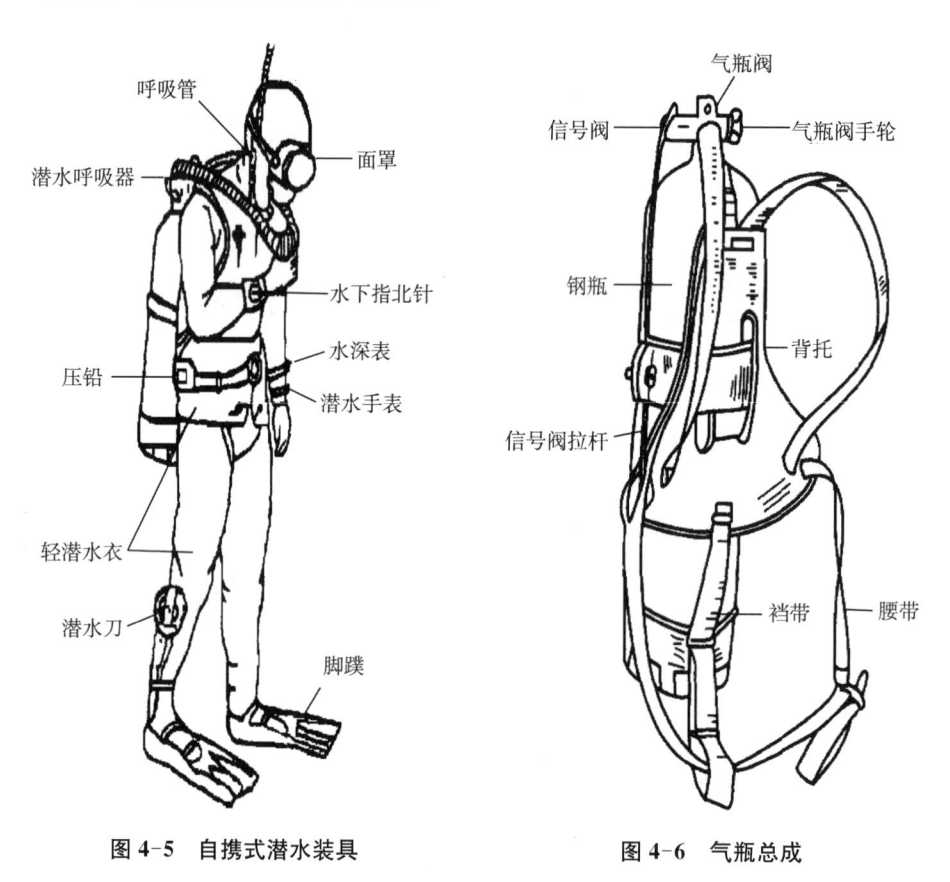

图 4-5 自携式潜水装具

图 4-6 气瓶总成

一、69-Ⅲ型潜水呼吸器

(一)气瓶总成

气瓶总成由气瓶本体、气瓶阀、信号阀及背负装置等组成,见图 4-6。

1. 气瓶本体

气瓶本体指单独的气瓶,它用来储存气体供潜水员吸用。在其头部装有气瓶阀、信号阀,肩部有型号、制造年月、容量、重量、工作压力、试验压力等钢印。腰部装有背负装置,底部装有底座。气瓶的工作压力为 20 MPa,容积为 12 L。

2. 气瓶阀

气瓶阀是气瓶内高压气体的开关,气瓶阀的手轮逆时针转动是开,反之是关。同时应注意开、关时,不能用力过猛。关时,要关足;开时,开足后应旋回少许,使他人知道气瓶阀所处的状态,防止进一步开阀而使之损坏。气瓶用毕,气瓶阀要关好。

气瓶阀中装有铜制的安全膜片,当气瓶内压力超过规定时,膜片会被击穿使高压气泄出而防止不测。安全膜的工作压力为 22~24 MPa。

气瓶阀的内部结构,见图 4-7。

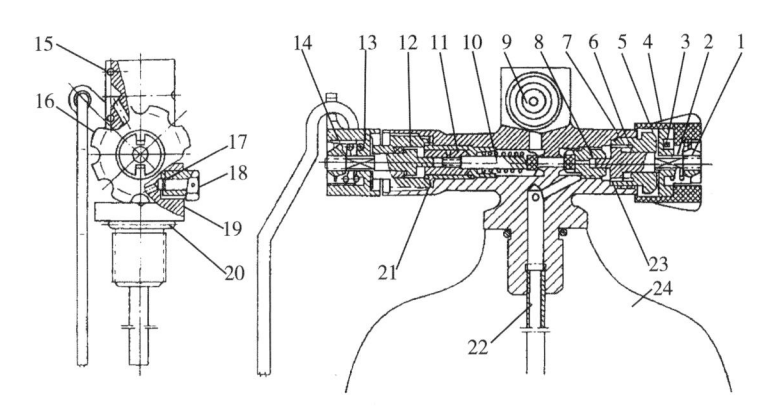

1—槽螺母;2—弹簧罩;3—弹簧;4—手枪;5—垫片;6—螺母盖;7—垫圈;8—高压阀头;9—阀头;10—开启装置(凹凸栓、传动阀、阀座、传动弹簧);11—压紧套;12—螺盖;13—拉手;14—旋手螺杆;15—"○"型圈;16—拉杆;17—安全膜片;18—安全螺塞;19—垫圈;20—"○"型圈;21—垫圈;22—通气管;23—垫圈;24—气瓶

图 4-7 气瓶阀和信号阀剖视图

3. 信号阀

气瓶阀上装有信号阀,信号阀的指示压力为 3.5 ± 0.5 MPa。

信号阀的作用是:瓶内剩余气体压力降至指示压力时,向潜水员发出警告,这时潜水员感觉吸气阻力大,于是向下拉动信号阀拉杆使之处于解除状态,如图 4-8 所示。随着信号阀的阻碍作用解除,气瓶内气体顺畅流出,潜水员可用气瓶内的剩余气体上升出水。所以,潜水前一定要使信号阀置于工作位置,即使在潜水过程中也要随时检查,防止其他原因造成信号阀位置的改变而不能报警。

信号阀与气瓶阀连为一体。整个信号阀装置主要由气瓶阀中的信号阀阀体及信号阀拉杆等部件构成,其剖视图见 4-8。

信号阀的工作原理是:当气瓶关闭,信号阀处于工作位置时,凹凸栓吻合,传动阀在传动弹簧力的作用下压着阀座。打开气瓶时,由于气瓶内气压对传动阀产生的推力大于传动阀弹簧的力,使传动阀离开阀座,气路畅通,见图 4-8(a)。当气瓶内气压降至 3.5 ± 0.5 MPa 时,传动弹簧逐渐伸展,迫使传动阀逐渐与阀座密合,供气减少,吸气阻力逐渐增大。此时将信号阀拉至解除位置,凹凸栓在拉杆、拉臂、传动杆连续动作下,使之相错,传动阀弹簧被压缩,传动阀被推离阀座,空气仍能正常供给潜水员吸用一段时间,见图 4-8(b)。凹凸栓的构造原理见图 4-8(c)。

在向瓶内充气时,信号阀要处于解除状态,否则充不进气。

目前我国已研究成功了一种潜水式声光报警压力表,它与潜水呼吸器配套使用,在潜水气瓶使用过程中当气瓶达到报警压力时(气瓶内剩余压力小于 3.5 MPa),潜水式声光报警压力表会自动发出声光报警,以警示潜水员安全返回水面。

4. 背负装置

背负装置由背托、肩带、腰带、档带及气瓶箍等组成。肩带、腰带、档带串在背托上,背托由气瓶箍固定在气瓶的腰部,固定位置的高低及肩带、腰带、档带的松紧度可按实际需要作适当的调节。

(二) 供气调节器

供气调节器的作用是将气瓶中的高压气体调节成为标准压力的气体,供潜水员吸用。它是潜水呼吸器的心脏,所以要妥善保管,使之始终保持完好性。呼吸器的供气调节器在出厂时均已按标准调节妥善,不要任意拆卸;若要维修,须由专业人员或在专业人员指导下进行。

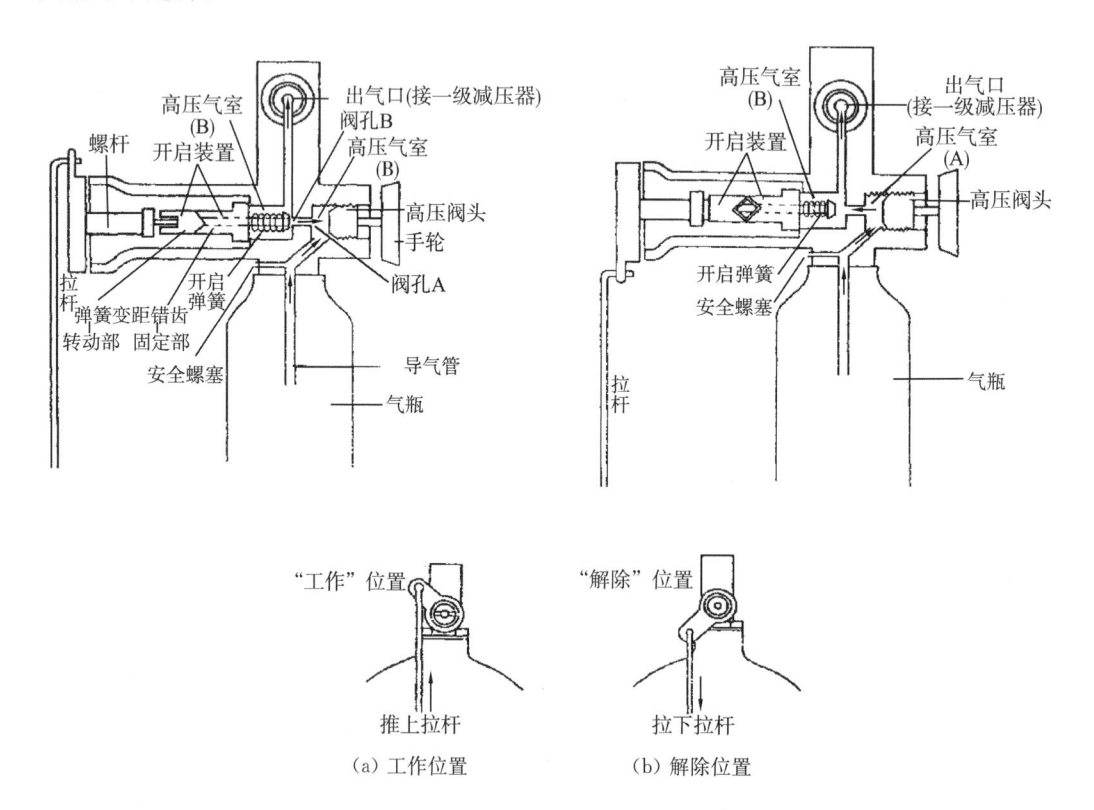

(a) 工作位置

(b) 解除位置

开启装置　顶杆　弹簧　传动阀
螺钉

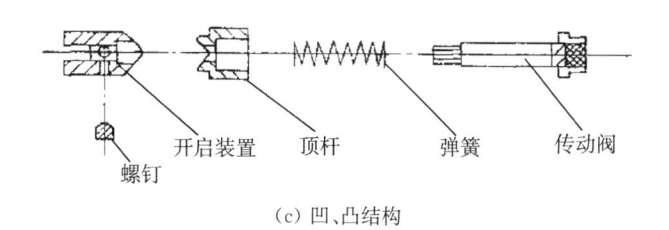

(c) 凹、凸结构

图 4-8　气瓶阀中的信号阀的两种位置及工作原理

供气调节器由一级减压器和二级减压器组成,中间有中压软管连接,见图 4-9。也有的一级减压器和二级减压器组成一体。

1. 一级减压器

一级减压器的作用是将气瓶中流出的高压空气调低为中压。当气瓶中气压是 15 MPa 时,输出压值(输出端保持的压力)为 0.5 MPa。使用时,每下潜 10 m,调节值自动增加 0.1 MPa,保持供气余压为 0.5 MPa。旋转调节螺母可改变输出压值。顺时针旋转输出压增高,反之则降低。一级减压器的输出端装有安全阀,由于某种原因导致输出压值过高时会自动排气。

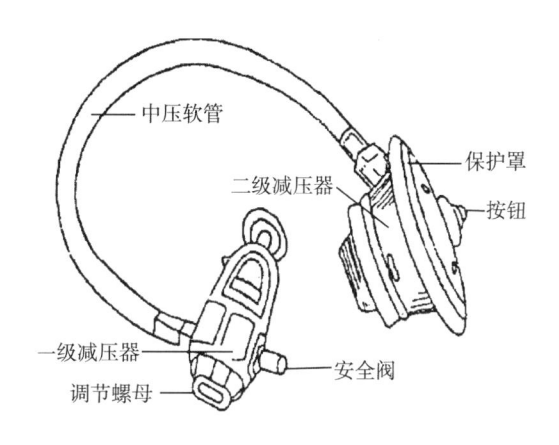

中压软管　保护罩
二级减压器　按钮
一级减压器　安全阀
调节螺母

图 4-9　69-Ⅲ型潜水呼吸器的供气调节器

一级减压器有各种型式和结构,但调压器的原理大致相同,常见的一级减压器一般有三类:

(1) 反作用式:调节值(即出口压力)随气源压力(即进口压力)的降低而升高。

(2) 正作用式:调节值随进口压力的降低而降低。

(3) 卸荷式:调节值不随进口压力而变化,基本保持一个定值。

目前,我国生产的潜水呼吸器的一级减压器大多数属第一类,第二类只适用于浅水,第三类性能好,但结构复杂。

图 4-10 为 69-Ⅲ型潜水呼吸器的一级减压器工作原理图。图所示为非工作状态,

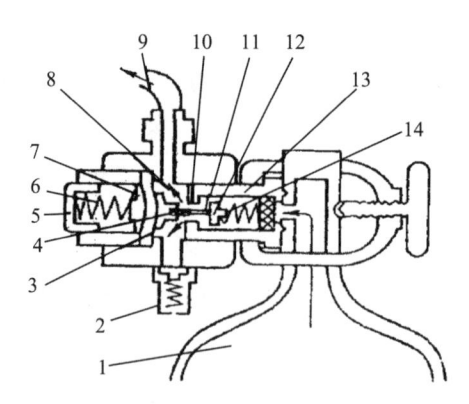

1—气瓶;2—安全阀;3—调压膜片;4—顶杆座;5—调压螺母;6—调压弹簧;7—调压弹簧座;8—减压室;9—中压软管;10—阀座;11—顶杆;12—高压阀;13—高压阀座;14—高压弹簧

图 4-10　69-Ⅲ型潜水呼吸器的一级减压器工作原理图

此时调压弹簧 6 的弹力通过调压弹簧座 7、调压膜片 3、顶杆座 4、顶杆 11 而作用在高压阀 12（亦称滑阀）上，因而高压阀被顶离阀座 10。旋开气瓶阀时，气瓶内气体便通过高压阀体 12 流入减压室 8 和中压软管 9（此时气体膨胀，达到减压目的）。减压室内气体压力不断升高，通过调压膜片、调压弹簧座传导到调压弹簧上，调压弹簧被压缩，与此同时，高压阀在瓶内气压和高压弹簧 14 的作用下堵住了阀座孔使气路中断。这样，完成了一级减压。当潜水员吸气时，减压室内气体压力逐渐降低，通过调压膜片、调压弹簧座对调压弹簧的作用力也迅速减小。当低于调压弹簧的弹力时，膜片 3 又弯向中压气室，高压阀被顶离阀座，高压气瓶内空气又重新输入中压气室，又完成了一次一级减压。这样，减压室内的空气就可能持续地通过中压软管向二级减压器输送。

一级减压器的内部结构，见图 4-11。由于调节螺母底部有孔，潜水时水可接触一级减压器膜片，于是随着潜水深度的增加，压在膜片上的压力也增加，因此膜片推向顶杆的力也增加，使一级减压器中压气室内的压力与潜水深度一样相应增加，并取得平衡，以保证在相应深度的供气量。

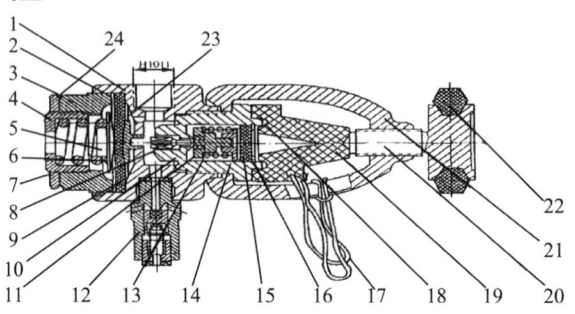

1—阀体;2—垫圈;3—塞帽;4—调节螺母;5—弹簧座;6—调压弹簧;7—顶杆座;8—顶杆;9—高压阀体;10—垫圈;11—滑阀;12—安全阀;13—弹簧;14—滤器座;15—滤器;16—挡圈;17—绳;18—"O"型圈;19—防尘盖;20—手轮座;21—夹头;22—手轮;23—膜片;24—六角螺母

图 4-11　69-Ⅲ型潜水呼吸器的一级减压器剖面图

2. 二级减压器

二级减压器的作用是将一级减压器通过中压软管供给的气体调节成为压力和流量均适合于潜水员吸用的气体。它的中心按钮用于手动供气。

二级减压器可根据气流方向和阀门开放方向相同和相反分为顺向和逆向两类,用嘴呼吸的一般是顺向,用鼻或鼻嘴呼吸的一般是逆向。

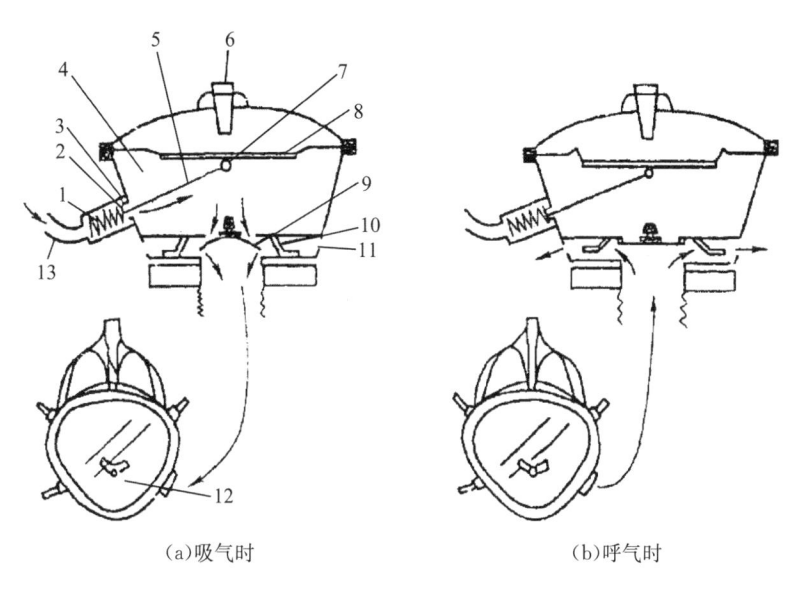

(a) 吸气时　　　　　　　(b) 呼气时

1—供气弹簧;2—供气阀;3—供气阀座;4—供气室;5—阀杆;6—手动供气按钮;7—端球;8—弹性膜;9—吸气阀;10—呼气阀;11—呼气孔;12—面罩;13—中压软管

图 4-12　69-Ⅲ型潜水呼吸器的二级减压器工作原理示意图

69-Ⅲ型潜水呼吸器的二级减压器工作原理,见图 4-12。不工作时,供气弹簧 1 的力使供气阀 2 堵在供气阀座 3 上,所以气路不通。当潜水员吸气时,供气室 4 内形成负压,在外力的作用下,弹性膜 8 内陷并压迫端球 7 使阀杆 5 下移并将供气阀一侧推离阀座,这样经一级减压后流入减压室和中压软管 13 中的气体便流经供气室 4、吸气阀 9、面罩 12 供吸用。吸气停止时,吸气阀关闭,当供气室内外压力平衡时,供气弹簧使供气阀压到供气阀座上而停止供气。呼气时,呼气阀 10 开放,呼出气体经呼气孔 11 排出。再次吸呼时,二级减压器又重复上述动作。这样潜水员正常呼吸时,减压室和中压软管内气体就会依次按需要供给潜水员。69-Ⅲ型潜水呼吸器二级减压器的结构,见图 4-13。

二、69-4 型潜水呼吸器

69-4 型潜水呼吸器为咬嘴式,使用时潜水员将呼吸器的咬嘴含咬于嘴中,呼吸均在口腔和咬嘴中进行。它在设计上更合理,吸与呼的阻力较小,使用简捷,因此具有更大的灵活性和可靠性。69-4 型潜水呼吸器在构成上与 69-Ⅲ型大部分相同,最大的区别在

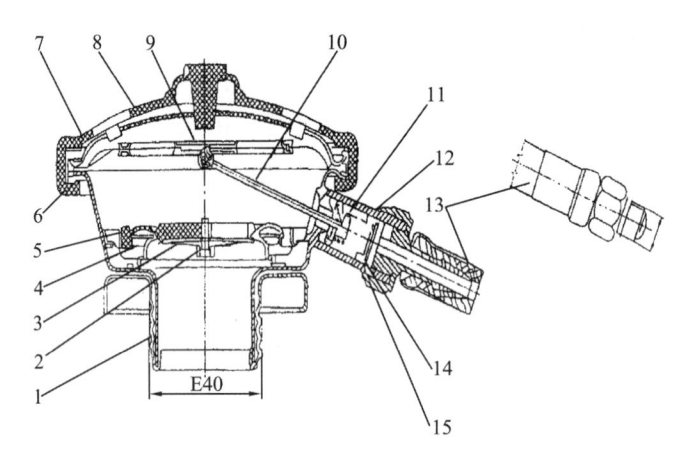

1—壳体；2—中心栓；3—吸气膜片；4—阀座；5—压紧环；6—弹性膜；7—保护罩；8—上盖；9—端球；10—阀杆；11—阀头；12—弹簧；13—导管；14—挡圈；15—弹簧座

图 4-13　69-Ⅲ型潜水呼吸器的二级减压器剖面图

于 69-4 型潜水呼吸器采用咬嘴式二级减压器和半面罩。

69-4 型潜水呼吸器的二级减压器工作原理如图 4-14 所示,当不呼吸时,供气室 5 内外压力平衡,供气阀 9 在供气弹簧 8 的作用下压在供气阀座 11 上。呼气阀 2 由于自身的橡皮弹性而堵住弹性膜 4 旁的呼气孔 1。在吸气时,供气室内形成负压,在外压作用下,弹性膜片内陷带动杠杆,杠杆牵动供气阀克服了供气弹簧的弹力使供气阀离开供气阀座,这样减压室和中压软管 10 内经过一级减压后的气体便经供气阀流入供气室被潜水员吸用。吸气停止时,供气室内、外压又得到平衡,弹性膜片、杠杆、供气弹簧和供气阀又恢复到原来的位置使供气中止。呼气时,供气室内压大于外压,呼气阀被鼓开,呼出气体经呼气孔排出。再次呼吸时,二级减压器又重复上述动作。这样,二级减压器就依潜水员呼吸频率连续不断地按需供气和排气。

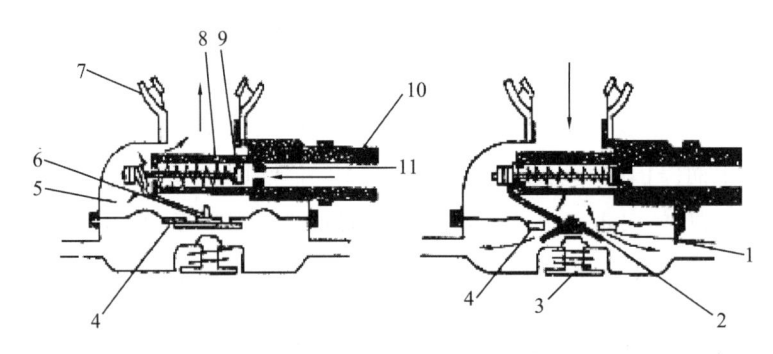

1—呼气孔；2—呼气阀；3—手动供气按钮；4—弹性膜；5—供气室；6—杠杆；7—咬嘴；8—供气弹簧；9—供气阀；10—中压软管；11—供气阀座

图 4-14　69-4 型潜水呼吸器的二级减压器工作原理示意图

69-4 型潜水呼吸器的二级减压器结构,见图 4-15。

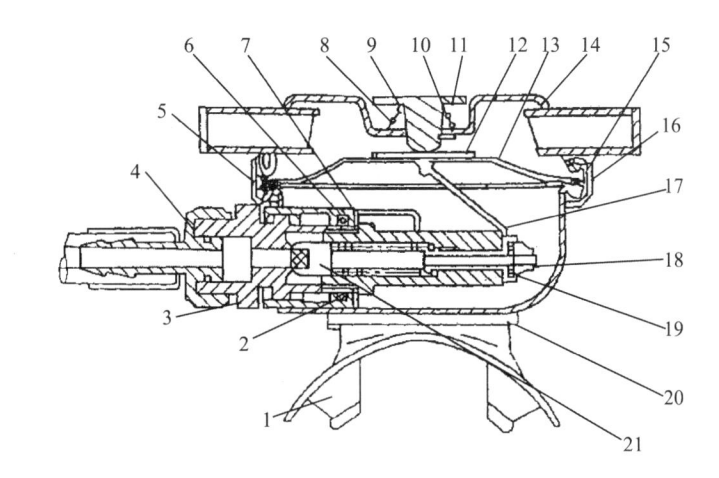

1—咬嘴；2—"O"型圈；3—阀体；4—导管；5—弹簧；6—阀座；7—固定垫圈；8—弹簧；9—轴向挡圈；10—垫片；11—手供按钮；12—膜阀；13—弹性膜体；14—下壳体；15—上壳体；16—夹箍；17—揿片；18—自锁螺母；19—垫圈；20—胶紧带；21—阀头

图 4-15　69-4 型潜水呼吸器的二级减压器剖视图

三、69-4B 型潜水呼吸器

69-4B 型潜水呼吸器结构简单，造型美观，轻巧方便。其二级减压器在设计上，采用了独特的气动平衡控制阀，呼吸阻力很小，感觉轻松自然。下面主要阐述其一、二级减压器的构造和工作原理。

（一）一级减压器

一级减压器的作用：是将空气瓶内的高压空气经过一级减压器减压，降低到比环境压力高 0.9 ± 0.05 MPa 的中压气体，通过中压软管输送到供气阀（即二级减压器），供潜水员使用。一级减压器采用顺向平衡活塞结构，由本体 10、活塞套筒 14、活塞 15、输出转动接头 20、连接螺栓 18、弹簧 12、阀座 28、高压进气接头 7、夹头 2、手轮 1 等零部件组成，见图 4-16。在减压阀体上，设有两个高压输出口，可连接水下压力表等部件，以便潜水员在水下随时掌握空气瓶中的供气压力变化。在减压输出转动接头上设有四个中压输出口，可同时接装四根中压软管，因此转动输出接头，可连接救生背心及备用一级减压器等配件。减压器输出转动接头可作 360°平面旋转。

一级减压器的工作原理是：当高压气体经过高压进气接头、本体、活塞进入中压腔室后，中压腔室内气体压力升高，该压力作用在活塞上克服弹簧作用力，使活塞移向阀座截断气路。一级减压器输出头有气体输出时，中压腔室内压力降低，弹簧力作用在活塞上，使减压阀门开启（即活塞离开阀座），高压气体再次进入中压腔室。减压器停止输出气体时，中压腔室的压力回升，又使得活塞移向阀座截断气路，起到减压作用。一级减压器阀门的开启与关闭随二级减压器用气的需要而动作。

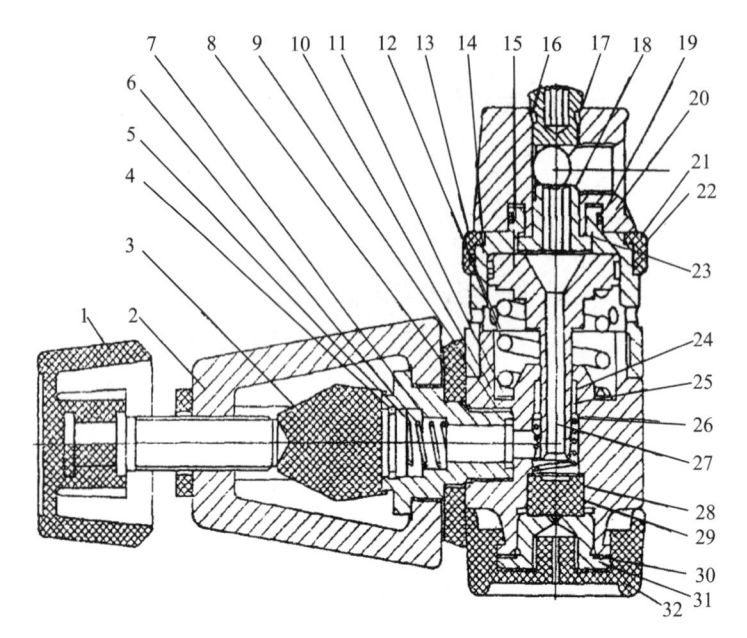

1—手轮；2—夹头；3—防尘盖；4—挡圈；5—滤器；6—弹簧；7—高压进气接头；8—挡圈；9—"O"型圈；10—本体；11—调压片；12—弹簧；13—挡圈；14—活塞套筒；15—活塞；16—闷头体；17—"O"型圈；18—连接螺栓；19—"O"型圈；20—输出转动接头；21—"O"型圈；22—挡圈；23—垫片；24—挡圈；25—"O"型圈；26—压圈；27—弹簧；28—阀座；29—"O"型圈；30—调压片；31—调压螺钉；32—底座

图 4-16　69-4B 型潜水呼吸器的一级减压器剖面图

（二）二级减压器

二级减压器的作用：是把中压软管送来的中压气体自动调节成符合该环境条件下潜水员呼吸所需要的压力和流量。其设计不同于以往的一级减压器的设计。它的主要特征集中在独特的气动平衡控制阀。这种阀的作用是使波动的压力空气平滑自然地流入气腔，流入时感觉轻松，不会感到有压力。

二级减压器采用很小阀门关闭力的平衡阀结构，由壳体 17、上盖 6、大膜片组件 10、阀座 1、摇杆 12、阀杆 3、阀头 2、保护罩 5 及咬嘴 16 等零件组成，见图 4-17。二级减压器输入中压气体 0.6～1.0 MPa，中压气体流入时，首先流入阀杆两侧，两侧力几乎相等，阀门关闭采用很小力的弹簧，吸气力小，几乎近似于自然呼吸。

二级减压器的工作原理是：当潜水员吸气时，壳体内气体压力减小，壳体内外压差引起膜片向内弯曲，膜片压向摇杆打开阀门，从阀门流出的空气进入壳体流向咬嘴。壳体内进入气体后，压力增加，膜片及摇杆复原，阀门关闭，供气停止。呼气时，大膜片不动，小膜片弯曲达到排气状态。呼气结束，腔体内外平衡，小膜片自动复原。潜水员正常呼吸时，二级减压器就连续不断地重复上述动作。

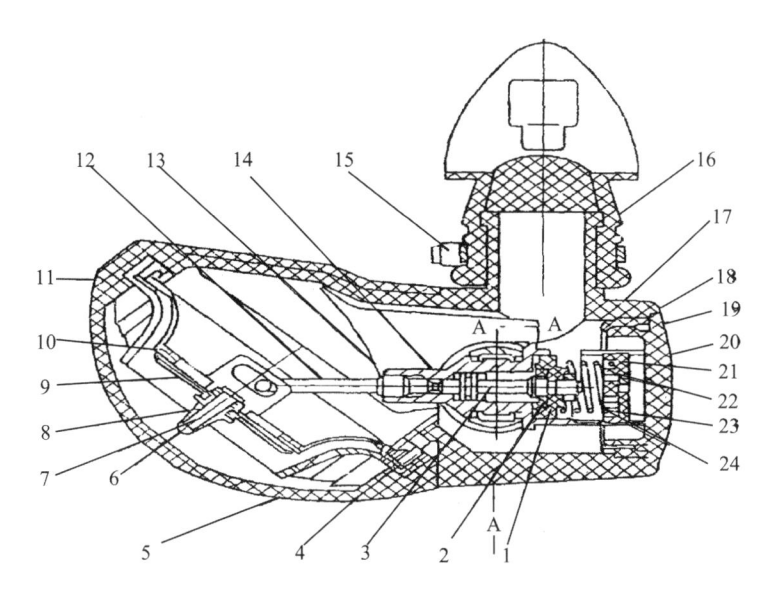

1—阀座；2—阀头；3—阀杆；4—"○"型圈；5—保护罩；6—上盖；7—膜片芯轴；8—小膜片座；9—小膜片；10—大膜片；11—垫圈；12—摇杆；13—调节钉；14—阀体；15—胶紧带；16—咬嘴；17—壳体；18—嵌垫螺母；19—"○"型圈；20—螺盖；21—调节螺丝；22—"○"型圈；23—弹簧；24—六角螺母

图 4-17　69-4B 型潜水呼吸器的二级减压器剖面图

第三节　配套用品

自携式轻潜装具的配套用品包括必备器材和附属用品。必备器材指进行一般自携式潜水作业时必需的配套用品，如面罩、脚蹼、潜水服、压铅及简易呼吸管等；附属用品指根据潜水作业性质和任务的需要，除必备器材外可增加佩戴的物品，如潜水刀、水深表、潜水手表、水下指北针、潜水计算机等。

一、必备器材

（一）面罩

面罩由透明面窗、橡胶制颜面密封缘和橡胶头带等组成，见图4-18。面罩可保护眼睛和面部免受水刺激的作用，还可以使眼睛和水之间保持一定的气腔，以改善水下视力。

面罩通常分为全面罩和半面罩两类，见图4-19。

将眼部、鼻部、嘴部全罩住的面罩称为全面罩。有一种用作简易潜水的全面罩还装有简易呼吸管。正式潜水用的全面罩装有连接供气调节器的各种部件和有关装置，全面罩构成一个微小的供气环境，潜水员直接呼吸其中。有的全面罩还根据需要装有内咬嘴

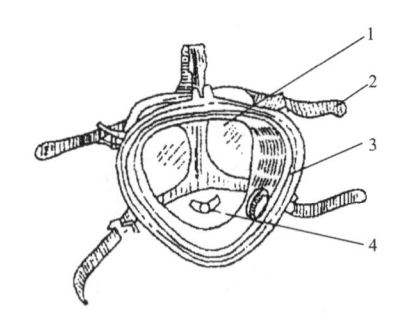

1—面罩玻璃；2—头箍带；3—面罩本体；4—鼓鼻装置

图 4-18　69-Ⅲ型全面罩

或只罩住口鼻的口鼻面罩等装置。

半面罩也称眼鼻面罩或简易面罩，它只罩住眼部和鼻部，嘴部露在面罩外，以便嘴可用来含住供气调节器或简易呼吸管的咬嘴。潜水过程中，必要时用鼻孔向面罩内呼气，以调节面罩的气体压力与外界平衡，避免产生面罩覆盖部分的面部挤压损伤。

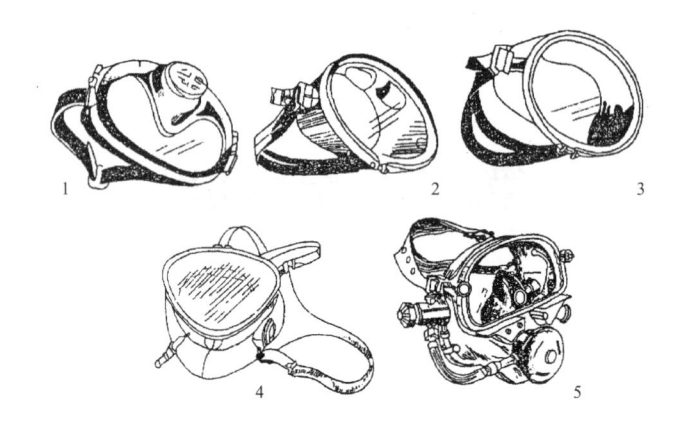

1—带排水单向阀的半面罩；2—半面罩的一种；3—半面罩的另一种；4—开放式全面罩；5—混合式面罩

图 4-19　各种类型的潜水面罩

（二）脚蹼

潜水员穿上脚蹼，能加快游泳的速度和加强在水中的活动能力。脚蹼的种类很多，按其形状分为蛙掌式、鞋式、鱼尾式及分解式等，如图 4-20 所示。按推力原理可分为两种类型：游泳型和动力型。与动力型相比，游泳型脚蹼比较小，重量较轻，而且质地稍软，但是它们上下打水所用的力几乎相同。游泳型用于长时间水面游泳时不易使人疲劳，腿部肌肉用力较少，而且比较舒适。动力型脚蹼比游泳型长、重，而且比较硬。它们用于缓慢、短促的击水，主要向下打水。按设计，这种脚蹼虽不太舒适，但可在短时间内获得最大推力。因此，作业潜水员喜欢这种型式。一种狭窄的，比较硬的脚蹼可使潜水员用较小的力即可获得很大的推力。脚蹼必须穿着舒适，大小适宜，以防止夹脚或磨脚。脚蹼的选择还必须符合潜水员个人的身体状况和潜水作业的性质。在长有大型海藻的水底、浮草或池塘杂草处潜水前进，应系好脚蹼固定带。配有可调后跟带的脚蹼，可将带子折回，使带子的头朝里。或者系上脚蹼带后，带子的头朝下。如果不这样做，水中植物会缠住带子，使潜水员不能前进。

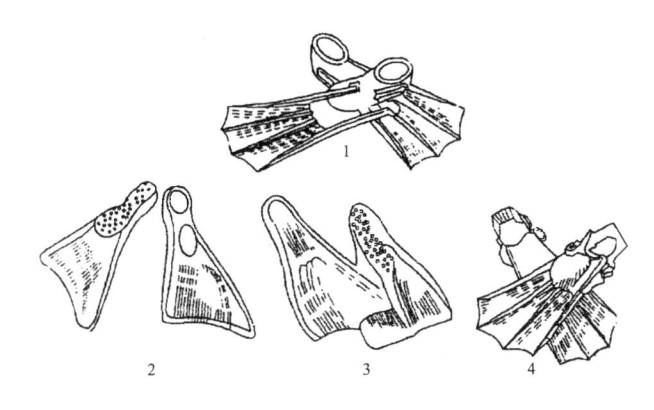

1—分解式；2—鱼尾式；3—鞋式；4—蛙掌式

图 4-20 各式脚蹼

(三) 潜水服

潜水服用来保暖御寒和防护身体，有湿式、干式和热水式三种。下面主要介绍湿式潜水服，如图 4-21。

湿式潜水服是一种贴身的潜水服，通常用泡沫氯丁橡胶制成，从剖面看有无数不相通的独立气泡，起隔绝与保温作用。目前湿式潜水服有分体和连体两种，同时还配有帽子、潜水背心、手套、潜水靴、潜水鞋等，潜水员可根据潜水工作需要来选用。

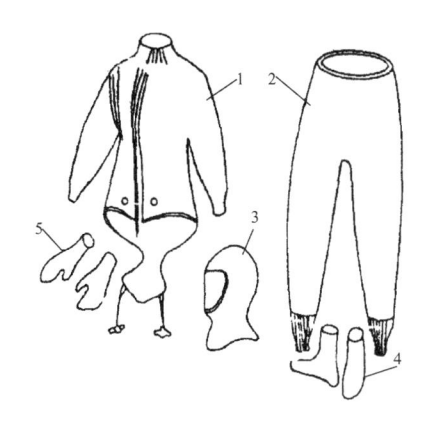

1—上衣；2—裤子；3—帽子；4—袜子；5—手套

图 4-21 湿式轻潜水服(两件式)

湿式潜水服不水密，但良好的弹性使它紧贴人体，因而它吸收的水不再流动，经人体加温后与潜水服形成一个保温层，起到一定的保暖作用。较紧的潜水服虽然保暖效果较高，但束缚身体，不但不舒适且对血液循环有碍；太宽则大量进水易造成水在潜水服与皮肤间的流动，而失去保温作用，因此一般要求以合身无压迫感为佳。

湿式潜水服通常为 3 mm 或 6 mm 厚。但是如果需要，也可买到厚至 8 mm 和 10 mm 或 12 mm 的潜水服。薄型潜水服可使潜水员水下活动自由，而厚型潜水服可使潜水员获得良好的保暖。大多数潜水服在氯丁橡胶的内表面贴有一层尼龙里衬，以防止撕破和便于穿脱。目前，市场上销售的潜水服，有些内外表面均贴有尼龙布，以减少潜水服被撕破和损坏的可能性。但是，增加的尼龙层进一步限制了潜水员的活动，如在肘和膝部加衬垫时，会使潜水员的活动受限。尽管贴有尼龙里衬的湿式潜水服比较容易穿脱，但是，它们也易于进水。因此，在冷水中潜水时，会引起寒冷。外表面的尼龙层虽可减少潜水服的磨损，但会存留更多的水，结果起了表面蒸发层的作用，在有风的水面会引起寒冷。表面反射率高的潜水服(橘红色)，不宜选用，因为与其他较暗的颜色相比，这些颜色易招引鲨鱼。

当水温接近 16℃时，潜水员的手、脚和头部的散热率很大。如果不使用手套、靴子和头罩，潜水员就不能潜水。即使在热带气候条件下，潜水员也可以选用某种型式的靴子和手套，以防擦伤皮肉。

潜水时，手的保暖特别重要，因为手操作不灵活，会大大降低潜水员的工作效率。大多数潜水员喜欢戴棉质手套，因为这种手套不会严重影响手指的活动和触觉。五指泡沫氯丁橡胶手套的厚度有两种：2 mm 或 3 mm。这两种手套虽限制了潜水员的触觉，但手指的活动程度仍较理想。在极冷的水中，采用二指手套，这种手套很长，接近肘部。选用合适的手套是很重要的，因为，手套太紧，会限制血液循环，增加散热率。

在冷水中不戴头帽，不仅会引起面部麻木，而且在入水后很快会感到前额剧痛，直至头部完全适应为止。头帽应有一个适宜的裙罩，至少向下延伸到肩的中部，以防冷水沿脊部进入服内。在极冷的水中，最好采用装有头帽的一件式潜水服。选择头帽时，尺码要合适，这是非常重要的。太紧会引起颚部疲劳、气哽、头痛、眩晕并降低保暖效果。

使用湿式潜水服时，潜水员需要额外的压铅以代偿湿式潜水服的浮动。湿式潜水服浮力的准确值各不相同，这主要取决于如下因素：潜水服厚度、大小、使用时间和水下条件。当潜水服因深度增加而被压缩时，其浮力也随之降低。

（四）压铅

压铅由每块 1～2 kg，呈方形或长方形的铅块串或夹在压铅腰带上组成，其作用是调节浮力和加强潜水员的稳性，见图 4-22。压铅腰带的一端装有快速解脱扣，便于应急脱身用。

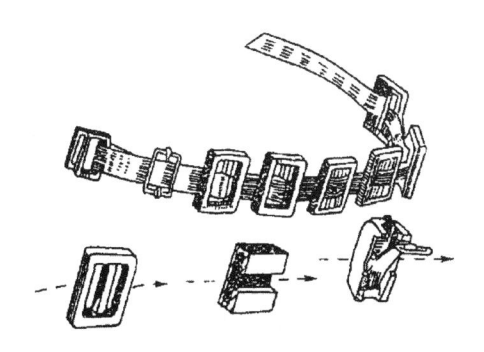

图 4-22　各种压铅及穿法

（五）简易呼吸管

简易呼吸管是自携式潜水基本功训练的必备器材，也可在简易潜水或水面游泳时用来呼吸水面气体，见图 4-23。

二、附属用品

（一）潜水刀

潜水刀是潜水员的随身用具，可用在水中进行切、割、锯等，也可用来自卫。其形状见图 4-24，潜水刀有单刃和双刃两种，双刃潜水刀较好。最常用的潜水刀的刀刃是一侧为锋利的刀刃，而另一侧为锯齿形。潜水刀必须放在合适的刀鞘里，系在潜水员的大腿或小腿上，便于潜水员取放而又不影响其工作。潜水刀不应系在压铅上，因为在紧急情况下丢掉压铅时，潜水刀也会脱掉。

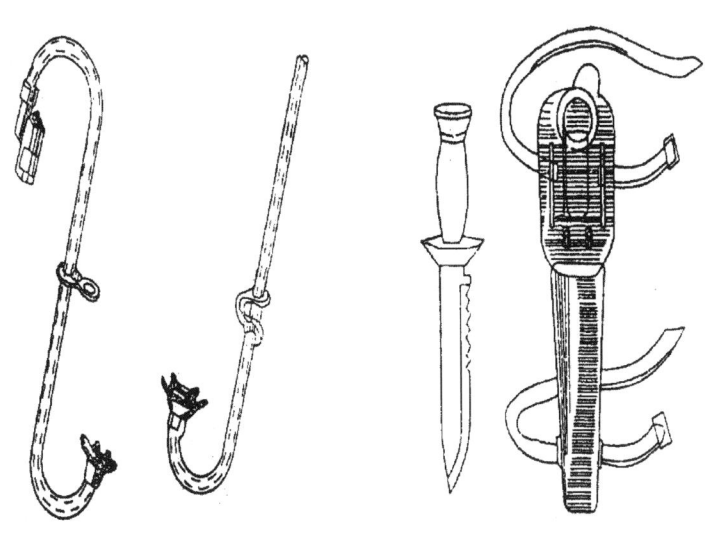

图 4-23　简易呼吸管　　　　图 4-24　潜水刀

(二)潜水手表

潜水手表可供潜水员掌握现在的时间或潜水活动经过的时间,掌握下潜和上升速度,以便更好地执行减压方案。

潜水手表是防水、耐压和表盘刻度夜光的手表,它的表面外装有一个可旋转的计时圈,见图4-25。

图 4-25 潜水手表

(三)潜水深度表

潜水深度表可使潜水员随时知道所处的水深,见图4-26。

(四)水下指北针

水下指北针供潜水员辨别方向。其外形状见图4-26。

(五)测压表

测压表用来测知气瓶内气体压力,以便为潜水员合理安排潜水时间提供依据。使用时,应装到气瓶阀的出气口上。使用方法是:先将其排气阀关闭,再旋开气瓶阀,这时压力表面便会显示出压力数字。使用完毕,应先关闭气瓶阀,继而旋开测压表的排气阀放掉表内气体,再旋开固定螺丝取下测压表。

测压表可以与潜水深度表及指北针结合在一起,组成双用表或三用表,见图4-26。

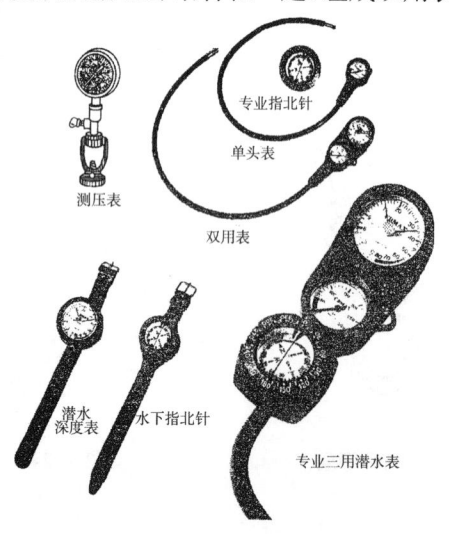

图 4-26 潜水深度表、水下指北针和测压表

(六）潜水记录板

潜水记录板配有记录笔，用于水中做记录和测绘。

(七）救生背心

潜水员穿救生背心，应急时可用来增加浮力，帮助潜水员上升到水面，并使他在水面漂浮时，头部露出水面。救生背心有专门管路连通呼吸气源，可随时充气，也可用嘴充气。穿救生背心时应注意：不要采用快速解脱系结，系带时不要太紧。其外形见图 4-27。

(八）信号绳、信号旗

信号绳的作用与重装潜水相同，信号旗可用在水中互相打旗语。

(九）无线潜水电话

无线潜水电话：是以水为传播媒介的无线声学通信系统。从原理上看，无线通信系统首先把声音信号转换成超声信号，通过换能器发射到水面，由水面接收器还原成声音信号。它可用于水面照料员与水下多名潜水员之间的通信，也可用于水下潜水员之间的直接联系。它的有效通信范围较大，一般可达到 1 km，大功率无线通信设备的有效传播距离可长达 10 km。

不过，由于声波传送的物理特征，在水下遇到斜温层时可能出现通信"隐区"；当遇到障碍物时，还会出现通信"盲区"。

(十）潜水计算机

潜水计算机戴在潜水员手腕上，潜水时可计算并显示与潜水有关的各种参数，包括现在深度、最大深度、潜水经过时间、不减压潜水时间、减压深度、减压时间、上升需要时间（包括减压时间）、上升速度过快警告、水面休息时间、重复无减压潜水时间、潜水记录、搭飞机时间限制、体内溶氮时间、电力不足警告等，可免去潜水减压表的烦琐计算和人为计算的疏失，有预警和各种警告及计划的功能。

潜水计算机是根据潜水深度和时程，潜水员各部组织血流量及速度不同，组织大小的不同，氮气溶解于血液的速度的不同，将人体的仿生模式简化，用数学方程式或者电脑语言来表达，通过集成电路的计算，告知潜水员有关减压的资料。这对计算潜水员的个体差异及水下工作量的计算，防止减压病的发生提供了更可靠的数据。图 4-28 是一种潜水计算机的外形图。

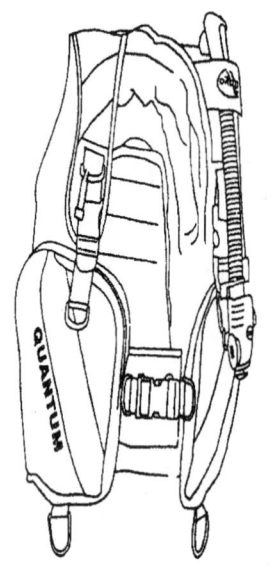

图 4-27　浮力(救生)背心　　　图 4-28　潜水计算机

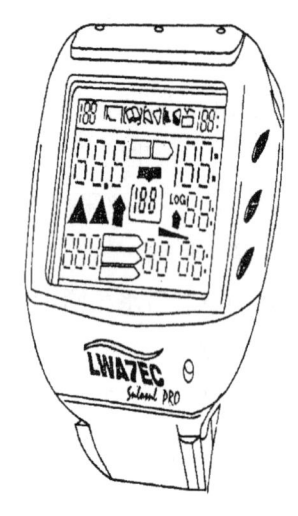

第四节　潜水前的准备工作

自携式潜水前,应遵循空气潜水基本程序,根据工作任务、作业区的条件做好潜水计划,并按计划做好潜水前的准备工作。

一、人员的组织分工

使用自携式呼吸器进行潜水作业时,根据潜水任务的性质合理组织人员,明确分工,是保证潜水作业人员安全和顺利完成任务的最基本要素。潜水作业通常是以潜水队或潜水小组为单位组织实施。一般是根据潜水工作任务的大小,要求完成任务的时间及作业区的环境条件来确定参加作业人员数量。由于自携式潜水装具携带轻便、机动灵活,大大减少了对水面支援的要求,因此水面保障人员可适当减少。自携式潜水人员配备要求见表 4-1。

表 4-1　自携式潜水人员配备表

	最适合的人数		最少人数	
潜水员	1名潜水员	2名潜水员	1名潜水员	2名潜水员
潜水监督	1	1	1	1
潜水长	0	1	0	0

续表

	最适合的人数		最少人数	
预备潜水员	1	1	1	1
信号员	1	2	1	2
潜水小队人数	4	7	4	6

潜水队人员的主要职责分工如下：

(1) 潜水监督，负责潜水作业现场的全面工作；

(2) 潜水长，负责分工范围内的潜水指挥；

(3) 潜水员，负责水下作业工作；

(4) 预备潜水员，负责水下救护工作；

(5) 信号员，负责掌管信号绳及记录工作；

(6) 必要时派潜水医生，负责潜水作业现场的医务工作、潜水减压及减压病治疗工作。

表 4-1 是根据一个潜水小组或潜水小队来配备的，其中不包括其他辅助人员在内。在实际工作中，可根据作业现场实际情况调整所需人员。

潜水人员确定以后，潜水监督或潜水长应向全体人员介绍本次潜水任务、作业区条件、潜水计划、安全措施及人员分配等事宜。

二、装具准备与检查

出发前对设备、器材必须落实和备便，必须仔细检查所要运到作业现场的装具是否处于良好状态，必要时进行性能试验。

潜水前的装具检查必须程序化，最好采用一个周密的检查表，潜水员必须亲自检查自己的装具，即使已委派了其他人员准备和检查装具，也不能认为所用的装具已处于适用状态。

1. 空气气瓶

检查有无铁锈、裂缝、凹痕或其他缺陷或有故障的任何迹象，要特别注意阀是否松动或弯曲。核对气瓶标记，证明是否适合使用，核对水压试验日期是否过期，检查"〇"型圈是否还在。检查信号阀是否处于工作位置，如果是，则表明气瓶已充气可供使用。

2. 背带和背托

检查有无腐烂或过分磨损的迹象，调节背带以供个人使用，尽量使之在背部中央，当潜水员后仰时，头部应能触到调节器，但气瓶阀顶部不得高过头部。检查快速解脱扣装置，应灵活自如。

3. 供气调节器

把供气调节器接到气瓶开关阀上,确保"○"型圈完全密封。把气瓶阀完全打开,然后倒旋 1/4 圈,听听空气流出的声音,以检查调节器是否漏气。通过咬嘴连续呼吸几次,检查二级减压器和单向阀功能是否正常。按压中心按钮,检查是否正常供气。适当时可浸入水中观察。

4. 救生背心

打开气瓶阀,按进气钮充气,检查有无泄漏,然后将空气压出。应将背心中最后残留的空气吸出,使背心内完全没有空气。

对有加装二氧化碳紧急充气的装置,应检查二氧化碳气瓶,确保气瓶未使用过(封口完好),而且气瓶的规格应与使用的背心匹配。撞针应活动自如,无磨损。撞针拉绳和救生背心系带应无损坏的痕迹。

当背心检查结束时,应把它放在踩踏不到的地方,也不要和可能将其损坏的器材放在一起。决不可将救生背心用作其他装置的缓冲材料、托架或垫子。

5. 面罩

检查面罩的密封性能和头带状况,检查面罩封口和面窗有无裂纹。

6. 脚蹼

检查脚蹼带、脚蹼跟、蹼片有无大的裂纹或损坏、老化。

7. 潜水刀

试验潜水刀刃是否锋利,确保潜水刀已固定在刀鞘里,使取放潜水刀毫无困难。

8. 压铅带

检查压铅带是否良好,是否放了适量的压铅,是否系牢。快速解脱扣是否好用。

9. 手表

检查手表有无损坏,时间是否校准,表带是否牢固、良好。

10. 深度表和指南针

检查每个表的表带是否完好。确保深度表已严格地校准。指南针应与另一只指南针校正过。

11. 一般检查

检查潜水时将要使用的其他装具,以及可能要用到的备用装具,包括备用供气调节器、气瓶和仪表等。也要检查所有的潜水服、缆绳、工具以及其他被选用的器材。最后,把所有的装具放好,以备使用。

三、作业要求和安全措施

作业潜水员对自己的装具检查和试验后,应向潜水监督报告已准备完毕。

此时,潜水长应向潜水员介绍该次潜水的作业要求和安全措施。介绍时,所有直接参加潜水作业的人员均应参加,所有人员必须了解本次潜水作业计划中的各项工作。

介绍的内容有:

(1) 潜水的目的;

(2) 潜水的时间限度;

(3) 任务分配;

(4) 操作技术和工具;

(5) 潜水的各个阶段;

(6) 到作业地点的路线;

(7) 特殊信号;

(8) 预料的条件;

(9) 预料的危险;

(10) 紧急措施,特别是潜水中断和潜水员失踪时应采取的紧急措施。

当所有参加作业的人员都已了解了作业要求,潜水员健康状况良好,而其他一切都已准备就绪时,潜水员可以着装。

第五节　着装

一、估算气瓶内气体的使用时间

要知道气瓶的气量可供潜水员在水中能呼吸用的时间,需先用测压表测知气瓶内的储气压力,再根据气瓶的容量、信号阀的指示压力、本次潜水深度以及潜水员每分钟的耗气量来计算。公式如下:

$$T = \frac{(P_1 - P_2)V}{(0.1 + 0.01h)Q} \tag{4-1}$$

式中:T——潜水时的使用时间(min);

P_1——气瓶储气压力(MPa);

P_2——信号阀指示压力(MPa);

V——气瓶容量(L);

h——潜水深度(m)；

Q——潜水员每分钟的耗气量(L/min)。

例 4.1 已知某气瓶的容积为 12 L，储气压力 20 MPa，信号阀指示压力 3.5 MPa，潜水员作业时的耗气量为 30 L/min，潜水深度 23 m，求在上述条件下允许的潜水时间是多少？

解：按上述公式，将已知参数代入，得：

$$T = 12 \times \frac{(20 - 3.5)}{30 \times (0.1 + 0.01 \times 23)} = 20 (\text{min})$$

答：这瓶气体在 23 m 处供潜水作业，所允许的水下工作时间为 20 min。

在实际潜水中，劳动强度、水温、潜水员的体质、心理活动及技术熟练程度等因素，对耗气量都有影响，在估算潜水时间时要把这些因素都要考虑进去，并留有余地。同时，按估算的时间，严格控制在水中停留的时间及潜水深度。当感觉供气不畅、吸气阻力增大，即到信号阀阻碍余气排出时，应将信号阀拉杆拉下，使之处于解除位置，并立即按规定上升出水。

二、着装

每个使用自携式潜水装具的潜水员应能自行着装。但是，由信号员或照料员帮助潜水员着装则更好些。着装程序很重要，因为压铅带必须配带在所有的系带和其他部件的外面。这样，在紧急情况下，它们不会妨碍压铅带的快速解脱。

着装程序如下。

(1) 潜水服：穿湿式潜水服之前，应先用清水清洗一下潜水服，这样比较容易穿。

(2) 潜水靴和头帽。

(3) 信号绳：将信号绳一端用单套结系结在腰部，以潜水员感觉到腹部有承受力即可。

(4) 潜水刀：按潜水员自己的感觉，绑在小腿的内、外侧均可。

(5) 救生背心：将充气管放在前面，把撞针拉绳暴露在外面，以方便使用(不宜用快速解脱扣系结)。

(6) 气瓶：将已测瓶压的气瓶放好，把供气调节器装在气瓶阀上，并将气瓶开关阀完全打开后，倒旋 1/4 或 1/2 圈。潜水员自己或在信号员的帮助下背上气瓶(图 4-29)，调节好背带的长度，使之处于潜水员背部中央，潜水员头部向后仰时刚好触到调节器。拉紧背带至气瓶紧紧贴在身上，最后用快速解脱扣系结好，带子的末端自由垂下(图 4-30)。

(7) 压铅带：配带适当重量的压铅，用快速解脱扣系结并使之紧贴在潜水员的腰背上。

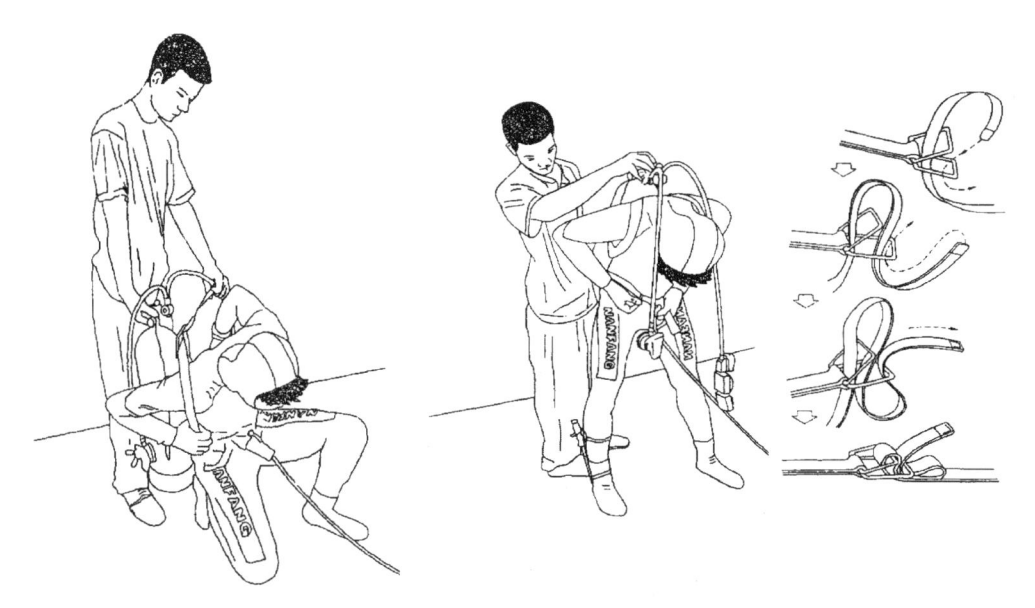

图 4-29　信号员托着气瓶潜水员
把肩带套在肩上

图 4-30　信号员帮助潜水员系
好腰部的快速解脱扣

（8）附属品：手表、指南针、深度表等戴在手腕上，简单的潜水作业工具用可收口的帆布袋装上，系结在气瓶肩带的下面部位（潜水刀有时亦可在此系结）。

（9）手套。

（10）脚蹼：用手提到潜水平台附近，自己或在信号员的帮助下穿好。

（11）面罩：面罩拿在手里，面罩带绕在腕部走到潜水平台。为了防止面罩雾化，一般在面罩内镜片上涂些唾液，然后用水冲洗。戴上后调节松紧，使面罩的橡胶侧缘轻贴面部。

这时，潜水员向潜水监督员报告"着装完毕"；或作出"OK"手势，表明已着装好了。

自携式潜水装具着装后的全貌，见图 4-5。

三、核实

潜水员完成着装并报告后，潜水监督对他做全面的检查。检查的内容包括：

（1）核实潜水员已带齐了至少应配带的各种用品。

（2）核实已测定的气瓶压力，有足够的气量供计划的潜水时间内使用。

（3）确保所有快速解脱扣均伸手可及，而且扣接适当，便于快速解脱。

（4）核实压铅带已系在其他所有系带和装具的外面，弯腰时气瓶的底缘不会压住它。

（5）核实救生背心未被压住，可以自由膨胀，里面的空气均已排出。

（6）检查潜水刀的位置，确保不管抛弃什么装具，潜水员可以永远将它在身上（系结在气瓶肩带下位时除外)。

(7) 确保气瓶阀已完全打开,并倒旋了 1/4~1/2 圈。

(8) 咬上咬嘴进行 30 s 的吸气和呼气。观察、询问潜水员,空气是否不纯或有无任何异常的生理反应。

(9) 检查信号阀拉杆,确保拉杆没有被弄弯且活动自如;拉杆处于工作(上位)位置。

(10) 确保潜水员已在身体和精神上做好了潜水的准备。

(11) 最后简单地介绍该次潜水的任务。

(12) 核实专用潜水信号;水面配合人员已就位;可能发生紧急情况时的处理措施已全面落实。

第六节　入水和下潜

一、入水

入水方法分为几种,一般按潜水平台的特征来选择。特别是在不熟悉的水域,应尽可能从潜水梯入水为佳。

所有入水方法采用的几个基本规则如下:

(1) 从平台或潜水梯跳入或迈入水中之前,应观察一下入水环境。

(2) 低下头,使下颌贴到胸部,一只手抓住气瓶,以免气瓶与后脑相撞。

(3) 用手指托好面罩,用手掌托好咬嘴。

1. "前跳法"或"迈入法"

这是最常用的方法。从稳定的平台或不易受潜水员行动影响的船舶上,最好采用这种方法。入水时,潜水员不应跳入水中,只需从平台跨出一大步,使双腿分开。潜水员入水时,应使上身向前倾一点,这样,入水的作用力不会使气瓶上升而撞到潜水员的后脑勺,见图 4-31。但应注意,此方法是在平台或船舶离水面距离 2 m 之内,水中无任何障碍物的条件下才可采用。

2. "后跳法"或"退入法"

一般在潜水梯伸不到水中时使用。潜水员面对潜水梯,后退几级,然后双脚蹬梯入水,见图 4-32。

3. "后滚法"

是从小船入水的一般方法。准备好的潜水员站在舷边时,要保持小船的稳定性,否

图 4-31 "前跳法"或"迈入法"

则,潜水员有跌入舱内或者未做准备就跌入水中的危险。为了后滚入水,潜水员坐或蹲在小船的舷边,面向船内,下颌部贴胸,一只手托住面罩和咬嘴(与其他入水方法相同),主要通过一个后滚翻后入水,见图 4-33。

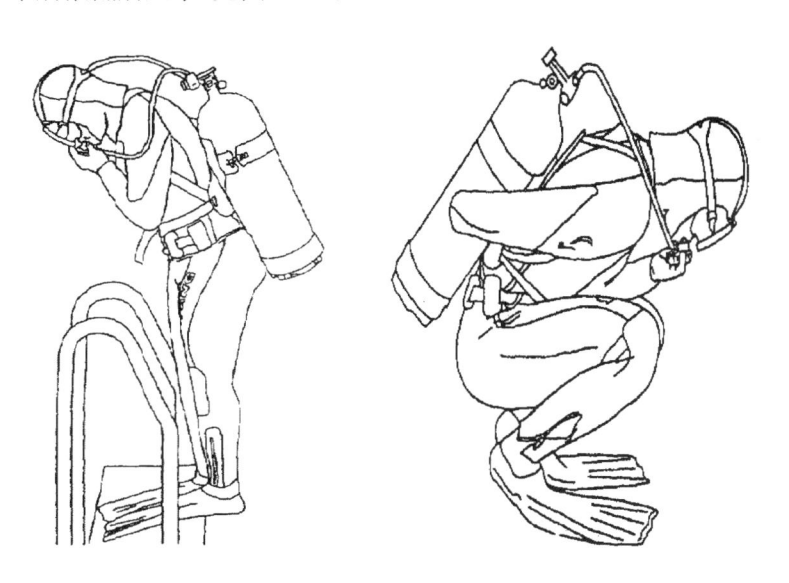

图 4-32 "后跳法"或"退入法"   图 4-33 "后滚法"

4."侧滚法"

信号员帮助潜水员坐下来,信号员站远一点,潜水员托住面罩、咬嘴和气瓶,侧滚入水。如图 4-34。

5."前滚法"

潜水员面向水面,稍向前倾地坐在平台边上,以抵消气瓶的重量。两手始终托住咬嘴、面罩和气瓶,当继续前倾到双腿蜷曲靠近身体时,顺势向前翻滚入水,见图 4-35。

图 4-34 "侧滚法"　　　　图 4-35 "前滚法"

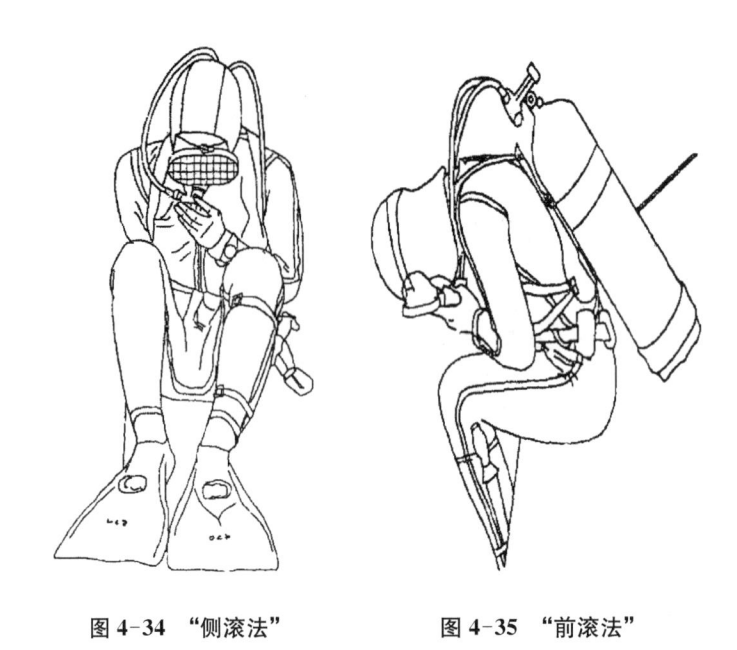

6. 其他

如果从海滩上入水作业,潜水员可根据海面的情况和海底的坡度选择入水方法。如果海面平静,坡度平缓,潜水员可以步入水中,直到可以游泳的深度再穿上脚蹼。如果海面波浪中等或较大(但不至于妨碍作业),潜水员应先穿好脚蹼,背向海退入浪中,直到水深可以游泳时为止。当浪打来时,他应慢慢地进入浪中。

二、下潜

(一) 下潜前的水面检查

在水面或开始下潜之前,潜水员最后检查一次装具,他必须做到:

(1) 检查呼吸情况是否比较容易呼吸,有没有阻力,水会不会有进入呼吸器里的迹象。

(2) 检查装具有无漏气(可与水面人员配合观察情况),特别注意气瓶阀上的一级减压器、二级减压器与中压软管的接头部位。

(3) 检查所有的系带有无松开或绞缠。

(4) 检查面罩在入水时是否进入了少量的水,面罩的橡胶底缘是否轻贴面部而没有水渗入;面罩内有水可用面罩排水法排干。面罩带的松紧程度比较适中。

(5) 校正浮力,潜水员应尽可能地把浮力调节为中性状态。

此时,潜水员应利用水中任何可见的自然辅助物来确定下潜的方向,然后报告装具已检查合格,或作"OK"手势表示检查完毕,可以下潜了。

(二) 下潜

作出"OK"手势后,潜水员开始下潜。此时,水面人员准确记录下下潜时刻,并可通过信号绳或无线潜水电话,按着装前所估算的气瓶能提供的水底停留时间,严格控制潜水员的水中工作时间。如果水下能见度良好,而潜水员带上了潜水手表,下潜时潜水员应切记使用定时旋转圈;潜水员不但必须记住潜水开始的准确时间,而且旋转圈的零点应对准潜水手表的分针。这样,随着时间的推移,潜水员可以直接得知实际潜水作业所消耗的时间(用分钟表示)。

潜水员可以游泳下潜,也可以用一根入水绳,拉住入水绳下潜。或者通过预先现场提供的自然参照物的走向下潜。下潜速度通常以潜水员能够顺利地平衡耳、窦压力为准,但一般不得超过 23 m/min。只要潜水员感到难以平衡耳、窦压力,则应停止下潜,稍稍上升到耳、窦压力可以平衡的位置。如果几经上升,仍不能平衡,应停止潜水,发出上升的拉绳信号(成对潜水时,告知同伴发手势信号),信号员回收信号绳,潜水员返回水面。

到达工作深度时,潜水员必须确定自己相对周围景物的方位,核实工作位置,并对水下条件进行一次检查(能见度差时,可通过摸索来检查)。如果检查情况与预料的完全不同、可能发生危险或水下观察(摸索)到的条件需要对潜水计划作重大修改时,都应中断潜水,返回水面,将情况反映出来,由潜水监督主持,讨论、商定修改潜水计划。

第七节　水下操作技术

一、水面游泳技术

潜水工作船的锚泊位置应尽可能地靠近作业地点。当需要进行水面游泳,方能到达作业点的水面上方时,潜水员应戴好面罩,用简易呼吸管呼吸;注意熟悉周围景物的方向,以免游错方向;同时应尽量保存体力、从容不迫,以便有足够的体能完成潜水任务并防备万一。

短距离游泳时,潜水员只需用他的双腿蹬水或打水来推进。由髋关节发力,大腿带动小腿,小腿带动脚蹼,膝、踝关节稍放松,上上下下地、自然地蹬水或打水,而脚蹼不得露出水面。对于较长距离的游泳来说,手背可采用蛙泳的动作。下颚部分不时地露出水面(但不要整个露出水面)。仰泳是不提倡的,但潜水员可以利用仰泳仰卧在水面休息,一面仍可打水前进。

假如潜水员穿的是可用呼吸气源充气的救生背心，可有助于水面游泳，但在下潜之前，必须将救生背心中的气体排出。配带单管式供气调节器，在水面游泳时，应使调节器放置于右肩，由胸前自由下垂；配带双管式供气调节器时，潜水员就该用一臂挎住软管，游泳的同时，注意防止咬嘴处于可使空气从系统中自由流出的位置上。

二、呼吸技术

潜水员使用自携式轻潜装具潜水时，水下停留时间短暂，气瓶里的空气供给有限，必须力争完成分配的任务。因此，潜水员必须规定自己的工作速度，保存体力，逐一完成各项任务或解决问题。同时，潜水员应机动灵活，当他感到气力难支或水下条件危及安全时，应能随时准备中断潜水，安全返回水面。遇到较难平衡耳压、窦腔疼痛、轻度眩晕、注意力难以集中、呼吸阻力略有增加、呼吸浅促以及周围环境的微小变化等等，这些比较微妙的、不很明显的变化极可能是发生水下事故的前兆，任何时候，潜水员都必须随时警惕这些可能引致事故发生的预兆。成对潜水时还应不断地注意对方的情况。

使用自携式轻潜装具潜水时，呼吸可能比水面正常呼吸快而深，特别是技术不太熟练的潜水员；而因呼吸的气体湿度降低，潜水员的咽喉会特别干燥，因此，潜水员必须习惯于这种呼吸，尽量保持呼吸节律平缓、速度稳定。潜水员的工作速率应与呼吸周期相适应，而不应改变呼吸去适应工作速率。如果潜水员发现其呼吸过于吃力，应停止工作，直至呼吸恢复正常，如果潜水员一段短时间后不能恢复正常呼吸，必须将此视作即将发生危险的征兆，应立即中断水下工作，返回水面。

有些潜水员认为维持潜水作业用的供气量有限，故采用屏气的方法，或者常在每次呼吸之间插入一个不自然的长时间的间歇这种跳跃呼吸的方法来"保存"空气。屏气和跳跃呼吸均十分危险，常常会引起浅水黑视，潜水员不应采用这种方法去增加水底停留时间。

正常潜水时，在气瓶的可用气量未完全用尽之前，即未到信号阀指示压力之前，呼吸阻力不会改变（除非供气调节器突然失灵）。如果呼吸阻力明显增加，则提醒潜水员应利用备用气体立即上升。潜水员作一次急促的深呼吸，可以检查气瓶的储气情况，如果明显地感到空气不够用，则表明气瓶内的空气已快用完，应用备用气了。值得潜水员注意的是，水下工作期间，信号阀拉杆有时比较容易被碰撞至处于解除（下位）位置，当呼吸阻力明显增加时，已不能用备用气来上升了。因此，为预防出现如此危急情况，作业时应随时警惕，经常检查，保证信号阀拉杆是处于工作状态。

三、面罩的清洗

面罩可以随时排水或注水。面罩内进水是正常现象，常常有助于清洁面窗。当面罩内的水不时地增加并达到一定量时，必须将其排出。清除面罩中的水，潜水员应侧身或向上看，使水集中在一侧或面罩的下部。潜水员可用任一只手直接按压面罩的对侧或面罩顶部，并用鼻子稳定地吹气，此时，水将从面罩边缘的下面排出。如图 4-36 所示。

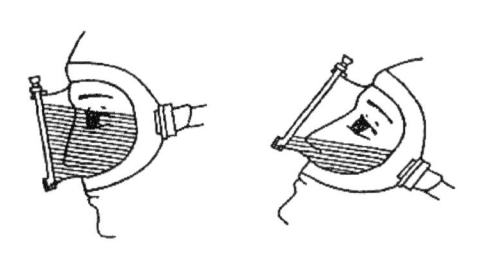

图 4-36　清除面罩积水示意图

对于带排水单向阀的面罩来说，潜水员只需将头倾斜，使积水盖住排水阀，将面罩压向面部，然后用鼻子稳定地吹气，直至排除干净水为止即可。

四、咬嘴的清洗

使用单管式供气调节器潜水，当潜水员想缓解嘴部疲劳或清洗咬嘴，用手抓住二级减压器使其从嘴里松脱出来时，咬嘴已进水。潜水员重新咬好咬嘴，按压中心供气按钮或向咬嘴内吹气，即可迅速将水排出，恢复正常呼吸。而使用双管式供气调节器潜水时，当潜水员想缓解嘴部疲劳或清洗咬嘴，同样，用手抓住阀箱将咬嘴从嘴里松脱出来时，咬嘴和呼气波纹管内会进水。此时，潜水员作平卧位游泳的同时，应向左侧身，然后抓住咬嘴，压挤吸气软管（右侧的管），并向咬嘴内吹气，这样可迫使积水经调节器的排水孔排出。然后，潜水员放松吸气软管，并浅呼吸。这时，如果咬嘴内还有积水，应再次将其吹出，才开始正常呼吸。

五、水下游泳技术

对于水下游泳来说，所有的推动力都是来自脚蹼的动作变化，手的动作只能起调节作用。蹬水或打水与水面游泳时相同，但应注意，蹬水或打水的节奏要尽量保持在不至于使腿疲劳与肌肉痉挛的限度。

六、结伴潜水制度

某些水下作业，往往需要两名潜水员的配合，才能顺利地完成。因此，结伴进行潜水作业的潜水员，除了负责完成规定的任务，还应彼此照料对方的安全。结伴潜水时必须遵守如下的基本原则。

（1）始终保持与成对伙伴的联系。在能见度良好时，结伴潜水员应彼此能够看到；在能见度差的情况下,应使用成对联系绳。

(2) 熟悉所有手势和拉绳信号的含义。

(3) 得到信号时,应立即作出回答。如果成对伙伴对信号没有反应,必须将此视作一种紧急情况。

(4) 注意成对伙伴的活动和发生的情况。熟悉潜水疾病的症状。在任何时刻,只要成对伙伴发生问题和行动异常,应立即找出原因,并采取适当措施。

(5) 除陷住或缠住和未经外人帮助不能脱离困境的情况下,不得离开成对伙伴。如果必须请求水面的援助,应该用带绳的浮标标出发生事故的潜水员位置。

(6) 每次潜水,均应制定处理"潜水员"的部署,如果结伴潜水员失去了联系,应按部署进行。

(7) 不论何种原因,只要成对潜水员中的一人中断潜水,另一人也必须中断潜水,两人均应返回水面。

(8) 熟悉"成对呼吸"的正确方法。

成对呼吸完全是一种应急措施,必须事先加以训练,尤其是新潜水员,熟练掌握这种方法更为重要。成对呼吸的步骤如下:

①保持平静,指着自己的咬嘴,向成对伙伴发出气体用完或呼吸器失灵的手势信号,向其示意作成对呼吸的请求。

②不得自行地从成对伙伴嘴里取下其正在呼吸的咬嘴,应在对方将咬嘴取下后,再从其手中接过咬嘴,然后放进嘴里呼吸,他们各自分别用一只手彼此互相侧抱或拥抱在一起,或者互相抓住对方的固定带子。面临中间的另一只手用来传递咬嘴。

③首先,有气体的潜水员做两次呼吸之后,把咬嘴交给成对伙伴(无气源潜水员),无气源潜水员接到咬嘴后放到嘴里先呼气或用手指按压手动按钮,排出积水后再呼吸两次,然后将咬嘴取下递回给对方。

④两名潜水员各自使用咬嘴呼吸时,应规定做两次充分呼吸(如果咬嘴内积水未完全排出,应小心)后再将咬嘴交给对方,然后按前述操作程序交替进行。

⑤两名潜水员应重复上述呼吸周期,并确定一个平稳的呼吸节律。待呼吸平稳和交换相应信号后,方可开始上升出水。

⑥潜水员进行呼吸时,其浮力可能比另一名潜水员大。两名潜水员必须警惕,防止彼此漂离,如果采用双管式呼吸器,咬嘴应稍高于一级减压器,这样,自由流量的气体可保持咬嘴清通。

⑦到达水面后,准备离水上岸前双方交换离水上岸信号后方可松手离开对方,但没有气体的潜水员应先出水上岸。

如果成对呼吸时不得不潜游一段较远的水平距离,可采用多种不同的方法。但最常用的两种方法是：

　　a. 两名潜水员肩并肩，面对面游；

　　b. 两名潜水员分别上下平衡游。

　　以上两种方法在实际操作当中，也因人而异，不同的训练手段，决定着每位潜水员掌握该技术的能力。但是，从技术的角度看，肩并肩、面对面游的成对潜水员视野比较开阔，互相之间可侧抱或拥抱在一起，减少由于风浪、水流的影响。而上下平衡游是没有气源的潜水员在有气源的潜水员上方游，这种方法，在潜水员之间很容易互相传递咬嘴。但是，由于一名潜水员在上方，另一名潜水员则在下方，提供气源的潜水员看不见他的成对潜水员，这就可能影响这一方法的顺利实施。

七、通信及其操作规则

　　水下的潜水员之间通信的主要方法是采用手势信号；而水面与潜水员之间的通信主要是拉绳信号。能见度很差的条件下作业，一般只提倡单个潜水员进行作业，如果必须进行结伴潜水才能完成该作业，那么潜水员之间必须随时用成对联系绳的拉绳信号进行联系。

　　手势信号(图4-37)和拉绳信号应以一种有力而夸张的方式发出，使信号的表达不模棱两可，以便辨明。对每一信号均应回答。

　　潜水员与水面信号员之间的联系或结伴潜水员之间用成对联系绳联系时可用拉绳信号来表达。规定的常规拉绳信号及其含义，见表4-2所示。

图 4-37　手势信号

表 4-2 拉绳信号的含义

信　号	信号含义
(一)	你感觉如何(我感觉良好) 下潜(继续下潜)
(一)(一)	停止(停止上升、停止下潜、停止行动)
(一)(一)(一)	上升(继续上升)
(一一一一)	(拉四次以上)立即上升(紧急信号)

注：拉绳信号中，(一)表示分拉信号，(一一)表示连拉信号。

进行拉绳信号联系时。其操作规则如下：

(1) 只要系结了信号绳，应任何时候都保持信号绳拉紧适中。

(2) 必须按上表规定的常规拉绳信号进行，如在潜水前另外再约定信号，应避免与上述信号重复。

(3) 信号绳应每隔 2～3 min 向潜水员发出一次分拉一下的拉绳信号，以确定潜水员是否一切顺利；潜水员的回答信号是拉一下信号绳，表示一切顺利。

(4) 分拉的两个信号之间的间隔时间约为一秒，拉动幅度约 40～50 cm；连拉是拉一下后，约间歇半秒再拉一下，拉动幅度约 20～30 cm。

(5) 除紧急上升信号不用回答外，凡明白或同意对方信号时，均应重复一次对方信号作为回答。

(6) 收到对方信号后，应间歇 2～3 s 再回答信号。若收到信号不明显，或不明白对方信号，又或难于判断其含意，可不作答。

(7) 潜水员必须特别警惕，任何时候都应防止信号绳被绊住或绞缠了。

(8) 如果失去信号绳，信号员应根据气泡的痕迹来确定潜水员的大概位置，并立即实施应急措施；而此时要通知潜水员某些信号(如上升)，可用金属物如铁块在水中互相敲击或用金属物撞打水中可发出较大声响的固态物体的方法。否则，预备潜水员应下水抢救。

八、使用工具的作业

使用自携式轻潜装具潜水时，应尽量避免进行需带工具才能完成的潜水作业。而需带工具时，在潜水前应准备好即将使用的工具，能少带则尽量少带，并将工具用可收口的帆布袋装好。

因浮力接近于"中性"，潜水员使用工具作业时，实际上可能没有可以依靠的支持点。例如，当他试图用力转动一个扳手时，他自己将被推离扳手，因此施加到工作物上的力极小。此时,潜水员应设法用脚、空闲的手或肩撑住自己,与工作物形成一个可靠的力的体系,使作业时在力体系内产生一个可利用的反作用力,从而将大部分能量传递到工作物上,提高工作效率。具体实践时,还需靠潜水员不断去累积经验,凭丰富的实践,做到多快好省地顺利完成潜水任务。

九、水下条件的适应

通过细致周密的计划,潜水员对作业地点的水下条件会有所准备,但是,为了克服某些条件的影响,潜水员必须采用特殊的操作技术,例如:

（1）在泥底上方 60～100 cm 处停留时,打水动作要小,防止将水搅浑。潜水员的位置应使水流能够将工作地点的浑水带走。如水下摄影时尤要注意。

（2）通过珊瑚和岩石的水底时,应注意防止割伤和擦伤。

（3）防止深度的突然改变。

（4）不得远离工作地点,去游览"有趣"的地方。

（5）注意光在水下的特性,根据 3∶4 的比例来判断实际距离（水下看到的物体在 1.5 m 远,实际应在 2 m 远）,而水中所见的物体均比实际要大。

（6）注意异常强大的海流,特别是靠近海岸线的离岸流。假使潜水员被卷入离岸流中,不要惊慌失措,应随着海流漂移,待海流减弱后可以游开。

（7）应逆海流方向游至工作点,待工作后疲劳时顺着海流返回则比较容易。

（8）勿在处于受力状态的缆绳或电缆旁停留,并注意防止发生绞缠。

第八节　上升和出水

一、上升

出现下面任何一种情况时,潜水员应整理装具,清理好信号绳,确保没有任何缠绕,发出上升的信号,然后开始上升。

（1）完成了潜水任务；

（2）在使用气瓶的备用气体（信号阀已拉下）；

（3）潜水式声光报警压力表自动发出声光报警；

（4）到了潜水手表所指示的潜水前估算的出水时刻；

（5）收到水面信号员发出的上升信号；成对伙伴发出了结束潜水的信号。

在不减压潜水的正常上升时,潜水员应平稳而自然地呼吸。以 18 m/min 的速度即不超过气泡的上升速度,上升出水;也可通过水面信号员所回收信号绳的速度来帮助掌握上升速度,又或者通过参考水中的固定的有形物来帮助。上升过程中潜水员不得屏气,以免肺气压伤。

上升时,注意上方的物体,特别是可以浮在水面上的那些物体;为了能够作 360°的观察,可以采用缓慢的螺旋式的方法上升;潜水员的一只手臂应伸过他的头部,防止头部撞到看不见的物体上,见图 4-38。

图 4-38 正确的上升出水姿势

正常情况下,使用自携式潜水装具,是不提倡进行减压潜水的。由于特殊原因,不得不进行水下减压时,应根据相应的减压方案进行减压。潜水监督安排潜水作业时,应确定潜水所需的水底停留时间,根据该次潜水的水底停留时间和深度,来选择减压方案。但是,因潜水员所携带气瓶的储气量有限,进行减压时,可能提供的气体不够潜水员在水下减压时呼吸用。这时,需预先在标明了各减压停留站的减压架上或入水绳上,放置一套有足够气量可供潜水员减压用的潜水呼吸器(已打开气瓶阀)。当潜水员完成了分配给他的任务,或者停留时间达到了潜水计划规定的最长的水底停留时间(没到信号阀指示压力),上升到第一减压停留站后,用信号通知水面,水面准确记录时,由水面人员控制各减压站间的移行和减压停留时间,完成整个减压过程。

确定减压停留站的深度时，必须考虑海面情况。如果浪大，减压架或带有标记的入水绳将随着水面船舶的波动而不断升降。因此，每一减压停留站的深度必须这样计算：潜水员的胸部不高于减压表的各停留站的深度。

如果意外地上升出水或紧急上升出水，潜水监督必须决定是否重新在水中减压或者是否需要用加压舱。在安排各阶段潜水作业时，都应考虑到必须进行这一选择的可能性。

二、出水

潜水员接近水面，不得到达船舶或水面上任何其他物体的下面，在确保不会直接发生危险的时候，才可以上升到水面。到达水面时，潜水员应立即向四周观察，确定他的潜水船舶、平台和附近水面其他船只的位置，然后向信号员拉扯信号绳，或者大声呼唤自己的名字，表示已到达水面。必要时，潜水员可引燃发光信号，向信号员发出警报。

潜水员浮在水面时，水面人员必须不断地注视潜水员，特别要警惕有无事故的信号和征兆。只有所有潜水员安全地登上船后，潜水才告结束。

在水面，潜水员解下自己所背负的压铅带、气瓶（连有供气调节器），将其递给信号员后，这样上船或上潜水平台是比较容易的。如果船上（平台上）有一个可以伸入水中的梯子，潜水员应先脱下脚蹼才登上梯子；如果没有梯子，用脚蹼踏水，可产生一个极大的推力，有助于潜水员上船（平台）。如果船很小，可根据船型和水面的气候条件从船舷或船首上船。当潜水员登上小艇或筏子时，艇（筏）上其他人员必须坐下，降低艇（筏）的重心，使其更稳定，有利于潜水员出水。

三、潜水后的操作

如果潜水员身体状况良好，他在卸装后应检查装具有无损坏，并将装具放到甲板上不影响活动的地方。

潜水员应向潜水监督报告他所完成的水下潜水作业情况，以及对下一班潜水的建议或是否有问题发生而影响原计划等。

在潜水后的一段时间内，潜水员必须时刻警惕发生减压病和肺气压伤等问题的可能性。由于休克或冷水的麻痹作用，最初不易察觉潜水时受的伤，如割伤或动物咬伤，为此，潜水后应对潜水员进行较长一段时间的观察。

第九节　装具的维护与检修

一、潜水后的保养

每个潜水员应对潜水时所用的装具进行潜水后的保养和适当处理,具体操作如下:

(1) 关闭气瓶阀,拉下信号阀,即使气瓶内的空气只用了一部分,也应如此。这表明气瓶已被用过,必须检查并重新充气。最好将气瓶放到指定的地方,以免混淆。

(2) 通过咬嘴吸气,或者按压中心供气按钮,把供气调节器内的空气放掉,然后取下供气调节器,将调节器浸入淡水中清洗,但不要让水进入供气调节器的一级减压器中。

(3) 检查锥形防护罩上有无污水和污物,检查"○"型圈,然后将锥形防护罩固定到供气调节器的入口上,以防止异物进入供气调节器。

(4) 如果供气调节器或其他任何装具已被损坏,应贴上"已损坏"的标签,并将它们与其余的装具分开。损坏的装具应尽快地维修、检查和测试。

(5) 用干净淡水冲洗整套装具,除去所有的盐渍。盐渍不仅会加速材料的腐蚀,也会堵塞供气调节器和深度表的气孔。装具中所有可以随时取出的部件,如膜片和单向阀、快速解脱扣、刀鞘中的潜水刀以及救生背心中的二氧化碳气瓶,均须仔细检查是否有腐蚀、盐渍或污点。对于咬嘴,应该用淡水和口腔消毒剂冲洗几次。将双管式供气调节器呼吸软管的卡箍松开,把软管从调节器和咬嘴上取下,将里面洗刷干净。

(6) 所有装具经洗刷冲洗后,放到干燥、通风的地点存放,不得暴晒。供气调节器应单独贮存,不得留在储气瓶上。湿式潜水服吹干后,应喷上滑石粉并仔细叠好或挂起。不得用吊钩或钢丝钩吊挂潜水服,因为这种挂法会使潜水服拉长变形或撕裂。面罩、深度表、救生背心和其他装具,如果随意堆放,将会损坏或磨损,因此,必须单独存放,不得堆在一个箱子里。

所有缆绳应晒干、理顺并妥善贮存。

二、日常维护保养

1. 气瓶

(1) 按国家有关规定严格进行管理和使用气瓶,定期检验(钢瓶每三年检验一次)。

(2) 空气瓶禁充空气以外气体。

(3) 充满气体的气瓶禁止放在强阳光下长时间曝晒。

(4) 防止碰撞。

(5) 气瓶外表油漆脱落应及时修补,防止瓶壁生锈。

(6) 一般情况下,气瓶内的气体不能完全放光,应留少许,以免其他气体或物质灌入,影响使用。

(7) 发现瓶口、瓶阀有漏气现象须及时检查修复。

(8) 拆卸瓶阀须解除气瓶压力后方可进行。

(9) 气瓶有压痕、严重生锈、阀弯曲,信号阀不灵活或气瓶内有大量的水和锈等等,均不符合使用要求。

(10) 气瓶的背负装置要安全可靠,发现背托、背带有断裂的现象应及时更换。

2. 供气调节器

(1) 使用时应小心轻放,勿粗暴乱扔,勿随意拧动各调节螺丝。

(2) 不使用时应从气瓶上卸下,将防尘盖装上,防止水分、污物等进入供气调节器内。双管式供气调节器的呼吸软管应定期松开,并将软管从调节器和咬嘴上取下清洗干净。清洗调节器时,要防止水进入供气调节器的一级减压器中。

(3) 如有泥沙、杂物进入二级减压器内,应用清水充分洗净后吹干。

(4) 长期不用时,应将弹性膜片涂抹滑石粉进行保养。

(5) 供气调节器应平放在干燥、通风处,不使其过分弯曲或受力拉长。

(6) 定期对供气调节器的膜片、单向阀、解脱扣等实施检查,重点检查腐蚀、污染及性能状况。

3. 面罩

(1) 使用后用淡水洗净晾干。

(2) 面罩存放时应使玻璃面朝下,避免橡胶部分受挤压,以防止接触颜面部边缘变形,影响水密性能。

4. 其他方面

(1) 自携式潜水装具使用后,应用淡水冲洗干净,晾干后放在干燥通风的地方,严防曝晒或放在高温处。

(2) 潜水服存放最好用衣架挂起,长时间不使用时,在易老化的橡胶部分抹些滑石粉。

(3) 对于无法修复或无修复价值的装具、配件应予销毁或丢弃,严禁好坏混杂堆放。

(4) 压铅固定带应定期更换。

(5) 气瓶贮存的气体超过一年,应更换。

(6) 高压气瓶搬运时,应抓住瓶体或瓶阀,严禁用背托或背带搬运,以防背托或带子断掉而造成事故。

(7) 气瓶充气完毕,应关闭信号阀。

(8) 气瓶使用后应打开信号阀,以备检查重新充气。

(9) 气瓶测压时,测试人员的脸不能靠近测定压力表的刻度盘上。

(10) 因其他原因贮存非普通压缩空气,应有专用瓶,并应有明显的标志。严禁气体混杂充气,以免发生爆炸等重大事故。

(11) 压力表应定期进行校对,以确保压力显示准确无误。

(12) 高压气瓶贮存应悬挂标记,注明充气日期及何种气体等,并做好记录。

三、主要部件性能的一般检验

1. 信号阀指示压力检测

信号阀是潜水时指示气瓶最低储气量(即由水底从容上升出水所需气体的最低储备量)的警报系统,起着保证潜水员安全的作用,应经常处于性能良好状态。

检查方法如下:

(1) 将气瓶充气或使用到 5 MPa 左右。

(2) 推上信号阀置于工作位置,打开气瓶阀排气,掌握排气速度不宜过大或过小。

(3) 等瓶口停止排气或排气受阻,声音明显改变时,关闭气瓶阀。

(4) 拉下信号阀拉杆置于解除位置,测瓶压,即为信号阀指示压力。指示压力在 3~4 MPa 范围内为合格。超过 4 MPa 还可使用,但潜水后应修理调整。低于 3 MPa 时不准使用。

2. 一级减压器输出压力检测

长时间放置库房未用或怀疑输出压力有问题时,须进行检测,方法如下:

(1) 将供气调节器的一级减压器上安全阀取下,在该螺孔中装上 0~1.6 MPa 刻度的压力表。

(2) 与空气瓶接通。开启瓶阀,观察压力表指示压力,同时另一手准备按二级减压器保护罩上的手动供气按钮或将保护罩取下,直接按阀杆(注意:此手不得离开!)。如压力表指示不停地上升并超过 2/3 表盘刻度时,应立即按下按钮(或阀杆),排出气体以免发生意外。如升到一定压力不再上升时说明减压器阀头不漏气,可继续测试。

(3) 用开瓶阀那只手,用专用六角内扳手旋转一级减压器调节弹簧螺母,使压力表指针下降或上升。

(4) 按阀杆到底时压力表指针下降值不应少于 0.2 MPa,阀杆抬起恢复正常位置时,压力表应回到原来指示数值。允许稍有压力缓慢上升现象。

3. 供气调节器最大流量检测

供气调节器最大流量是指在单位时间内最大限度通过的空气流量,单位是 L/min(常压值下)。测定方法如下:

(1) 将瓶压 15 MPa 调好减压器输出压力为 0.5 MPa 的供气调节器(69-Ⅲ和 69-4 型)接在已测过压力的空气瓶上。

(2) 将气瓶阀开到最大,取下二级减压器的保护罩。

(3) 按二级减压器阀杆到底,排气 30 s。

(4) 关闭气瓶阀,取下供气调节器,测瓶压。

(5) 最大流量(Q_{max})计算方法

$$Q_{max} = (P_1 - P_2)V/(t \times 0.098) \tag{4-2}$$

式中:Q_{max}——最大空气流量(L/min);

P_1——第一次所测瓶压数(MPa);

P_2——第二次所测瓶压数(MPa);

V——空瓶容积(L);

t——排气时间(min)。

(6) 瓶压 12~15 MPa 时,流量大于 300 L/min 为合格。

几点说明:

①供气调节器流量主要是反映一级减压器的性能,此外除本身的二级减压器外,还受瓶阀的影响。因此测定后须用配套的空气瓶,成批比较时应选用固定的气瓶。

②排气时间一般取 30 s 为宜,测两次。排气时间太短误差大,时间太长瓶阀易结冰,影响流量。

③排气时气瓶温度下降,空气体积缩小,第二次测压应等 3~5 min,待瓶内温度基本回升后再测(完全回升需数小时后)。此种方法虽然受温度影响造成一定误差,但方法简单,不需仪器,适用于潜水人员自己测试。

四、常见的故障和排除方法

1. 69-Ⅲ型潜水装具

一般故障的原因及排除方法见表 4-3。

表 4-3　69-Ⅲ型潜水装具的一般故障和排除方法

故障	原因	排除方法
气瓶阀开启后漏气	1. 手轮轴密封圈结合不严或损坏 2. 没开足	1. 拆下重新配或调换密封圈 2. 开足
气瓶阀关闭后漏气	阀头损坏	阀头换新

续表

故 障	原 因	排除方法
二级减压器不断供气	1. 弹性膜变质,下陷压迫阀杆不能复位 2. 阀杆弹簧失灵	1. 弹性膜老化应换新。如因低温和干燥变硬,可放在水中浸泡 2. 弹簧换新 3. 阀头换新
气瓶阀与气瓶连接处漏气	1. 没旋紧 2. 密封圈损坏	1. 检查后旋紧 2. 密封圈换新
供气调节器安全阀过早排气	1. 调节螺丝松动 2. 弹簧失灵或弹力减退 3. 阀头损坏	1. 重新调紧并用固紧螺母固定 2. 弹簧换新或将调节螺丝适当调紧 3. 阀头换新
一级减压器输出压力改变	调节螺母松动	重新调整到规定压力
一级减压器输出压力不断缓慢上升	高压阀损坏	高压阀换新
开放式呼吸器供气不足	1. 气瓶阀没开足 2. 一级减压器输出压力低于规定 3. 一级减压器的部件损坏 4. 气瓶内气体不足	1. 气瓶阀开足 2. 调整到规定压力 3. 损坏部件换新 4. 重新充装
开放式呼吸器呼气阻力大	1. 二级减压器橡胶阀变质 2. 膜阀老化、变质、变形 3. 弹性膜老化、变质	1. 阀座换新 2. 膜阀换新 3. 弹性膜换新
开放式呼吸器吸气阻力大	1. 一级减压器输出压力过高 2. 一级减压器的过滤网阻塞 3. 二级减压器弹性膜失灵	1. 调整到规定压力 2. 拆洗过滤网 3. 弹性膜换新

2. 69-4型潜水装具

二级减压器的一般故障和排除方法见表4-4。

表4-4　69-4型潜水装具二级减压器的一般故障和排除方法

故 障	原 因	排除方法
呼吸阻力大或吸不出气	呼吸阀与弹性膜粘连	分开或换新
自动供气	1. 供气弹簧失灵 2. 一级输出压过高 3. 一级调压部分有关部件损坏	1. 供气弹簧换新 2. 一级输出压调至规定标准 3. 换新后将输出压调至规定标准
吸气时有水	1. 弹性膜破损 2. 呼气阀老化或破损	1. 弹性膜换新 2. 呼气阀换新

第十节　自携式潜水紧急情况应急处理

自携式潜水具有轻便、灵活、易学、水下活动范围广等优点，又不容易产生放漂、挤压伤等潜水事故，因此获得广泛的应用。但是自携式潜水装具也有自身的缺陷，潜水员与水环境之间仅一道极微弱的防线，一旦发生意外，潜水员不可能有从容处理的时间，又因为其装具通常无通信装置，水面人员无法了解水下动态，只能依靠潜水员本人去处理，因此，自携式潜水员在水下较易受到伤害。自携式潜水最常见而又最能导致危险的是供气中断和溺水带来的各种紧急情况。

一、装具脱落或进水

（一）面罩进水

面罩进水的可能原因是：①在成对潜水过程中，另一名潜水员的脚蹼不慎将面罩踢松；②水流急；③头部撞到岩石或其他障碍物。处理的办法是，清除面罩内的积水。

（二）面罩脱落

如果面罩脱落，潜水员应保持其位置。如果是成对潜水，可打手势信号，要求成对伙伴向你靠拢，过来帮你寻找，但前提是面罩应掉在潜水员的旁边。如果你的同伴未作出反应，而你又见不着对方，应尽快辨清周围区域的情况，可单独上升出水。

（三）咬嘴脱落

咬嘴脱落时，其软管一般搭在右肩。如果不是这样，可用下述方法确定软管的位置：右手从右肩上方伸向背后的气瓶阀部位，抓住气瓶阀上的一级减压器。在软管与一级减压器连接处找到软管，然后顺着软管即可摸到咬嘴。咬嘴可能进水，用手按压清洗按钮可以将水清除。也可将咬嘴放在嘴里，先用力吹气，将咬嘴内的积水排出后，再作正常的呼吸。

虽然装具脱落或进水的处理较为简单，但是如果不能及时处理或处理不当，就容易引发成溺水事故。

二、水下绞缠

当潜水员在水下发生绞缠时，首先应冷静地分析情况，这是非常重要的，拼命地挣扎可能会造成更严重的绞缠，甚至会损坏或失落潜水装具。与使用其他类型潜水装具相比，使用自携式潜水装具所发生的绞缠更使人担心，因为自携式气瓶的气源有限，而且一般与水面无通信联络，只能靠信号绳与水面人员取得一些简单的联络。此时，只要有冷静的头脑,懂得一般的应急常识,平时训练有素,一般就可以摆脱困境。如果是结伴潜水,可用手势信号通知成对伙伴前来帮助。如果是单人潜水,可利用信号绳向岸上人员求助,派预备潜水员下水帮助。还可根据具体情况使用潜水刀等工具切断绞缠绳索,设法摆脱绞缠。紧急自由上升只能在迫不得已的情况下,作为最后一种逃生手段来使用。

三、溺水

溺水是自携式潜水较多见的紧急情况,也是最常见的死亡原因。有关自携式潜水溺水的原因、处理方法及预防等内容详见第九章第四节。

如果潜水员经过适当的训练,身体状况良好,并使用保养良好的装具,大多数情况下溺水是可以避免的。

四、供气中断

如果供气逐渐减弱,潜水员的呼吸阻力明显增大,这时只要将信号阀打开,立即上升出水,即可避免事故的发生。如果供气出乎意料地突然中断时,若是单人潜水,可进行有控制地自由上升出水面,在进行自由上升的同时,应用拉绳信号通知水面信号员,尽可能得到水面人员的援助。

如果是结伴潜水,发生供气中断后,可用手势信号或拉动信号绳通知成对伙伴,也可尽快游到对方面前,打手势信号要求进行成对呼吸。在进行成对呼吸上升出水面的情况下,最有效的方法是,两名潜水员面对面,上升过程中交替使用同一咬嘴呼吸,如图4-39所示。在交换咬嘴的过程中,单管调节器的排气阀必须位于咬嘴的下方,否则,二级减压器内的积水难以排干净;如果两名潜水员肩并肩,没有气体的潜水员位于左侧,头部应稍稍靠前,就很容易获得这一位置,两名潜水员必须在交换咬嘴的间隔时间中呼气。两名潜水员应保持接触,其方法是,两名潜水员互相抓住对方的固定带或压铅带。

进行结伴潜水时,当一名潜水员的气体用完时,另一名潜水员的气体存量一般也很少。此时,由于成对呼吸使得耗气量增加了一倍,可供呼吸用的气体在数分钟或更少时间内即可耗尽,因此,此时结伴潜水员应立即上升出水。

潜水员单人潜水时,除非呼吸器被绞缠而无法解脱或呼吸器确信无法再使用了,否则,潜水员一般不要将其抛弃。因为当潜水员在水底处吸不到空气后,应立即开始上升,随潜水员的上升,气瓶外界环境压力下降,内外压差开始增加,当潜水员上升到一定的深度时,就会发现气瓶内剩余的气体可供潜水员呼吸。

应该将抛弃自携式装具进行自由上升,视为可采取的应急措施中最后一个步骤,当不得不采用这一步骤的时候,在上升至水面的过程中应不断呼气。

图 4-39　成对呼吸

五、紧急上升

紧急漂浮上升只能作为解除紧急情况时所采取的最后一个步骤。在紧急情况下,这种方法是危险的,而且很难保证安全。如果潜水员感觉上升太困难时,根据具体情况,必要时可解脱压铅带,但必须证实下方无潜水员后,方可丢下压铅带。

在夜间或能见度差的情况下,潜水员在上升过程中应将手臂伸过头顶,防止在上升出水时头部与船只或其他物体碰撞。

紧急上升到达水面时,或者正常上升后在水面遇到困难时(如水面波涛汹涌,潜水员筋疲力尽等等),潜水员应充胀救生背心并发出"将我拉起"的信号。如果潜水员远离支援,可能需用烟火信号以引起岸上人员注意。遇到困难时,潜水员应游向潜水平台或岸边。如果潜水装具妨碍游泳,而且潜水员又需作长距离游泳时,为安全起见,可能不得不将潜水装具抛弃。

思考题

1. 自携式潜水装具从气体更新方法上可分为几类?并作简要说明。
2. 什么叫自携式潜水?它有何特点?

3. 自携式潜水装具中开式和闭式装具的主要区别有哪些？

4. 自携式潜水装具由哪两部分组成？

5. 气瓶阀中为什么要装铜制的安全膜件？

6. 自携式潜水装具气瓶为什么要装信号阀？

7. 使用气瓶时应注意哪些内容？

8. 单管式供气调节器由哪些部件组成？并说说它们的作用。

9. 简述69-4型供气调节器一级减压器和二级减压器的工作原理。

10. 潜水前潜水装具的准备工作有哪些内容？

11. 气瓶的容积为12 L,储气压力为16 MPa,信号阀指示压力为3.5 MPa,潜水员每分钟的耗气量为24 L/min,潜水深度为20 m,试估算潜水时间。

12. 简述自携式潜水装具的着装程序。

13. 你认为,潜水监督做全面的最后检查,是否浪费时间？为什么？

14. 自携式潜水入水方法的基本准则是什么？

15. 自携式潜水前的水面检查工作包括哪些内容？

16. 潜水员在水下游泳时,如何应用脚蹼来打水前进？

17. 简述潜水员下潜操作要领。

18. 窦压力不平衡,能继续下潜吗？用棉花堵塞住耳朵,不让水进入耳朵内,便可随意潜水了,对不对？为什么？

19. 简述使用自携式潜水装具的呼吸技术。

20. 自携式潜水装具面罩和咬嘴进水后应如何进行排水？

21. 成对潜水的基本原则是什么？

22. 试述常规的拉绳信号及其含义,并简述其操作规则。

23. 潜水员正常上升时应如何操作？

24. 收到水面信号员上升出水通知后,潜水员因即将完成该次作业了,可不上升,继续工作,直到完成任务后才上升出水。对不对？为什么？

25. 潜水员到达水面和离开水面时应如何操作？

26. 为什么潜水员出水后应对其继续观察一段时间？

27. 气瓶和供气调节器日常保养和贮存的原则是什么？

28. 如何检测信号阀的指示压力和一级减压器的输出压力？

29. 简要分析69-Ⅲ型和69-4型供气调节器的二级减压器的常见故障及排除方法。

30. 自携式潜水时不慎发生绞缠,无法自行解脱,这时应如何处理？

31. 使用单管式供气调节器的自携式潜水员在水下发生咬嘴脱落时,应如何处理？

第五章　需供式潜水

需供式潜水装具有两路供气系统：一路是由水面向潜水员提供气体，称为主供气系统；另一路是由潜水员自携的背负式应急供气系统向潜水员提供应急气体，见图 5-1。其工作原理是：从水面潜水供气系统输出的压缩空气，通过脐带接至潜水头盔或面罩上的单向阀（在组合阀上），然后经弯管流入需供式呼吸器（即二级减压器），气体压力降至与潜水深度环境压力一致，供潜水员吸用，并通过二级减压器的呼气单向阀将呼出气排入水中。必要时，也可打开旁通阀让压缩空气沿导管进入头盔或面罩内，向潜水员提供连续流量气体，起到旁通应急供气、消除面窗雾气、清除头盔或面罩意外进水等作用。当水面供气系统发生故障时，打开应急阀（平时处于关阀状态），从背负应急气瓶或输出的高

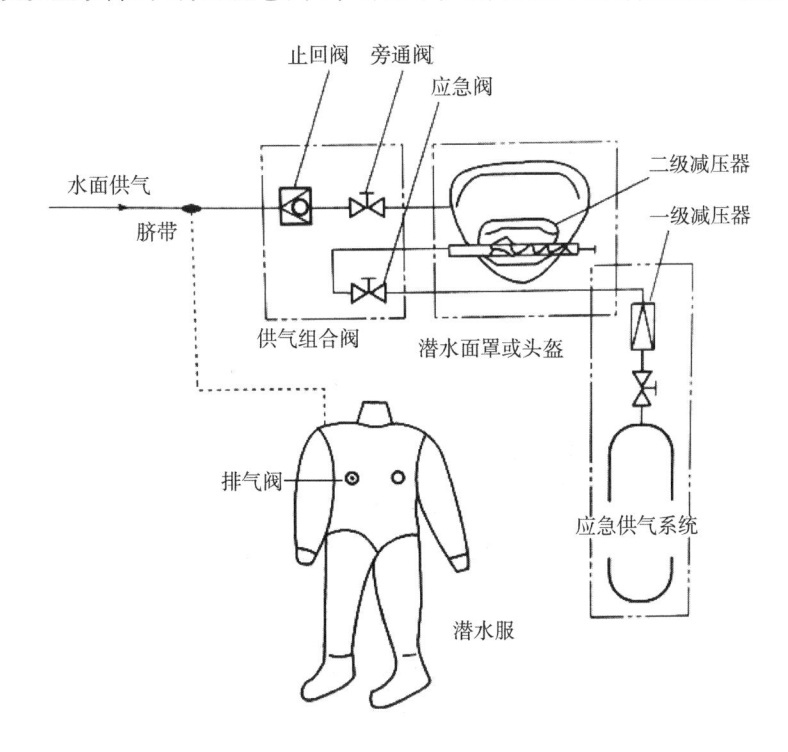

图 5-1　需供式潜水装具供气原理图

压空气经一级减压器调节后降至比潜水深度环境压力高 1 MPa,通过中压管接至头盔或面罩上的组合阀,沿弯管进入需供式呼吸器,同时也可打开旁通阀让气体连续流入头盔或面罩内,起到和水面供气系统一样的作用。因此,水面需供式潜水装具兼具自携式和通风式潜水装具的优点,具有安全可靠、供气调节灵敏、呼吸按需供给、佩戴轻便、通信清晰及水下活动灵活等特点,是目前比较理想的潜水装具,广泛应用于各种潜水作业中。

本章将着重介绍美国柯比摩根潜水系统公司生产的 KMB-28 型面罩式和国产 TZ-300 型头盔式以及 MZ-300 型面罩式潜水装具的组成、结构、使用方法、维护保养及常见紧急情况处理办法。

第一节　KMB-28 型潜水装具

KMB-28 型潜水装具是由美国柯比摩根潜水系统公司设计和生产的。该型潜水面罩,经过严格的测试,不论是浅水作业还是混合气深潜,都可以胜任,已经广泛地应用到全世界的商业潜水和军事潜水活动中来。它采用最新的排气装置,排气噪音更小;同时二级减压器采用 Super Flow450 呼吸调节器,呼吸阻力低,供气量充足,让潜水员可以很好地完成工作。

KMB-28 型潜水装具适用于水下船体检测、水下悬空作业、水下电焊与切割、水下探测以及水下打捞等作业,用途广泛。

一、性能参数

(一) 使用深度

使用标准排气套装置,最大空气潜水深度 67 m;

使用双排气套装置,最大空气潜水深度 30 m;

使用氦氧混合气,最大潜水深度 350 m。

(二) 潜水脐带

连续脐带直径最小 9.5 mm,长度不超过 182 m。

(三) 供气余压

在使用 KMB-28 型潜水装具潜水过程中,供气余压非常重要,表 5-1 为 KMB-28 型潜水装具不同潜水深度的供气余压基本要求。

表 5-1 KMB-28 型潜水装具不同潜水深度所需的供气余压

序 号	潜水深度(m)	供气余压(MPa)
1	0~30	0.8~0.93
2	30~50	0.93~1.55
3	30~67	1.2~1.55

（四）供气流量

供气系统必须向供气组合阀提供不小于 127.4 L/min 的气量。

（五）温度限制

当水的温度低于 2℃ 的时候，需要采取热水加热措施。

二、工作原理

KMB-28 型潜水装具系统的工作原理如图 5-2 所示。

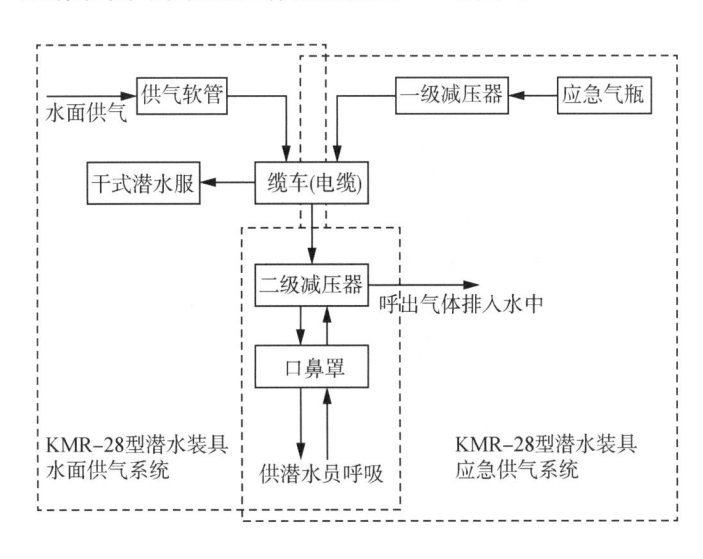

图 5-2 KMB-28 型潜水装具系统工作原理示意图

（一）水面供气系统

中压呼吸气体从水面供气装置经供气软管进入 KMB-28 型潜水面罩的供气组合阀，供气组合阀输出的气体经过二级减压器减压至环境压力供潜水员通过口鼻罩吸气，潜水员呼出的气体经二级减压器排气阀排入外界环境中。

（二）应急供气系统

当需要应急供气时，应急气瓶内的高压呼吸气体经一级减压器减压后进入供气组合阀，中压呼吸气体经过供气组合阀的应急供气阀到达二级减压器供潜水员通过口鼻罩吸气，潜水员呼出的气体经二级减压器排气阀排入外界环境中。

三、结构组成

(一)潜水面罩

KMB-28型潜水面罩主要由面罩本体、面部密封边、头罩、眼窗、鼓鼻装置、供气组合阀、排气阀、二级减压器、头带、口鼻罩、通信电缆水密连接器等组成,如图5-3所示。

1. 面罩本体

它采用玻璃钢材料制成。具有重量轻、坚固防裂、耐冲击等特点,是安装零部件的框架。

2. 头罩

头罩由泡沫氯丁橡胶粘合、缝合制成。头罩内柔软的密封衬垫很容易同潜水员面部贴合;头罩内两侧各有一个小袋,供放置受话器;头罩顶部开有数个小孔,使头罩中的气体通过小孔逸出,且有防止头部挤压的作用。

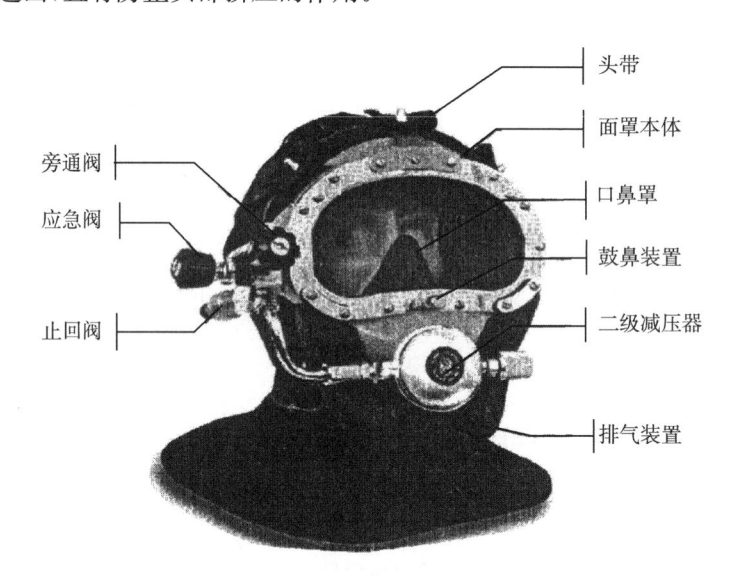

图5-3 KMB-28型潜水面罩

3. 头带

头带又称蜘蛛吊钩,如图5-4所示,其作用是使面罩固定在潜水员的头部,它有五根支带,每根支带上有五个小孔,供调节面罩的松紧使用,要确保头带松紧适度。

4. 卡箍

卡箍由不锈钢材料制成,分为上、下卡箍两部分。上、下卡箍的连接由螺钉连接,它们能够把头罩固定在面罩本体上,并保持头罩与面罩本体的水密。在卡箍上焊接有五个柱头供头带收紧面罩用。

图 5-4 头带

5. 鼓鼻装置

鼓鼻装置由手柄、鼻塞本体、填料压盖和"○"型圈等组成,如图 5-5 所示。潜水员在潜水过程中,内耳腔同外界之间的压力不平衡会造成耳痛的感觉,用鼓鼻装置堵塞鼻孔鼓气即可平衡压力,消除痛感。

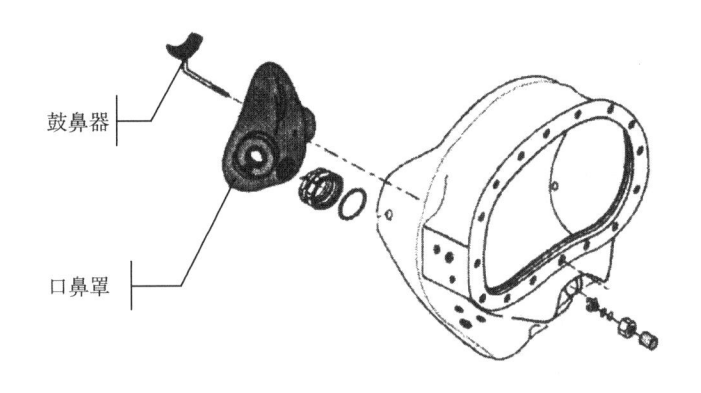

图 5-5 鼓鼻装置

6. 供气组合阀(见图 5-6)

1) 止回阀(单向阀)

它是一个弹簧装置。止回阀的作用是防止供气中断时而引起逆流,使潜水员免遭挤压伤。因此该阀性能如何对安全潜水是极其重要的。止回阀的一端与组合阀阀体相连,另一端与供气软管相连。

2) 应急阀

应急气瓶上装有一级减压器,通过中压软管与应急阀相连。潜水时,潜水员预先打开气瓶阀,高压气体经一级减压后流入中压软管,此时应急阀应处于关闭状态。当水面供气发生故障造成供气中断时,潜水员应立即打开应急阀,由气瓶供气。此时潜水员应

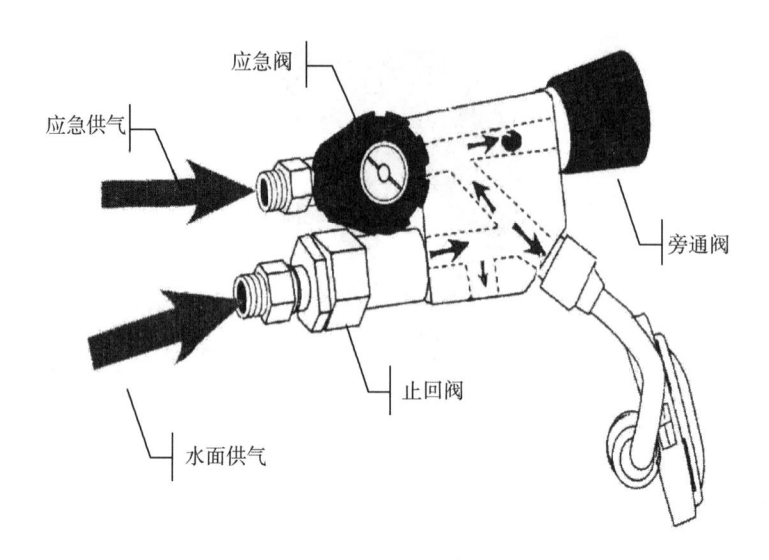

图 5-6　供气组合阀

按规定出水。

3) 旁通阀(自由流阀)

旁通阀位于组合阀体的前方。其功能是将组合阀体内的气体经导气管引入头盔内。旁通阀常处于关闭状态。当打开旁通阀时,它有以下作用:

(1) 避免压伤。潜水员在下潜过程中,应将旁通阀打开,输出的气体使头盔内压力与外界平衡,以免脸部受压。

(2) 调节流量。旁通阀的输出流量可以根据下潜速度来定,当潜水员感到劳累或吸气疲劳时,可以利用它进行大量连续供气、通风。

(3) 消除气雾。当面窗起雾影响观察时,潜水员也可开大旁通阀,气体就通过导气管的小孔喷射到面窗上迅速除雾,达到清洗的目的。

(4) 应急供气。该阀还可作为应急供气系统的控制阀。一旦二级减压器的供气发生故障,可打开该阀,给潜水员提供呼吸气体。

(5) 排除积水。由于某种原因而发生头盔内进水时,潜水员应处于直立状态,打开旁通阀,即可迅速排除头盔内的积水。

(6) 解除余压。潜水作业结束后,在水面卸装时,用于解除管路中的气体余压。

7. 排气装置

潜水头盔有两个排气装置。主排气装置位于口鼻罩下方,与二级减压器相连,如图 5-7(a)所示。潜水员呼出的气体通过口鼻罩、二级减压器上的排气膜片进入排气套,经面部两侧排入水中。副排气装置位于头盔本体左下方,如图 5-7(b)所示。用于排头盔内气体和排水。

(a)主排气装置　　(b)副排气装置

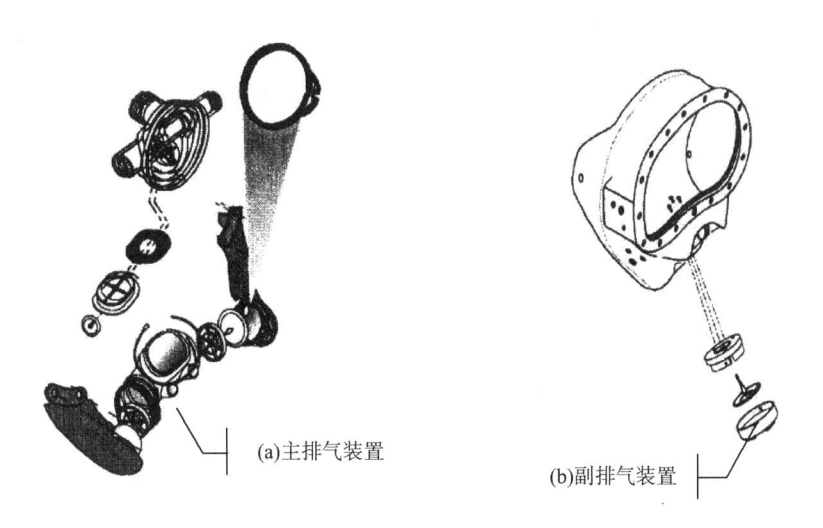

图 5-7　排气装置

8. 口鼻罩

口鼻罩安装在二级减压器的固定螺母上,如图 5-8 所示。口鼻罩的左右两侧分别安装一个送话器和进气单向阀。当采用旁通阀供气时,气体由单向阀进入口鼻罩内。

口鼻罩改善了呼吸状况,减少了吸气阻力,增大了向外排气的能力,从而减少了二氧化碳积聚和面窗起雾的可能性。

鼓鼻装置

口鼻罩

二级减压器

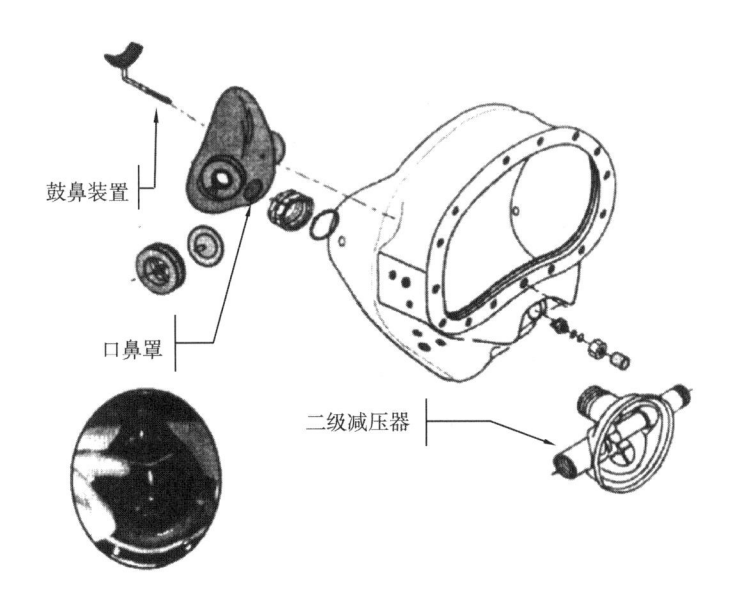

图 5-8　口鼻罩

9. 二级减压器(供气调节器)

二级减压器又称供气调节器。它的工作原理同自携式潜水装具的二级减压器是相似的。当潜水员吸气时,向他提供适宜的呼吸气体;当潜水员呼气时,二级减压阀在弹簧的作用下关闭。潜水员呼出的气体经二级减压器下方的单向阀和具有消音功能的排气套排入水中,如图 5-9 所示。

二级减压器上盖中间有一圆形手动供气按钮,它可以增大二级减压器的供气量,也可以通过按压手动供气按钮,排出二级减压器或口鼻罩内的积水。

在二级减压器左侧装有一个气量调节装置,通过调节按钮,控制二级减压器内弹簧作用在阀上的弹簧力,使得吸气时感觉最为舒畅。

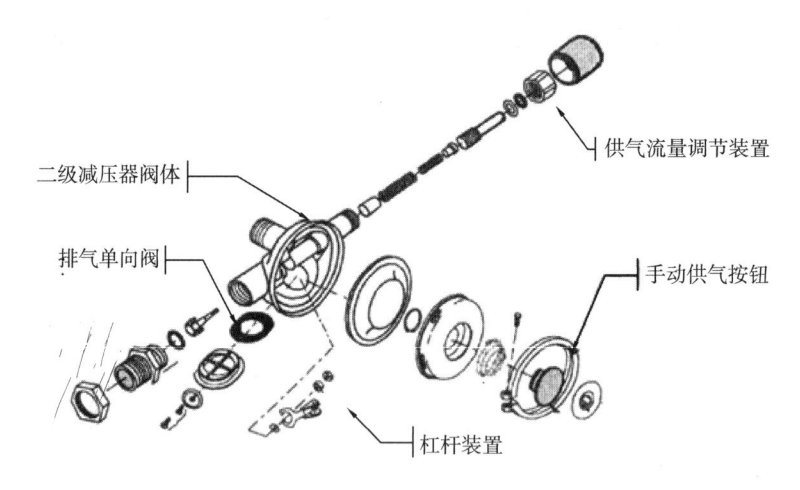

图 5-9　二级减压器

10. 通信系统

头盔的通信装置是由两个受话器和一个送话器以及电缆连通件组成,如图 5-10 所示。受话器和送话器与头盔电缆相连,头盔电缆的另一端通过水密插头与通信电缆连接。潜水员依靠通信装置同水面保持双向联系。

图 5-10　通信系统

（二）应急供气系统

应急供气系统由应急气瓶、一级减压器、中压软管等组成。

应急供气系统由潜水员在进行潜水作业时携带，一旦脐带供气发生故障，不能正常供气时，潜水员应及时打开应急阀，依靠应急气瓶内储存的气体安全出水。

1. 应急气瓶

应急气瓶总成由气瓶、K 型阀、瓶箍、背架、背带等零部件组成。气瓶是应急呼吸用气的储存容器，工作压力为 19.6 MPa，通常配置的气瓶容积为 12 L。K 型阀是一个简单的手动开关阀，也称为截止阀。为了保证应急用气不间断的供潜水员呼吸用，在截止阀上没有设置信号阀。因此潜水员在水下作业时，一旦开启应急阀使用应急供气系统时，潜水员必须及时出水，上升至水面。

2. 一级减压器

一级减压器采用平衡活塞式顺流阀结构，具有结构简单、工作稳定、保养方便以及外形美观等优点。本减压器在输入压力 20 MPa 时，输出压力为 1.0 MPa，在实际应用中，可按环境压力变化自动调节输出压力。减压阀体上开设了四个输出口，其中三个为低压输出口，可分别接装中压软管、安全阀和干式潜水服充气软管（或做备用输出口），另一个为高压输出口。

3. 中压软管

中压软管两端分别与一级减压器、潜水头盔上组合阀上的应急供气阀接口（或快插装置）连接，是自携应急气体进入头盔的通道。

四、操作使用

（一）潜水前的准备与检查

1. 目视检查

（1）供气调节器外观正常；

（2）检查供气调节气管的位置正常，确保型号正确；

（3）检查面窗应无裂纹；

（4）检查面罩内部通信线完好，没有相互连接，避免短路，固定螺母没有松动；

（5）检查口鼻面罩，确保螺母连接完好；

（6）检查头带（蜘蛛吊钩）无损坏；

（7）检查密封部分确保没有裂缝和损坏。

2. 头盔表面检查

3. 移动部件检查

检查供气调节器的供气调节手轮，旁通阀，应急供气开关，鼓鼻杆，确保操作舒适，机械运转正常。

4. 水面供气时止回阀(单向阀)检查

潜水之前必须检查单向阀,有两种方法可以检查,两种方法应全部使用:

(1) 打开应急供气开关,取下供气软管。测试者从供气组合阀的适配器吸气,如果有空气吸入,说明单向阀性能不正常,需要更换。

(2) 连接脐带,关闭自由流阀和供气调节手轮。打开应急气瓶阀,向应急供气软管加压,随着应急供气管加压,打开应急供气开关,如果任何气体从止回阀释放或者进入无压力脐带,就要更换单向阀。

5. 脐带连接

当连接面罩和供气软管的时候,先用扳手固定住适配器,用另一个扳手旋紧软管接头,如图 5-11 所示。如果不这样做,适配器的旋转会磨损单向阀。同时,用力要适当,避免损坏。当拆卸的时候,也必须使用 2 个扳手。否则,会导致适配器和止回阀的松开,损坏密封。如果出现这些问题,就要拿下适配器,清理螺纹,用密封带重新密封。

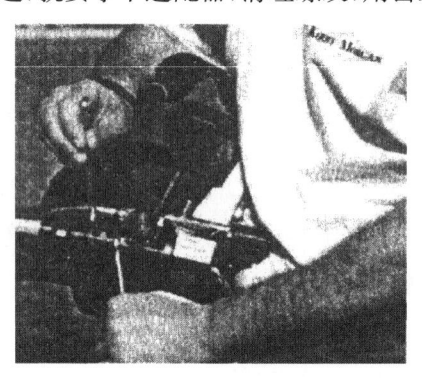

图 5-11 供气软管连接示意图

图 5-12 通信系统连接示意图

如果通信部分使用防水连接,如图 5-12 所示,就要格外注意。连接的时候,要对好,同时注意黄色的标记,在拆开和连接过程中不要扭动。使用大拇指按住边缘较厚的地方,进行分拆,同时两边受力要均匀。

潜水前,用防水密封带,将连接处重复缠绕,加强稳定和密封性能。

6. 供气系统检查

拧紧供气调节器调节手轮,向供气组合阀和供气调节器供气,慢慢拧松供气调节手轮,直到有稳定的轻微的气流出现。然后再拧紧,直到气流消失,如图 5-13 所示。

图 5-13　供气流量调节示意图

打开拉链,把面罩牢固地扣在脸上。开关旁通阀,检查除雾效果。拧松调节手轮,直到有稳定的气流出现,再拧紧直到气流消失。下一步,进行呼吸,吸气和呼气效果没有明显的不同。按下调节器按钮,应该有明显的气流。

潜水之前,一定要对供气系统进行检查!

7. 密封检查

常压下关闭供气,将面罩贴在脸上,当吸气的时候,面罩会紧密地贴在脸上,不掉下来,可以认为密封良好,如图 5-14 所示。

图 5-14　面罩密封检查　　　图 5-15　通信系统检查

8. 通信检查

潜水前使用耳机麦克风和平台进行互通话,检查每一个耳机和麦克风。检查平台的扩音器和麦克风,如图 5-15 所示。

(二) 供气系统连接

1. 脐带与主控台连接

脐带和面罩连接之前,要清洗干净。将脐带和控制平台连接好,确保脐带内部没有压力。将脐带和面罩连接好。将压力缓慢增加到 0.17~0.27 MPa 之间。气体持续 15 s,确认安全。如果不立即使用面罩,可以放气。

2. 应急供气

如果主供气出现问题,潜水员就要使用应急气体。应急气体通常使用双瓶,用牢固的背带固定在背上。背带可以很好地让脐带安全地连接到潜水员,并且可以提供可靠的提升点,便于将潜水员拉出水面。应急气瓶的使用,要根据潜水的深度、工作时间、工作强度、呼吸频率确定。必须保证潜水员有足够上升的时间。

潜水员一般习惯使用背带(不是背架)。背带上有金属环,脐带可以与其中的环连接,降低头盔的拉力。其他环可以悬挂工具。

应急气瓶的高压气体通过一级减压器,供给潜水员使用。一级减压器通过中压橡胶软管与应急供气接头的快插装置连接。

一级减压器最少有两个低压端口。一个用于连接应急供气接头,一个用于连接过压保护阀。高压管不能直接连接到应急供气接头上。一级减压器高压输出端口应连接压力表,压力表可以显示气瓶的压力。

要确保应急供气开关在不使用的时候始终处于关闭的状态。使用的时候应急气体进入供气组合阀,然后进入潜水员供气调节器。

(三) 着装

开始着装前,应开启水面供气系统,使其处于完好工作状态,面罩等应急供气系统也应完全处于备用状态,一切准备就绪,开始着装。

1. 面罩佩戴

面罩佩戴方法是拉开头罩的拉链,将头罩向两边分开,露出头罩内的面部密封垫,将面罩带在头上,使面部很好地贴在面部密封垫上,拉好拉链,固定好头带即可,如图 5-16 所示。要求使面部紧贴面部密封边,口和鼻置于口鼻罩内;头带佩戴的方法是:先固定右下方的一根,再扣左下方的一根,最后将剩余的扣好即可。

(a) 拉好拉链　　　　　　(b) 扣好头带　　　　　　(c) 调整面罩

图 5-16　KMB-28 型潜水面罩的佩戴

2. 脐带和安全带连接

避免直接将脐带和头盔连接。脐带要与安全带上的环相连接,可以使用快捷扣也可以使用螺纹扣,如图 5-17 所示。总之避免脐带直接拉动头盔,以免潜水面罩被拉动或拉掉。

图 5-17　脐带与安全带连接图

3. 检查供气

入水前,依次检查旁通阀、应急供气阀、供气调节器和强制供气按钮(二级减压器排气按钮),确保工作状态正常。

4. 通信检查

接收和发出信号,来进行通信检查。

5. 潜水员准备

潜水员现在已经准备好入水。如果有镜头,确保转动正常。如果准备跳入水,要保护好面罩。信号员再次快速地检查一下装备,潜水员入水。

(四)入水

确保脐带长度满足要求,潜水员没有受到限制。打开旁通阀(自由流阀),保持压力,避免入水时水的压力导致潜水面罩进水。

潜水员入水后应当报告,入水 3~6 m 后,停下来检查供气调节器工作是否正常,这样做可以补偿脐带压力变化。

下潜速度一般不超过 15 m/min,水面供气减压阀应根据下潜深度随时调节供气压力,应保证供气余压符合要求。

下潜过程中,保持通信和供气压力正常,到达工作地点,调节二级减压器的供气手轮来进行压力补偿。

(五)水下停留

当潜水员到达工作地点,应及时汇报水下情况。工作时应注意以下情况:

(1) 当面罩内出现气雾时,应打开旁通阀吹除面罩上的雾气;

(2) 当感到耳疼时,可用鼻塞装置进行鼓鼻法调压或利用吞咽法调压,以消除耳疼;

(3) 着干式潜水服下潜时,分别在 15 m、30 m 以及 45 m 左右及时按动一下潜水服上的供气阀按钮,防止身体挤压伤;

(4) 水下活动要以"S"形行动,防止绞缠;

(5) 当水面供气系统发生故障时,应打开应急供气阀由背负应急系统供气,同时潜水员应停止水下作业并迅速出水。

在潜水过程中出现紧急情况时,应迅速判断、果断处理。出现的可能情况如下:

①潜水面罩进水。

当部分或者完全进水以后,竖直面镜,打开旁通阀和强制供气按钮,倾斜头部,使用排水阀,快速排水。清除积水以后,可继续水下作业;如出现持续进水,则返回水面。

②呼吸阻力增加。

如果呼吸困难,逆时针旋转供气调节器手轮,调节二级减压器的供气流量。如果呼吸依然不顺畅,则按压二级减压器排气按钮强制供气。如果呼吸仍然不畅,则打开应急供气阀开关,并通知水面保障人员使用应急供气上升出水。在出水过程中应确保脐带无绞缠,同时水面保障人员要保证脐带压力。

③供气中断。

如果供气调节器没有气体供应,应打开自由流阀(旁通阀)供气。当出现自由流阀供气时,说明二级减压器出现故障,应通知水面保障人员,做好出水准备;如果打开后自由流阀又没有供气,说明水面供气中断,此时需要立即打开应急供气阀并立刻上升出水。紧急出水时应该注意以下几点:

a. 快速上升会导致减压病,除非面临溺水或者窒息,应尽量避免快速上升带来的伤害；

b. 避免脱开面罩。这样会在水下失去视线。很多有经验的潜水员即使供气中断,也不会脱掉潜水面罩,因为水面保障人员会很快将潜水员拉出水面。除非完全没有气体,并出现绞缠现象,才可以脱掉潜水面罩。

④供气调节器泄漏。

如果供气调节器漏气,顺时针调节供气调节手轮直到气体不泄漏。如果依然泄漏,应停止潜水立即返回到水面。

（六）上升出水

潜水作业完成后,潜水员应根据水面指挥返回出水,并与水面保障人员一起做好出水准备。工作时要注意以下情况：

（1）潜水员出水前,应先清理信号绳、工具等,离底要报告；控制上升速度,上升速度不超过 8 m/min；呼吸自然,禁止屏气；

（2）如需要减压时,应严格施行减压方案,水面信号员应把减压要求通知潜水员；减压完毕,潜水员在到达水面前,可将一只手举起,以防碰撞。

（七）卸装

当潜水员出水后,应有水面人员协助卸装,卸装应按以下程序：

（1）当潜水员出水后,先将面罩卸下,关闭供气系统；

（2）卸下背负应急供气气瓶和压铅；

（3）卸下脐带挂钩,解脱脐带；

（4）脱掉潜水服、脚蹼以及安全背带；

（5）用淡水清洗装具。

五、维护与保养

（一）维护与保养

保障装具的良好工作性能和使用安全是极其重要的。因此,在每次潜水作业完成后,均需对器材做例行的清洁、维修和养护。在潜水任务完成后,要按规范对装具进行必需的处理,并予以储存。

1. 潜水后的维护与保养

（1）停止向脐带供气,关闭应急气瓶阀和旁通阀,排放供气管、潜水头盔或潜水面罩以及中压软管中的余气,将二级减压器气量调节装置的调节旋钮全部拧松；

（2）用洁净的软布擦清口鼻罩、面窗,并予以消毒清洁；

（3）用清淡水冲洗潜水头盔、脐带、潜水服以及脚蹼等潜水器材。但是要保持头盔内通话系统的干燥；

(4) 潜水服须挂起晾干,安全带、脚蹼均宜离地靠墙放置;

(5) 发现潜水装具有损坏现象,应尽快修复,不可修复的应更新。

2. 主要部件检修与保养

(1) KMB-28 型潜水面罩零部件的维修与保养

①用硅脂润滑鼓鼻器的"〇"型圈。方法是将硅脂均匀涂在鼻塞拉杆上抽动数次即可;

②用硅脂润滑排气阀片;

③二级减压器:拆下二级减压器夹箍,取下盖子和弹性膜片,清洗二级减压器内腔。注意不要对二级减压器内的杠杆施以重力,以免影响二级减压器的性能。检查弹性膜片和吸气阀是否损坏或老化,必要时予以更换,然后涂上硅脂后重新装配固定。一般而言,固定杠杆的两个锁紧螺母不必在维修时松动,以免影响二级减压器的性能。

④气量调节装置:松动二级减压器左侧的螺母,卸下该螺母与带有调节杆等零件的调节旋钮,倒出弹簧座,组合弹簧和柱塞,分别清洗各个零件。用硅脂涂抹活动零件和"〇"型圈,然后重新装配,调节旋钮应转动灵活。最后旋松调节旋钮,以利于储存。

⑤供气组合阀:供气组合阀的应急阀和旁通阀的手轮开关在使用中均匀用力。在关闭时不宜用力过大。这样可以延长阀门的使用寿命。维护保养时,要按顺序拆下零件,更换损坏的零件后,用硅脂润滑橡胶件,然后按相反的顺序装配。

(2) KMB-28 型潜水面罩密封组件的维护与保养

KMB-28 型潜水面罩以及头带应妥善保养,严禁沾染油类物质;同时,面罩的拉链不得损坏,已经发现损坏应尽快修理或更换。

(3) 应急气瓶的维修与保养

应急气瓶应按国家劳动保护监察部门的规定,每三年强制检验一次,以保证安全使用。

应急气瓶上的截止阀在使用中开启和关闭应用力均匀,关闭时不宜用力过猛,以延长阀门密封件的寿命。应急气瓶在使用和运输时应尽量避免碰撞,以免瓶体受损。充足气的气瓶不可在阳光下曝晒。如果截止阀失灵可用专用螺丝刀拆下槽螺母,取下手轮,拧松螺母盖,取出旋转螺杆,更换阀头。螺母盖与截止阀体的密封由尼龙垫圈和紫铜垫圈共同组成。一般情况下,尼龙垫圈可重复使用,紫铜垫圈应退火处理后方可重复使用。

(4) 一级减压器的维护与保养

拧松活塞套筒,使之与减压器本体分离。在活塞的两个"〇"型圈处涂上硅油。卸下输出闷头,清洗减压器本体,不要用硬物划伤阀体。然后按拆卸相反的顺序装配。建议一般情况下,不要过多拆卸一级减压器。

(5) 其他零部件的维护与保养

①检查所有的橡胶和塑料元件是否变形、老化以及出现裂纹等损坏现象;

②检查所有的密封元件是否密封,出现问题的元件应及时更换;

③拆卸后的元件应放在热肥皂水中进行洗涤,后用淡水清洗干净。

3. 潜水装具的储存

KMB-28型潜水装具的储存与其他潜水装具的储存有较大的差别,有更高的要求,如长期不使用,宜部分卸下储存。在做了规定的维护与保养后,装具应按下列要求储存:

(1) 拆卸脐带,软管接口处用旋塞或洁净物包扎好,脐带须按规定盘缠;

(2) 拆下一级减压器,将高压输入端用防尘盖封好,与应急气瓶一起放在器材箱中。应急气瓶应保留少量的压缩空气储存;

(3) 潜水头盔或面罩经养护或维修吹干后,在头垫或头罩内放置适量的干燥剂,然后放入包装箱内储存;

(4) 潜水服不宜折叠、重压,应挂起储存;

(5) 拉链、干式服的进、排气装置应涂上润滑剂储存;

(6) 全套装具在储存期间要避免受压、曝晒,避免接触油类、酸、碱等有害物质;

(7) 全套装具应置于干燥、通风和气温在-10~40℃,空气相对湿度 40~60% 左右的环境中储存。

(8) 一般来说,如果潜水装具使用频繁,每季度应保养一次;如果长期存放,每年至少保养一次。

(二) 常见故障原因分析及排除方法

KMB-28型潜水装具常见的故障、故障原因及排除方法参见表5-2。

表5-2 KMB-28型潜水装具常见的故障及排除方法

故障现象	故障原因	排除方法
1. 流量不足或压力降低造成呼吸阻力增大	1. 橡胶膜片老化 2. 调节弹簧张力减退 3. 内部不干净,动作不灵敏	1. 更换新膜片 2. 更换弹簧并重新调整 3. 清洗内部脏物
2. 出口压力不稳定,造成安全阀开启漏气	1. 高压阀口损伤,不能密封 2. 阀杆和内壁损伤,破坏了配合精度 3. 安全阀失灵	1. 清洗阀座以后的各部件 2. 可更换阀杆和阀头 3. 调换安全阀
3. 打开气瓶,二级减压器自动供气 4. 呼吸气阻力增大 5. 排气膜片处进水	1. 手动调节装置内有水垢,滑块动作失灵 2. 气源调节供气压力过高或过低 3. 排气膜片与壳体粘连 4. 排气膜片老化变形	1. 清洗滑块,去除水垢 2. 调整供气压力 3. 更换新膜片或将膜片粘连处拉开 4. 更换新膜片
6. 阀口漏气,不能稳定预调到压力值上	1. 气路或气体不干净,阀头不能密封 2. 阀内部有水垢,破坏气密封	1. 清洗各零部件,并更换新阀头 2. 研磨阀座,重新装配
7. 流量达不到要求,供气不足	1. 弹簧膜片失去弹性 2. 调节弹簧失效,弹力不足 3. 供气压力不足	1. 更换新弹簧膜片 2. 更换新调节弹簧 3. 升高气源供气压力

第二节　TZ-300 型和 MZ-300 型潜水装具的组成与构造

TZ-300 型头盔式潜水装具和 MZ-300 型面罩式潜水装具主要由四部分组成：头盔或面罩、潜水服、脐带及背负式应急供气系统。这两种潜水装具除了在潜水头盔与面罩的外观结构上有些不同之外，其组成、内部结构、性能及供气系统几乎完全相同，很多构件可通用。它们既可用于空气潜水，又可用于混合气潜水和饱和潜水。呼吸气路为开放式。此外，根据需要，它们可以分别与湿式潜水服、干式潜水服或加热式潜水服配套使用。

这两种装具最大潜水深度为 300 m，供气余压为 0.6～1.4 MPa（推荐使用 0.9～1.1 MPa），气体流量可达 500 L/min，头盔在空气中的重量为 12 kg。背负式应急系统的应急气瓶容积为 12 L，工作压力为 20 MPa。

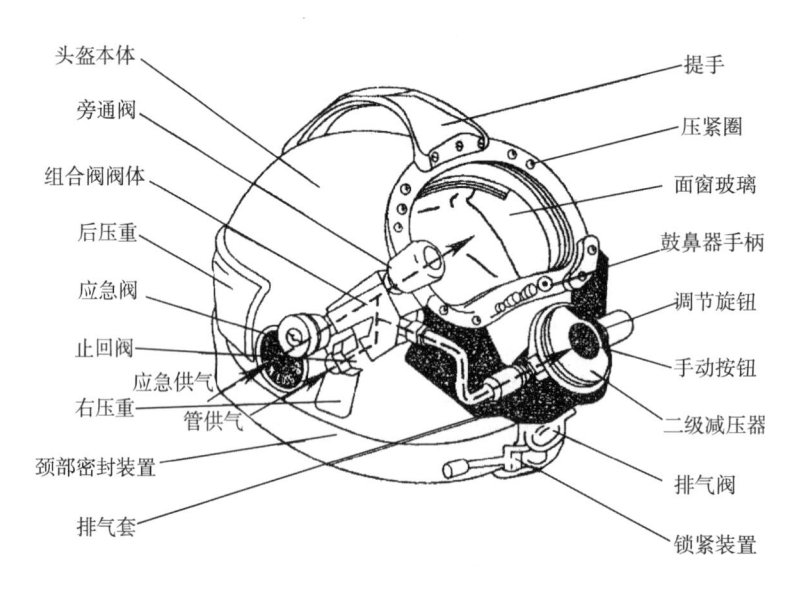

一、TZ-300 型潜水头盔

TZ-300 型潜水头盔主要由头盔本体、压重、提手、头垫、颈部密封组件、密封圈、面窗、鼓鼻器、排气阀、二级减压器、口鼻罩、通信装置、手动按钮、气量调节器和组合阀（组合阀包括有止回阀、应急阀和旁通阀）等部件组成，如图 5-18 所示。

图 5-18　TZ-300 型潜水头盔

（一）头盔本体

头盔本体采用玻璃钢材料制成，具有重量轻、坚固、防裂、耐冲击和不导电等特点。

坚硬的头盔本体既是安装各零件的框架,又是一个头部保护罩,使潜水员头部免遭意外损伤。

(二)组合阀

组合阀是为了确保潜水员安全潜水而设计制造的。在潜水前,每一名潜水员必须对该阀的功能了如指掌,并运用自如。组合阀装在头盔本体的右侧,它由止回阀、应急阀、旁通阀以及组合阀体组成。

1. 组合阀阀体

组合阀阀体内装有止回阀、应急阀和旁通阀。它有两路进气通道:一路是水面主供气经止回阀进入组合阀阀体;另一路是背负式应急供气系统的气体经应急阀进入组合阀阀体。两路进气通道在该阀体内交汇。其输出通道也有两路:一路气体通过弯管组件进入二级减压器,另一路气体通过旁通阀进入头盔内。

2. 止回阀

在组合阀上与水面主供气软管连接的空心供气接头内装有一个止回阀,当接上主供气软管供气时,可向头盔提供正常的呼吸气体。止回阀的作用是防止水面主供气中断时引起气体逆流,使潜水员免遭挤压伤,因此该阀的性能如何对于潜水员是极其重要的。止回阀的一端与组合阀体连接,另一端与水面主供气软管连接。

3. 应急阀

应急阀用于一旦水面主供气系统发生功能性障碍或供气中断时,向潜水员提供背负式应急供气系统的气体。此阀通常处于关闭状态。背负式应急供气气瓶由潜水员携带,气瓶上装有一级减压器,通过中压管与应急阀连接。潜水时,打开气瓶阀,高压气体经一级减压器后流入中压管,此时应急阀处于关闭状态。当水面主供气系统发生故障造成供气中断时,潜水员可立即打开应急阀,由应急气瓶供气。此时,潜水员应停止工作上升出水。为了防止一级减压器失灵而使中压管爆裂,在所有一级减压器上装有安全阀。

4. 旁通阀

潜水员在下潜过程中,根据下潜深度的增加而适量地打开旁通阀,输出的气体使头盔内压力与外界平衡,以免脸部受压。旁通阀的输出流量可根据下潜速度来定,当潜水员感到劳累或吸气疲劳时,可以利用它进行大量连续供气、通风。当面窗起雾影响观察时,潜水员也可打开旁通阀,气体通过稳流导气管的许多小孔喷射到面窗上迅速除雾,达到清洗目的。此外,该阀还可作为应急供气系统的控制阀,一旦二级减压器的供气发生故障,即可打开该阀,给潜水员提供呼吸气体。头盔在正常情况下不会进水,由于某种原因而发生头盔内进水时,潜水员可处于直立状态,打开旁通阀,即可迅速排除头盔内的积水。潜水作业结束后,在水面卸装时,打开旁通阀可用于解除管路中的气体余压。

(三) 二级减压器

二级减压器又称按需式调节器,当潜水员吸气时才向潜水员供气,呼出的气体通过底部的排气阀和具有消音功能的排气套排入水中。用手指按上盖中间的手动供气按钮可以提供足够的呼吸气体,也可排除二级减压器或口鼻罩内的积水。二级减压器的左侧装有微量调节阀,潜水员可以根据需要来调节供气量,当供气余压在 0.6～1.4 MPa 范围时,通过调节使吸气最为舒畅。二级减压器是非常关键的部件,其性能的好坏对潜水安全影响很大。该二级减压器具有供气流量大、呼吸阻力小等优点。

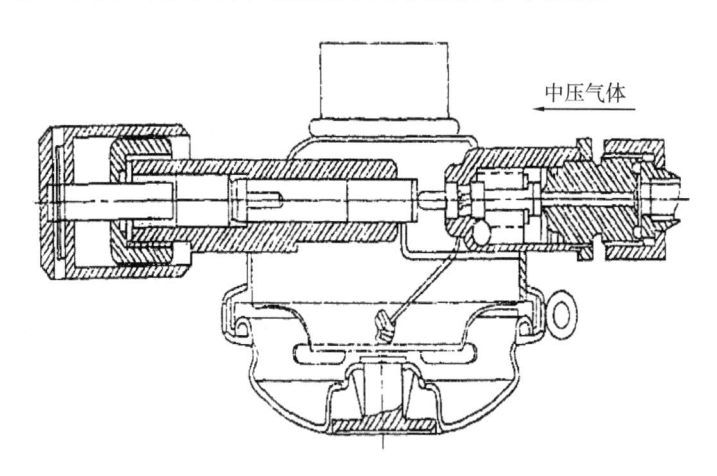

图 5-19 二级减压器剖视图

二级减压器的工作原理是:图 5-19 所示为潜水员不吸气的状态,此时由于二级减压器调节弹簧的力大于供气软管中气体的压力,从而使阀杆压紧阀座,从组合阀来的中压气体到导气管后还不能马上进入供气室。当潜水员吸气时,气室内气压降低,当气压低于水压时,弹性膜在水压的作用下向内凹陷,从而压迫杠杆,迫使阀杆离开阀座,这样中压气体便进入供气室,供潜水员吸用。当潜水员呼气时,供气室内压逐渐增高,达到内外压平衡,弹性膜恢复原状,杠杆对阀杆失去作用,阀杆在调节弹簧的作用下压紧阀座孔,从而截断气路,使供气室内压力暂处于稳定状态。潜水员正常呼吸时,二级减压器就重复上述动作,其工作原理与自携式潜水呼吸器的二级减压器基本相同。

(四) 口鼻罩

口鼻罩装在二级减压器的固定螺母上。其左右两侧分别装有话筒和进气阀。当打开旁通阀供气时,由旁通阀提供的气体经进气阀进入口鼻罩内。口鼻罩的作用是减小吸气阻力和二氧化碳积聚以及减少面窗起雾的机会。

(五) 微量调节阀

微量调节阀安装在二级减压器左侧,它是用于在潜水环境压力变化时,对气体流量进行较精细调节的装置。调节时,可根据潜水环境压力的变化状况,顺时针或逆时针均可旋动调节阀(顺时针旋动是减少以至关闭气体流量,逆时针旋动是增加气体流量),以改变阀内两个弹簧对进气阀杆的作用力,以达到调节和稳定进入二级减压器内的气体需求量,使潜水员呼吸舒畅。

(六)排气阀

头盔本体上安装了两个排气阀。一个是主排气阀,另一个是副排气阀。主排气阀位于口鼻罩底部,是潜水员呼出气体排出的主要通道,出口处装有单向阀;罩体外装有须形橡胶排气套,用于潜水员呼出气体的消音及导流。副排气阀位于头盔本体的底部,用于排除头盔内气体和积水,其内部也装有一个单向阀。

(七)鼓鼻器

鼓鼻器由手柄、鼻塞本体、填料压盖及"○"型圈等组成。潜水员在下潜过程中,由于内耳腔同外界之间的压力不平衡会造成耳痛感觉,用鼓鼻器堵塞鼻孔鼓气即可平衡压力,消除痛感。

(八)通信系统

头盔的通信设备由左、右耳机和话筒组成,以并联的方式连接在接线柱上,脐带中的通信电缆也连接在接线柱上,这样可以与水面保持通信联络。另外,也可以用四芯电话线水密插头和通信电缆中的水密插座相连接。

(九)头垫

头垫由外罩和软垫构成。外罩采用高强度的尼龙布;软垫采用不会随气压升高而压缩的开孔泡沫塑料。头垫固定在头盔里,当戴头盔时,它能舒适地套在潜水员头上,对头部起着保护和保暖作用。

(十)颈部密封组件

颈部密封组件由不锈钢颈箍、橡胶颈圈和玻璃钢颈托等零件构成。由于颈圈具有良好的弹性,因此它的小端容易套在潜水员的颈部对颈部进行密封,颈圈的大端与颈箍连接,通过颈箍和颈托上的锁紧装置,颈部密封组件与头盔本体能快速连接或快速解脱。旋转螺母可以调节颈箍口的大小。

(十一)密封圈

密封圈安装在头盔本体下沿的槽中。其作用是使颈部密封组件与头盔本体之间连接后密封更加可靠。

(十二)面窗

面窗供潜水员观察用。它由高强度面窗玻璃、"○"型圈及压紧圈等组成。面窗玻璃与头盔本体之间采用"○"型圈密封。压紧圈上焊有一只供鼓鼻器滑动的导管。均匀旋紧压紧圈上的15只螺钉,使面窗玻璃固定在头盔本体上。螺钉用于安装辅助镜片。

（十三）压重

压重由后压重、左压重和右压重组成，用螺栓把三块压重分别固定于头盔本体的后面和左、右两侧，它们均用黄铜制成，使其本体的重量可以抵消头盔的浮力。使潜水员在水中，头部有良好的平衡作用。

（十四）提手

提手采用黄铜制造。它的一端固定在头盔本体上，另一端固定在面窗的压紧圈上。它除供潜水员携带作用外，还可以安装照明灯或其他装置。

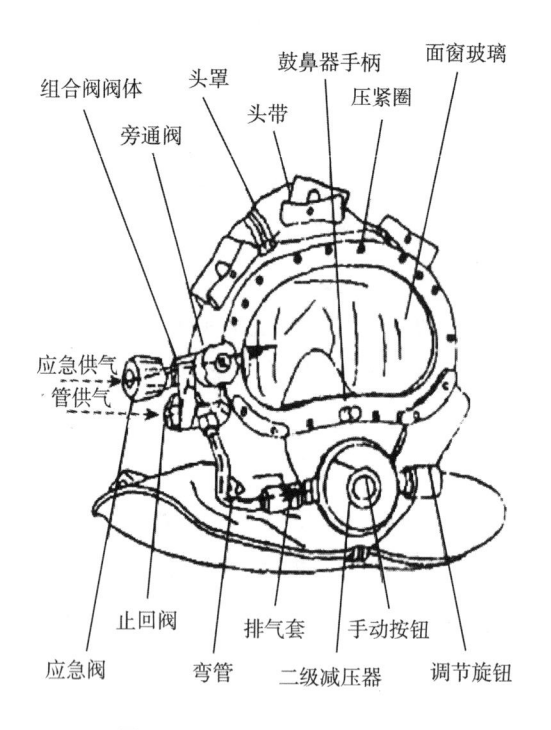

二、MZ‑300 型潜水面罩

MZ‑300 型潜水面罩主要由头罩、头带、面罩本体、面部衬托、面窗、鼓鼻器、二级减压器、口鼻罩、手动按钮、排气阀、气量调节器、通信设备和组合阀等组成，见图 5‑20。

图 5‑20　MZ‑300 型潜水面罩

（一）头罩

头罩采用泡沫橡胶制成，不管潜水员脸型如何，头罩内柔软的面部密封垫很容易与其面部贴合，头罩内两侧设有小袋，供存放耳机，头罩顶部打有小孔，使头罩中的气体通过小孔泄放出去。

（二）头带

头带又称五爪带。分别有五根支带，每根支带开有五个小孔供调节松紧使用。它的作用是使面罩固定在潜水员的头上,佩戴时应适当调整松紧程度,否则会引起不舒服感觉。

(三)面罩本体与面部衬托

面罩本体与面部衬托均采用玻璃钢材料制成,坚硬的面罩本体是安装各零部件的框架。面部衬托置于头罩的面部密封垫下面,作为面部密封垫的托架。面部衬托与面罩本体用两只螺钉固定。

(四)上、下卡箍

采用不锈钢材料制成的上、下卡箍和螺钉能把头罩固定在面罩本体上,上、下卡箍焊有五个柱头供头带收紧面罩用。

其他部件,如面窗、鼓鼻器、组合阀、二级减压器、微量调节阀、口鼻罩、排气阀、通信装置等均与 TZ-300 型完全一样。

三、潜水服

潜水员进行潜水时,由于冷水的影响以及在水下停留时间较长,会遭遇到水中热量散失、水中化学污染、水中生物伤害及水下障碍物等引起的危险,必须要采取某种形式的防护,因此,潜水服就是最好的防护品。

潜水服种类有湿式潜水服、干式潜水服和加热式潜水服。此外,还配有潜水帽、潜水袜、潜水手套、潜水靴或潜水鞋及脚蹼等防护用品,潜水员可以根据水下条件和水下作业时间等具体情况来选择使用。下面主要介绍热水加热潜水服和干式潜水服。

(一)热水加热潜水服(图 5-21)

热水加热潜水服与标准的湿式潜水服相似,但是按设计它可以接受外接热源提供的热水,因此可以保持体温。这种潜水服由 3 mm 或 6 mm 厚的双面尼龙氯丁橡胶制成,为一件式结构,在前面有一个入口拉链。潜水服外装有导管系统,可使热水通过服内的小孔均匀地分配至潜水服内。控制阀安装在腰侧,使潜水员能够控制热水流量,从而达到控制潜水服内的温度。须注意,供给潜水员的热水不得中断,因为这种潜水服不如标准湿式潜水服那样紧身,因此如果热水供应中断,保暖的热水层会迅速散失,会使潜水员立即受冷。在极冷的条件下,穿上 3 mm 厚的潜水背心有助于保持体温。

热水水源可安放在水面,用泵直接将热水输送给潜水员,为了保持体温,应不间断地以 5.6~7.5 L/min 的流量向潜水员输送热水。当环境温度为 10℃时,需用 34~36℃的热水;当环境温度为 2℃时,需用 38~40℃的热水。

(a) 浅水加热系统　　　　　　(b) 深水加热系统

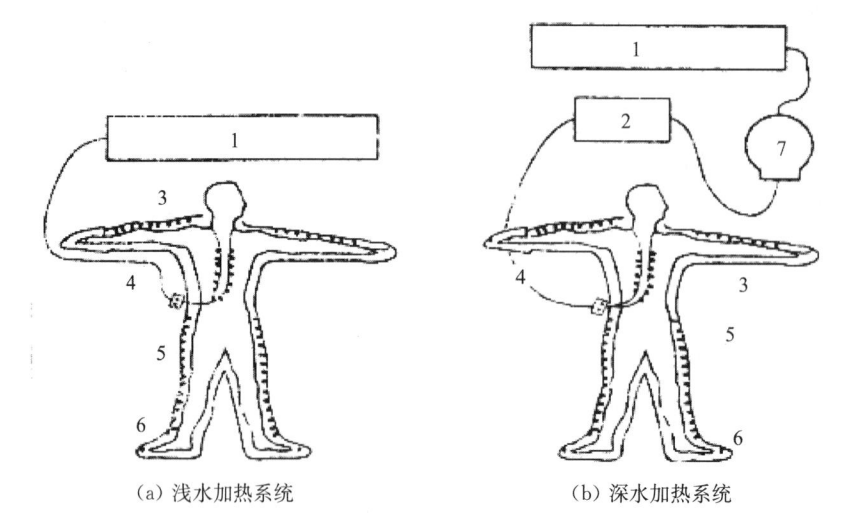

1—热水加热器；2—气体加热器；3—手套；4—热水软管；5—热水加热服；6—靴子；7—潜水钟

图 5-21　热水加热潜水服

(二) 变容式干式潜水服(图 5-22)

变容式干式潜水服为一件式潜水服，干式潜水服是可以将人体与水完全隔绝，并能极其有效地为潜水员保暖的潜水服。它是由闭孔泡沫氯丁橡胶制成的，可在极冷的水中长时间有效地保持体温，这种潜水服很轻，不需要水面支援，适用在边远地区作业。它既简便又可靠，因而大大减少了保养与维修的要求。

图 5-22　变容式干式潜水服

这种潜水服本身由 3 mm 或 6 mm 厚的闭孔泡沫氯丁橡胶制成，其里衬和表面均有尼龙层。按设计，该潜水服可套在保暖衬衣的外面，为一件式结构。潜水员可通过一个压密水密拉链进入潜水服内。头帽和靴子与潜水服连在一起，但是手套则分开。为防止潜水服裂开,所有接缝均为缝合。由于膝部是活动最多的部位,因此,在潜水服的膝部牢牢地贴上膝垫,以减少漏水的可能。

这种潜水服通过一个进气阀充气,该阀与潜水员的空气气源相连,安装在供气调节器的低压接头上,潜水服内的空气可经过排气阀排出,排气阀安装在与进气阀相对应的胸部一侧。通过操纵这两个阀,负重合理的潜水员可在任何深度控制浮力。

这种干式潜水服可提供良好的热防护,而且还可以起防风外衣的作用;因此,与穿着其他潜水服相比,穿着该潜水服的潜水员在水面时要舒服得多。

在寒冷的天气中潜水时,应特别注意防止潜水服的进气阀和排气阀结冰。向潜水服充气时,如果使气体持续地充入而不分几次、以很短的时间快速充入,会导致进气阀在开启位结冰,如果进气阀在开启位结冰,潜水员就会面临潜水服过度充胀和失去浮力控制的危险。如果潜水服过度充胀,超过了排气阀的排气能力,潜水员可将一臂举起,使过多的气体经潜水服腕部封口泄入手套。应将手握成空心拳,另一只手抓住手套的掌部,这样才能使潜水服内的空气经手套腕封口泄出,而不必脱下手套。

使用这种潜水服之前,要求潜水员熟悉它的特点,了解它的局限性,包括下述内容:

(1) 由于这种潜水服体积庞大,水平游泳会引起疲劳;

(2) 如果潜水员处于水平状态或头朝下,空气会进入脚部,引起过度充胀,脚蹼或潜水鞋容易脱落,因此会失去浮力控制;

(3) 进气阀和排气阀可能容易失灵;

(4) 接缝、拉链裂开或潜水服穿孔会使潜水服突然急剧地失去浮力,同时使潜水员进一步受到寒冷的威胁。

计划使用这种潜水服的潜水员,应充分熟悉制造厂商的使用说明书,并预先进行适应性潜水训练。切不可盲从。

四、脐带

水面供气需供式潜水装具的脐带包括:供气软管、测深管、通信导线和加强缆。此外,根据潜水的要求,还可以包括热水管。供气软管、测深管和热水管由耐油橡胶内层、二层纤维编织增强层和耐磨、耐酸碱、耐老化的橡胶外层构成。脐带长度有 30 m 和 60 m 两种规格,当所需长度超过 60 m 时可用两根连接。它每隔 0.2～0.4 m 左右用胶布或胶带绑扎。脐带的组件均装配在不间断的脐带管中或用帆布包扎起来(图 5-23)。

1. 供气软管

供气软管的水面端连接水面供气控制台,水下端连接头盔或面罩的主供气接头上。软管的内径为 10 mm,外径为 20 mm,工作压力为 4.4 MPa,最小弯曲半径为 120 mm,工作温度在零下 20℃至零上 90℃之间。加压时因其内径增加,软管的长度可能减少,从而使脐带的其他构件打折。为防止此类问题,购买软管前应确定其缩短的百分率。

图 5-23 潜水脐带

为便于记录保存,所有空气供气软管均应标上序号。最好采用在使用时不易损坏、不易脱落的金属标签带。每条软管均应保存有购买、测试和使用的记录。

2. 通信电缆

通信电缆必须经久耐用,不会因脐带受力而断开;其外部的套管应防水、防油和抗磨。在浅水潜水中,宜使用装有氯丁橡胶外套管的多芯屏蔽线,常用电缆是 4 芯线。在一般情况下,仅使用其中的 2 根导线。如果在使用时其中一根导线断开,可用其余导线进行快速的现场维修。水下端和水面端应多出 0.2~0.3 m,以便安装接头、进行维修和连接通信器材。

电缆装有与头盔或面罩电缆相匹配的接头,通常使用 4 芯线防水插座式快插接头。当彼此连接时,4 个电插脚牢牢固定,并能形成水密,使电缆与周围的水隔绝。这些接头应模压在通信电缆上,以便牢牢固定和防水。装配工作应由专业人员进行。现场安装时,在橡胶绝缘带上再包上一层塑料绝缘带是很有效的,但不如特殊模压法的效果好。电缆的水面端应装有与通信装置匹配的接头,通常为标准式线头接栓型插头。有些潜水员也在水下端采用简单的线头接栓或接线柱与面罩或头盔连接。电缆两端备有焊料,待两端插入接线柱后即可固定。这种方法与上述专用接头相比,使用效果虽较差,但比较经济,因而也普遍使用。

在潜水作业中,目前普遍使用双导线"按压-通话"通信装置。

3. 测深管

空气测深软管是一个小型的软管。其开口的一端位于潜水员胸部位置与水接触,软管的另一端与水面供气控制台的气源和测深表相连,并由测深阀控制。测深表是一个精确的压力表,用以确定潜水员的所在深度,其刻度用 MPa 表示。只要测深表不被滥用,并能定期校正,它就能准确可靠地测出潜水员的深度。测深管的内径为 6 mm,外径为 13.5 mm,工作压力为 4.4 MPa。最小弯曲半径为 7.5 mm,工作温度为 -20℃~90℃。

测深管有两个作用：一是测深。当需要测水深时，打开测深阀，此时气压应大于水压。让气体把测深管内的水压出管外去，然后关闭测深阀，当压力表上的指针逐渐回落直至停止不动后，此时，压力表上的读数就是实际的深度，见图5-24。二是应急供气，当潜水员的供气软管中断供气（如爆裂等）而又不能立即上升出水时，潜水员可用测深管插到头盔或面罩内，由测深管供气，供气的余压在0.2～0.3 MPa范围内较舒畅。

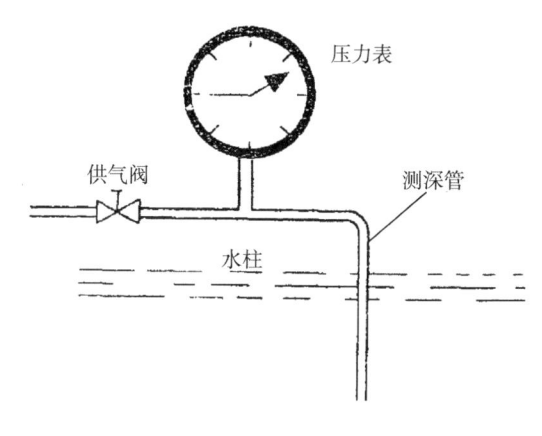

图5-24 测深

4. 加强缆

加强缆通常采用直径12 mm聚丙烯缆索，其作用是作为支承供气软管、测深管、热水管及通信电缆的依附物，水下端用潜水快速锁紧扣固定于潜水背带上。

5. 热水软管

脐带热水软管的水面端连接加热装置，水下端连接热水加热潜水服接口处的接头上，用于向潜水员提供热水保护。其规格：内径为13 mm，外径为24 mm，工作压力为4.5 MPa，最小弯曲半径为16 mm，工作温度在－20℃～90℃之间。

热水软管的绝热层可减少向周围水中散热，软管装有能快速解脱的凹形接头，以便与安装在潜水服上的供水歧管相匹配。为了方便起见，热水软管与潜水员的供气软管与通信电缆并在一起。

6. 脐带组件的装配

脐带的各个组件应该用黏合剂施压裹牢。裹带通常用40～60 mm宽的聚乙烯层压布带或粘布带。装配之前，应将各个部件展开，彼此靠近，检查有无破损或异常。所有配件和接头应预先安装好。装配脐带组件应遵循下述规定：

（1）加强缆的终端应钩住潜水员的安全背带，通常位于潜水员左手一侧的半圆环里。这样，从水面将脐带拉紧时，拉力会作用于安全带，而不会作用于头盔、面罩或接头上。

（2）如果在头盔和脐带主供气软管之间采用一条轻的、比较柔软的鞭状软管（很短的一段软管),也应相应地调整通信电缆和供气软管长度。

(3)潜水员安全背带连接点和面罩或头盔之间的软管和电缆应保持足够的长度,使头部和身体活动时不受限制,又不会对软管接头造成过大的拉力;但是,留出的软管长度不宜过长,不得在安全背带接头和面罩之间形成大环。

(4)加强缆和其余组件水下一端还应装有D型圈或弹簧扣,以便系到安全背带上。其位于水面的一端也应固定到一个大的D型圈上,这样才可以将脐带的水面端固定在潜水站。

7. 脐带的盘绕和贮存

将脐带软管装配完毕后,应将软管和通信接头保护起来,再进行贮放和运输。软管两端应盖上塑料保护罩或者用带子裹住,以防止异物进入和保护螺纹接头。脐带软管可以用8字形缠绕到卷筒上,也可以一圈压一圈地盘绕在甲板上。如果盘绕不正确,均朝着一个方向,会引起扭绞,进而给使用带来困难。每次潜水结束后,应检查脐带,以确保不致发生扭绞。盘绕好的脐带应该用绳索系牢,以防搬运时散开。为防止脐带在运输过程中损坏,可将脐带放入一个大的帆布袋中或者用防水油布包起来。

五、背负式应急供气系统

背负式应急供气系统主要由潜水员自携的气瓶、一级减压器及一根中压软管等组成。

(一)自携式应急气瓶(图5-25)

它由钢瓶、气瓶阀、气瓶背架等构成。配套的标准气瓶容积为(12±0.5)L,工作压力为19.6 MPa。如果在潜水钟内进行出潜时,潜水员为了出入较方便,也可另外选配7 L或5 L的小气瓶。水面供气需供式潜水装具的应急气瓶瓶阀一般不选用带信号阀的。

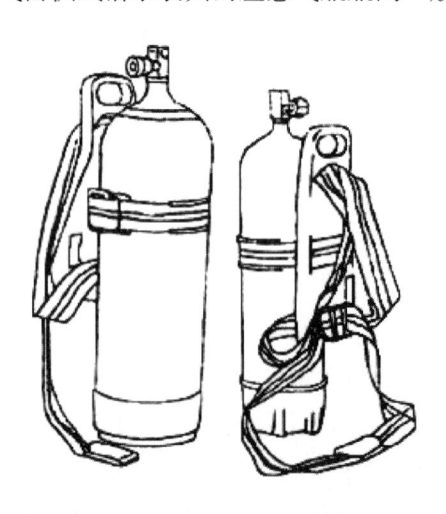

图5-25 自携式应急气瓶

该系统应随时处于工作的临界状态。潜水员着装时，将减压器及中压软管分别连接应急气瓶和头盔或面罩的应急阀接头上，并将气瓶阀打开。该系统应始终以高于潜水深度的静水压 0.88~1.08 MPa 的余压供给潜水员备用应急气体。

绝大多数情况下，应急阀处于关闭状态。只有当水面主供气系统发生故障时，才打开应急阀，此时气体即被引入组合阀内，起到与主供气系统同样的作用。在任何情况下，潜水员一旦启用应急供气系统进行呼吸时，潜水员必须立即停止水下工作，上升出水。

（二）一级减压器及中压软管（图 5-26）

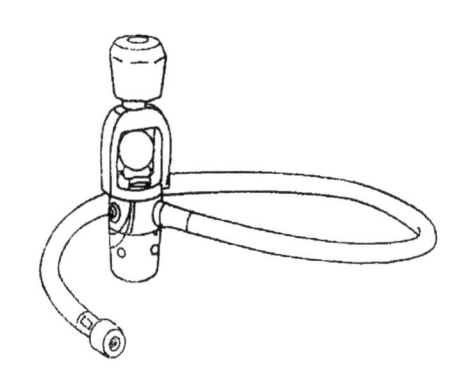

图 5-26　一级减压器及中压软管

一级减压器是采用活塞式结构，具有动作可靠、工作稳定、气量充足、外形美观、易于维修和保养等优点，其输出不受气源压力的影响。当气瓶输入压力为 3~19.6 MPa 时，输出的工作压力调节为 1.0±0.1 MPa，实际潜水时减压器输出压力随水深的增加而自动跟踪。减压器输出口有四个接头孔，分别安装中压软管、安全阀和干式保暖服充气接头（或备用），另一个为高压输出（HP）。中压软管的工作压力为 1.5 MPa，其作用是把应急气瓶的气体通过调节后引入组合阀阀体。

一级减压器工作原理和自携式潜水装具的一级减压器相似。

六、附属器材

水面供气需供式潜水装具的附属器材有：潜水背带、脚蹼、压铅、气瓶测压表、潜水对讲电话、潜水刀、潜水手表、深度表、指北针、入水绳、行动绳、减压架、潜水钟、潜水梯、工具袋、水下电筒及水下灯等，使用时可以根据需要选择符合要求的器材。除潜水安全背带外，其他附属器材均已在有关章节中作了介绍。

潜水安全背带用高强度尼龙纤维编织，并镶有三只不锈钢半圆环，潜水员穿戴时，腰部左、右两侧各有一只半圆环，供潜水员固定脐带或工具。背部上方的半圆环是供在紧急情况下用来提升潜水员用的，见图 5-27。

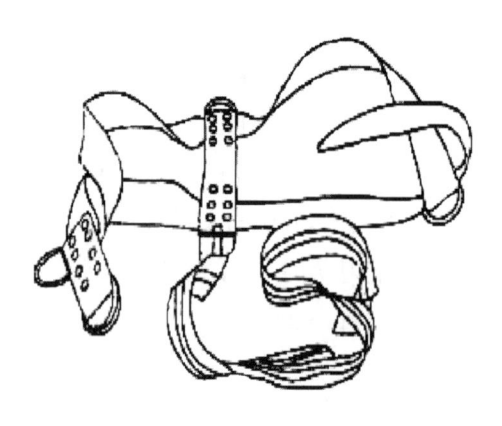

图 5-27　潜水背带

第三节　潜水前的准备

一、人员的组织与分工

使用水面供气需供式潜水装具进行潜水作业时,其人员的组织分工与重装潜水基本相同。由于水面需供式潜水装具机动灵活,携带轻便,可减少对水面支援的要求,因此其人员配备可比通风式潜水略为减少。

潜水监督应向全体潜水人员特别是作业潜水员讲述潜水任务、作业步骤、安全应急措施及人员配备等事宜,使所有人员了解潜水计划中的各项工作。

二、装备检查

潜水站的组织安排应有条不紊,所有潜水装具和保障设备应按规定摆放在指定的位置。甲板上不得随意堆放装具,尤其是那些易遭损坏、易被踢落水中或者可能伤人的物件。应确定并遵守装具的放置标准,这样潜水队的所有人员都知道各类装具的存放位置。

每次潜水之前,必须仔细地检查所有的装具是否有变质、破损或腐蚀的迹象,并进行所需的性能试验。装具的检查包括个人装具和应急装具。为了防止漏掉任何一个项目,应采用一个周密准备的检查表。该表包括潜水站必须具备的所有物品和器材,包括潜水服、附件、工具、急救物品、减压表、缆绳、锁扣、软管和缆绳的备件及接头,以及在安排潜水中通常需要的或可能需要的任何器材。

1. TZ-300 型头盔和 MZ-300 型面罩检查

1) 目视检查

(1) 所有的连接必须可靠。

(2) 所有的橡胶、塑料零件不应出现老化或裂缝。

(3) 鼓鼻器来回活动要灵活。

(4) 整套头盔或面罩不应缺少任何零部件,损坏的零部件必须予以修理或更换。

2) 头盔或面罩密封性检查

TZ-300 型头盔与其颈部密封组件连接时,颈部密封组件上的锁紧装置能快速地锁紧或解脱。

检查 MZ-300 型面罩密封性时,先关闭旁通阀和应急阀,然后潜水员面部贴紧面罩中的面部密封垫进行吸气,如感到气短、憋气,说明面罩密封性能良好。

3) 二级减压器检查

将供气软管与止回阀连接,其供气压力调至 0.9~1.1 MPa 之间,气量调节装置调节到自供而未供状态,按动手动供气按钮,其空行程应在 0.5~2.0 mm 之间,按到底时应大量供气。

4) 组合阀检查

(1) 一级减压器的中压软管与应急阀连接,关闭旁通阀,打开应急阀,由应急气瓶供气,检查止回阀和旁通阀是否漏气;

(2) 关闭应急阀和应急气瓶阀,卸下中压软管后,将脐带中的供气软管与止回阀连接。并将供气压力调至 1.4 MPa,检查应急阀是否不漏气。然后打开旁通阀应大量供气。

2. 潜水服检查

1) 湿式潜水服

湿式潜水服不应有损坏或橡胶变质老化等现象。拉链来回拉动要灵活。

2) 干式潜水服

干式潜水服不应有损坏或橡胶变质老化等现象,水密拉链来回拉动要灵活。穿上干式潜水服,向服内充气,观察 5~10 min,检查其气密性,以及手动供气阀和手动排气阀是否灵活。

3) 热水加热潜水服

热水加热潜水服不应有损坏或橡胶变质老化等现象,热水管接头应没有锈蚀、撞坏、漏水等现象。

3. 脐带检查

脐带的检查:把脐带的水下供气接头与头盔或面罩上的止回阀接头连接,关闭旁通阀;脐带的水面端接头与水面供气控制台的气体输出接头连接,然后向脐带充气,待压力平衡时关闭进气阀门,观察 30~60 min 或更长时间,并用肥皂水检查脐带和供气控制台上的接头、阀门是否漏气,也可观察控制台上的压力表读数,是否有明显下降的现象。检查加强绳是否有老化、损坏等现象。热水管和测深管接头应良好,无老化、堵塞、破损漏气等现象。

4. 背负式应急供气系统检查

1) 应急气瓶的检查

应急气瓶压力足够,气瓶阀开、关灵活。

2) 一级减压器的检查

如果长时间放置在库房未用,须进行如下检查:

(1) 目视检查,一级减压器外部是否生锈,各部件是否齐全;

(2) 将一级减压器上的安全阀取下,并在螺孔上装上一个 $0\sim2.5$ MPa 范围的压力表,检查其输出压力是否符合要求。操作方法与自携式潜水装具的一级减压器相同。

3) 潜水安全背带

安全背带的尼龙带不应有损伤现象,半圆环不应有严重锈蚀现象。

5. 通信系统检查

将脐带通信电缆的水下端与头盔或面罩上的受话器连接,水面端与潜水对讲机连接。并用对答数字(如1、2、3……)的方式来测试对讲,检查通信情况。

6. 附属器材检查

全面检查潜水作业所需的附属器材和作业工具是否齐备完好,检查入水绳、减压架、减压架缆绳和连接装置,保证各减压停留站已严格标出。

7. 供气系统检查

检查潜水供气系统是否满足现场要求,并确保处于良好的工作状态。

第四节　水面供气需供式潜水程序

与其他潜水一样。水面供气需供式潜水应按照潜水基本程序,在潜水前制订潜水计划,做好各项准备工作和应急部署。潜水实施时,应遵循下列水面供气需供式潜水程序。

一、着装

着装程序视所用的潜水服和头盔或面罩的类型而定,由潜水服生产单位提供具体着装说明书。开始着装前,应开动供气系统,头盔或面罩应完全处于备用状态。水面需供式潜水装具的一般着装程序如下:

(一) TZ-300型潜水装具的着装

(1) 穿潜水服、佩戴潜水刀、潜水手表等。

(2) 系好安全背带。

(3) 颈托从颈后插入颈部,见图5-28。

（4）两手拉开颈圈，使头伸入颈圈中，然后整理颈圈，使之舒适地裹紧颈部，见图5-29、图5-30。

图 5-28　带颈托　　图 5-29　带颈圈　　图 5-30　整理颈圈　　图 5-31　潜水员捧住头盔

（5）佩戴适量压铅，并整理好快速解脱扣。

（6）背上气瓶并系结牢固。

（7）脐带扣固定在安全背带上左边半圆环里，使头盔不受脐带的牵制。测深管盘成小圆圈后插放在安全带上的胸部位置。此时一名照料员或潜水员自己提着头盔，见图5-31。

（8）把一级减压器装在气瓶阀上并打开气瓶阀，关闭应急阀，然后戴上头盔，见图5-32。

（9）带附属品并穿上脚蹼。

（10）调节手动供气旋钮至接近自供气状态。

（11）把头盔后的挂桩伸进挂攀中。

（12）推上锁紧装置，并确认连接紧密，不松脱，见图5-33。

（13）检查通信系统。

（14）咨询有关事宜，确认呼吸良好后，即着装完毕（见图5-34），可请示潜水监督要求准备入水。

图 5-32　戴头盔　　图 5-33　推上锁紧装置　　图 5-34　着装完毕

(二) MZ-300型潜水装具的着装

(1) 穿潜水服、系安全背带。

(2) 测量气瓶压力(总储气量能满足返回),背上气瓶并系结牢固。

(3) 佩戴适量压铅,并用快速解脱扣系结好。

(4) 脐带扣固定在安全背带上左边半圆环里,使面罩不受脐带的牵制。测深管盘成小圆圈后插放在安全背带上的胸部位置。此时可由一名照料员或潜水员自己托住面罩,见图5-35。

(5) 将一级减压器装在气瓶阀上,并打开气瓶阀,关闭应急阀,然后戴上面罩并拉上拉链,见图5-36。

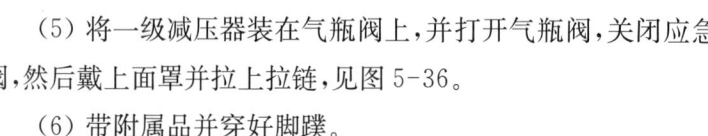

(6) 带附属品并穿好脚蹼。

图 5-35　潜水员捧住面罩

(7) 固定头带至潜水员最舒适状态,见图5-37。头带佩戴的方法是:先将右下一根预先固定,再把左下一根固定,然后再扣中间一根,最后固定余下两根支带,以口鼻罩能与面部密封为度。

(8) 调节供气旋钮至接近自动供气状态,见图5-38。

(9) 检查通信,询问有关事宜,确认呼吸良好后,即着装完毕(图5-39),可请示潜水监督要求准备入水。

图 5-36　戴上面罩并拉上拉链　　图 5-37　扣上头带

图 5-38　调节供气旋钮　　图 5-39　着装完毕

（三）注意事项

（1）压铅带应该配带在所有装具的最外面，并用快速解脱扣系结。

（2）询问确认气瓶阀已打开，应急阀已关闭。

（3）装具穿戴要求至少有两名合格的潜水员做照料员，来协助潜水员的整个着装。

（4）脐带扣固定在安全背带半圆环时，须托好头盔（或面罩），避免中压软管受过大扭力。

（5）须最后戴上头盔或面罩。

（6）所有穿戴细节，都应以满足潜水员的最舒适感觉为准则（如头带的固定）。

（四）潜水监督做最后的检查工作

完全着装好的潜水员，在入水之前，潜水监督应对潜水员做如下项目的最后检查：

（1）检查潜水现场是否可以开始潜水作业；

（2）检查潜水员是否正确着装；

（3）检查气量调节装置的调节是否适当；

（4）试验对讲系统；

（5）检查潜水员所有必需的辅助器材和工具是否佩戴齐全；

（6）核实压铅带已系在其他所有系带和装具的外面，气瓶的底缘不会压住它；

（7）检查潜水刀的位置，确保不管抛弃什么装具，潜水员可以将它带在身上；

（8）确保应急气瓶阀已完全打开，并倒旋 1/4～1/2 圈，且应急阀已关闭。

二、入水和下潜

如果从船上开展潜水，待潜水员着装、检查装具等工作程序全部完毕后，潜水监督应通知船长"潜水员准备入水"。经船长允许后，潜水作业方可开始。入水方法应视所用的潜水平台或船型而定，顺潜水梯入水时，潜水员须由信号员帮忙。动作要缓慢，要小心。接近水面时尤其应如此，谨防潜水员被波浪推离潜水梯。如果用减压架入水，潜水员应站在减压架平台或座位的中央，并紧紧抓住减压架绳索。潜水监督一发信号，绞车操作员和缆绳管理员应绷紧减压架绳索，然后应按照发出的相应信号，用减压架吊索和稳定索起吊、引导并把减压架放入水中。如果采取跳跃入水时，潜水员必须按住面罩，此时信号员一定要充分放松潜水员的脐带。入水方法与自携式潜水相同，可参考第四章自携式潜水的入水方法。入水后要做好最后一次水面检查。当潜水员确信自己已完全做好开始潜水的准备时，应向潜水监督报告。此时，信号员将潜水员拉至入水绳旁。

潜水员接到"下潜"口令以后方可下潜，下潜速度不宜过快；一般不得超过 15 m/min。到达水底后应及时发出信号，水面供气减压阀应根据下潜速度随时调节供气压力，保证供气余压为 1 MPa 左右，下潜过程中如遇下列情况时要冷静处理。

（1）下潜过程中面罩上如出现雾气时，可打开旁通阀吹除面罩雾气，同时平衡面罩内外压力。

（2）当感到耳痛等症状时，必须停止下潜或稍稍上升，用塞鼻装置堵塞鼻孔，鼓气调压消除耳痛。

（3）着干式潜水服下潜时应分别在 15 m、30 m、45 m、左右，按动一下潜水服上的供气按钮，使内外压力保持平衡。

（4）按动二级减压器的手动按钮，可排除口鼻罩内的积水。

（5）如果水面主供气系统发生故障，潜水员应打开应急供气阀，由背负式应急系统供气。此时潜水员应立即返回水面。

（6）一旦二级减压器发生故障，可打开旁通阀，由第二供气系统向头盔或面罩内作通风式供气。

（7）到达工作深度时，应将自己的水下状况向水面报告。

三、水底停留

（1）到达作业点后，潜水员应调节供气流量至呼吸最顺畅状态，检查自己的身体状况。当站立休息时，应感到舒适而呼吸正常。如果感到呼吸急速、呼吸困难或浅促、不正常的出汗或感到太热、眩晕、视物模糊，或者头盔（面罩）的面窗上出现有雾气，可调大手动供气旋钮让供气量增大，或打开旁通阀，作短暂通风、休息，确认感觉良好后再进入下一阶段的工作。

（2）接着潜水员必须根据一些线索，如脐带的引导、电话联系、海底的自然特征、海流的方向或太阳的位置，来确定自己在水底作业点的方向。

（3）将脐带在臂上缠绕一圈，当缆绳突然放松或拉紧时，可起缓冲作用；缓慢而谨慎地行进，注意安全，保存体力。

（4）如果遇到障碍物，应保证能从原路返回，又能尽量避免脐带被绞缠。

（5）如果在布满礁石或珊瑚的海底游动，应注意不使脐带绞缠在露头岩石上，防止陷入裂缝之中。注意那些可能划破脐带、潜水服或潜水员手脚的锐利凸出物。此时，信号员必须特别仔细地适当收紧脐带，降低绞缠的可能。

（6）进入任何狭窄的场所时，可先用脚进去试探一下，不要用力挤入刚好能进入的进出口。

（7）如果在缆索或系船设施周围工作，应注意：

①不要在拉紧的缆索旁停留，如果可能，不得从缆索或系船设施的下面通过；不要接触那些在水中已久、布满藤壶的缆索或系船设施。

②如果要移动缆索或系船设施，潜水员必须返回水面；如果潜水员不出水，应到确定

不会发生危险的地方。

③未经确切的验证,不得砍断缆绳。

④准备从海底起吊重物时,应选择强度合适的缆绳,水面平台应尽量直接位于起吊重物的上方。起吊重物之前,潜水员应上升出水。

总之,应依据水下具体情况作出具体的应对措施,在保证潜水员安全的前提下进行潜水作业。凡遇有异常、危及潜水员安全的情况,应随时中断该次潜水;报告水面,并能顺利、安全地返回水面。

对于具体的有关潜水作业方面的内容,不同的环境有不同的实施方法和不同的作业技巧,这里不做一一介绍。

四、上升出水

(1) 完成了该次潜水作业,或到了规定的上升时刻,又或者接到水面的上升通知,应着手准备上升出水。

(2) 潜水员正常上升之前(非紧急情况下的上升),首先应整理自己水下所用工具、器材,清理好脐带并拉至身旁,然后报告水面"离底"。

(3) 水面电话员听到潜水员"离底"报告后,准确记录好离底时间,信号员缓慢回收脐带,回收不要太紧也不要太松,按潜水员上升速度,可适当用力缓慢地向上拉紧脐带帮助潜水员上升,以减轻潜水员打脚蹼所消耗的体力。

(4) 上升过程中,潜水员应平稳、自然地呼吸;不能屏气,以免肺气压伤。

(5) 上升速度不宜过快,一般在 18 m/min 之内为宜(如采用吸氧水面减压表,速度为 7.5 m/min)。

(6) 按深度和时间来考虑是否需减压。如需水下减压,应通知潜水员,并严格按照减压表的规定进行。严禁快速上升出水(紧急上升除外,此时应考虑进加压舱,进行水面减压、治疗)。

(7) 沿入水绳上升时,应注意避免上升时脐带与入水绳之间的绞缠。当采用减压架、潜水吊笼或潜水钟上升时,也应注意脐带与其发生绞缠的情况。

(8) 潜水员到达水面后,电话员或信号员应记录潜水员的出水时间。

五、潜水后的操作

1. 卸装

1) TZ-300 型潜水装具的卸装程序

(1) 脱下脚蹼,上平台(特殊情况除外);

(2) 打开颈部密封组件的锁紧装置,取下头盔,由信号员或潜水员自己用手提住,首先满足潜水员呼吸自然空气的要求；

(3) 关闭气瓶阀,卸下一级减压器；

(4) 打开安全背带上的脐带扣,解下安全背带上的测深管；

(5) 卸下压铅；

(6) 卸脱应急气瓶；

(7) 解脱所有附属品,脱下安全背带、潜水服；

(8) 旋松手动供气调节旋钮。

2) MZ-300型潜水装具的卸装程序

(1) 脱下脚蹼上平台(具体条件可具体处理)；

(2) 解脱头带并拉开头罩上的拉链,取下面罩,由信号员或潜水员自己托住,首先满足潜水员呼吸自然空气的要求；

(3) 关闭气瓶阀,卸下一级减压器；

(4) 打开安全背带上的脐带扣,解下测深管；

(5) 卸脱压铅、气瓶、所有附属品；

(6) 解下安全背带,脱下潜水服；

(7) 旋松手动供气调节旋钮。

2. 潜水后,应检查装具有无损坏,潜水服和装具的各个部件须用淡水冲洗,并进行必要的维护和保养、适当的润滑。

3. 潜水员要如实回答潜水监督的询问,报告水下工作完成情况、遇到的问题。

4. 潜水后,潜水监督应尽可能长时间地对潜水员进行观察,警惕发生减压病和肺气压伤等问题的可能性。

第五节　潜水装具的维护保养

一、常规维护保养

(1) 每次潜水后用清水冲洗装具的各个部件和附属器材,晾干后再入库贮存。

(2) 本装具在存放期间应避免受压,避免曝晒,避免接触油类、酸碱类物质。

(3) 存放装具的仓库应通风性良好、干燥,温度保持在-10~30℃,空气湿度应保持在40%~60%左右。

(4) 钢瓶应严格按照国家压力容器有关规定进行管理和使用,定期检验。检修瓶阀时，须先解除压力。

（5）脐带应盘成"∞"形状，两端的所有接头都应用胶布包好，以保护螺纹和防止异物进入脐带。

（6）对于湿式潜水服、干式潜水服或热水加热潜水服，在冲洗干净晾干后，应喷上滑石粉并用大衣架挂起。

（7）装具在贮存期间应定期保养。

（8）零部件的检查与保养方法：

①检查所有阀件的阀座和阀头上的填块橡胶件和工程塑料件损坏情况及压痕深度；

②检查"○"型圈、橡胶垫圈、工程塑料垫圈是否变形；

③检查弹性膜片橡胶是否与金属片分离，单向阀片是否变形；

④拆卸后的橡胶件和金属件应在热肥皂水中洗涤，然后用淡水冲洗干净；

⑤弹性膜片和单向阀片以及阀头上的填块橡胶件和垫圈，应涂上硅油后，再重新安装；

⑥所有"○"型圈和活动的金属零部件应涂硅脂润滑再重新安装；

⑦面罩或头盔内的受、送话器在每次潜水完毕后，应将其防护水套拆开，取出晾干后再存放；

⑧面罩组的头罩和潜水服拉链应涂上硅脂，并拉上拉链。

二、主要部件的日常维护保养

（一）二级减压器的气量调节阀维护保养

（1）拧开填料盖，卸下填料压盖以及带有调节螺杆、垫圈和"○"型圈的调节旋钮；

（2）倒出弹簧座、组合弹簧和柱塞；

（3）用螺丝刀拧出调节旋钮上的固紧螺钉，使调节旋钮与调节螺杆分离，取下垫圈和"○"型圈；

（4）分别清洗气量调节阀的所有零件；

（5）检查各零部件的损坏情况，发现损坏给予维修或更换；

（6）用硅脂润滑活动零部件和"○"型圈；

（7）维修保养完毕后重新按顺序装配；

（8）调节旋钮旋转灵活，最后拧松气量调节阀旋钮。

（二）二级减压器的维护保养

（1）拆下二级减压器夹箍，取下上盖和弹性膜片；

（2）清洁二级减压器内腔；

（3）检查弹性膜片和呼气阀片是否老化或损坏，必要时应更换；

（4）在弹性膜片和呼气阀片上涂上一层硅脂；

(5) 维修保养完毕后,再按顺序重新装配。

(三) 二级减压器的手动按钮维护保养

(1) 将水面供气软管或背负式应急供气系统与止回阀接头连接;

(2) 供气压力调至 0.9~1.1 MPa 之间,气量调节阀调节到临近自供状态;

(3) 按动手动供气按钮,其空行程应在 0.3~2.0 mm 之间,当按到底时,应能大量供气;

(4) 如果二级减压器需要调节,仍应维持 0.9~1.1 MPa 的压力,可用专用扳手调节进气阀杆上的螺母,直到符合要求为止。

(四) 止回阀(单向阀)的维护保养

(1) 卸下止回阀;

(2) 取出并清洗阀头和弹簧,必要时更换磨损的"○"型圈;

(3) 用硅脂润滑活动零件和"○"型圈;

(4) 按顺序将止回阀装配后打开应急阀,并从应急阀接头处向内吹气,观察止回阀是否漏气。如果漏气,必须再次拆卸进行检查,直至气密为止;

(5) 检查止回阀符合气密要求后,再用嘴在止回阀接头处用力吸气和吹气,检查其是否开启和关闭灵活。

(五) 干式潜水服的维护与保养

(1) 每次使用后,用淡水冲洗外部,拉上拉链并涂上润滑油,用大衣架挂起晾干;

(2) 干式潜水服用过五次以后,应给拉链涂上防水润滑油;

(3) 进气阀和排气阀用后须彻底清洗,潜水前和潜水后都要涂上润滑油;

(4) 袖箍、颈圈和面部封口在每次潜水前和潜水后也需用纯硅酮喷雾剂加以润滑。

第六节 紧急情况应急处理

虽然水面供气需供式潜水装具兼具通风式和自携式潜水装具的优点,可靠性极高。但这只是装具本身的不断完善,水下环境的复杂性及潜水涉及的各种因素,仍有可能导致种种紧急情况的出现。

一、主供气中断

在水面供气需供式潜水中,由于某种原因导致压缩空气无法通过供气软管供给潜水员呼吸,这种紧急情况称为主供气中断。

主供气中断的原因有:脐带破断或被重物卡、压住不能供气;供气控制台发生故障;

空气压缩机或储气瓶组发生故障等。

发生主供气中断后,潜水员应立刻打开应急阀,启用应急供气系统供给呼吸气体,然后根据下列不同情况采取相应的处理办法:

(1)潜水员没有被缠住。此时潜水员应立即上升出水,同时报告水面。水面信号员慢慢回收脐带,并做好水面减压的一切准备。

(2)主供气中断而潜水员被缠住。此时,水面信号员应打开测深管(此时是供气软管破断)的供气阀,潜水员把测深管从下颚处插进头盔或面罩内,并关闭应急阀,用测深管呼吸,并着手解除绞缠。

(3)潜水员被缠住,测深管也破损,不能提供呼吸气体。此时,脐带可能被重物完全卡压住,而潜水员自身无法解除。潜水员应请求水面派预备潜水员协助解决。预备潜水员立即下水抢救,帮助潜水员脱险。

预备潜水员顺着潜水员的脐带下潜至潜水员的工作地点找到遇险潜水员,把自身的测深管(此时应打开测深管的供气阀)从潜水员的下颚处插进其头盔或面罩内(也可由潜水员自己把测深管插进),潜水员应关闭自己的应急阀。在预备潜水员的帮助下解除绞缠,处理完毕后通知水面,并与遇险的潜水员一起上升出水。

(4)水面供气控制台故障或空压机发生故障。应立即启动备用供气系统。潜水员背负的应急气瓶的供气量有限,如果潜水员失去主供气并缠住时,不应长时间连续使用应急气瓶,应使用测深管进行呼吸,尽量保留应急气瓶的气体。不到万不得已,不能像丢卸自携式潜水装具一样,作紧急自由漂浮上升。

二、通信联系中断

发生通信中断的原因有:通信系统损坏;潜水员失去知觉。

通信联系中断的应急处理办法有:

(1)没有收听到潜水员有节奏的呼吸声,呼叫又没有得到潜水员的回答。此时,信号员拉脐带"一长拉"(你感觉如何?),如果潜水员正常(原因是电话机或线路通信损坏,而不是其他原因时),潜水员也拉脐带"一长拉"(我正常)。信号员拉脐带"三长拉"(上升出水)。潜水员拉脐带"三长拉"(我上升)后,中断潜水作业,上升出水。

(2)没有听到潜水员的呼吸声,呼叫没有回答。信号员应拉脐带"一长拉",没有收到潜水员的回答信号,此时信号员应慢慢地回收脐带,按 18 m/min 的上升速度把潜水员拉出水面,立即在现场实施急救,如现场备有加压舱,应迅速送进加压舱内急救或治疗。

(3)没有听到潜水员的呼吸声,呼叫没有回答。信号员拉脐带"一长拉"后潜水员没有回答信号,信号员回收脐带也收不动,这证明潜水员失去知觉并缠住。这时应派预备潜水员尽快下潜到潜水员的工作地点,到达时首先打开潜水员旁通阀,赶快解除其绞缠,然后信号员可以比正常上升快一些的速度回收潜水员和预备潜水员的脐带。上升过程中,预备潜水员应保护潜水员的头部,不停地、间断性地压迫潜水员的胸部,使其胸内多余的气体排出体外(因上升过程中气体体积会膨胀),防止肺撕裂伤。到达水面时,预备潜水员应立即除去受伤潜水员的压铅,以减轻受伤潜水员的重量,以便水面人员容易把遇险潜水员拉到潜水工作平台上,立即展开急救。

三、脐带绞缠

潜水员只要发现自己的脐带绞缠,必须立即停止工作,判断绞缠的原因。盲目地拖曳或挣扎,只会增加问题的复杂性,也可能导致脐带破裂。如果脐带绞缠在某个障碍物上,应按原路返回,一般可以解脱。同时,在任何时候,都应及时和水面联系,得到信号员的帮助,随时能收回或放松脐带,保证脐带松紧程度不影响工作而又不易发生绞缠。

如果潜水员绞缠在入水绳上,又不能顺利地自行解脱,必须将潜水员和入水绳一起拉出水面;或者将入水绳靠近水底压重物(砣)的一端割断,从水面将入水绳拉出。因此,潜水时一般不采用潜水刀割不断的缆绳作入水绳下潜。如果工作条件要求采用钢缆或链索等作为入水绳时,必须有相应的预防措施。

四、头盔、面罩的脱落

原因:颈部密封组件松脱;头带断裂,头罩拉链开启;上、下卡箍未压实头罩,造成头罩与面罩本体脱落。

应急处理办法有:有中压软管与应急阀连接,应能较容易地找到头盔、面罩,重新戴回头上,一手按压住(尽量使嘴鼻伸进口鼻罩内),另一手调节手动供气旋钮的进气量,然后锁好头盔的快速锁紧装置或拉好面罩的头罩拉链并固定好头带。潜水员也可以按压住面罩本体,使自己能呼吸到口鼻罩内的气体,然后报告水面,上升出水,水面信号员回收潜水员脐带。出水后重新检查,装配好装具。

五、放漂

潜水时,潜水员失去控制能力,从水底快速地漂浮出水面,称为放漂。水面供气需供式潜水装具进行潜水时,也有可能发生放漂。发生放漂的原因有:信号员拉绳过猛、过速;水流的推力使潜水员脱离水底或入水绳,并被带至水面;潜水员因意外体位倒置,造成干式潜水服裤腿部位充满大量的气体,亦可使体位失控而发生放漂、压铅意外脱落、救生背心充气过度或失控等。

潜水员发现潜水服内气体过多,有向上漂浮的感觉时,可用手打开潜水服的安全排气阀排气或举起任意一只手,伸至高于头部,并用另一只手拉开袖口,把潜水服内的气体排出,让身体恢复正常状态。如果来不及处理而造成放漂,潜水员已漂浮到水面,应尽快设法使双脚下沉,然后翻身成正常漂浮状态。同时,按前面的方法处理,调整好浮力和稳性。此时要注意,不能排气过多而造成负浮力,致使潜水员迅速下沉而产生不良的后果。与此同时,潜水员应将发生放漂情况告诉水面人员。

潜水员放漂后本身无法排除时,需水面人员进行协助,可利用脐带立即将潜水员拉向潜水梯。若遇到潜水员已漂浮在水面而脐带却在水下绞缠住拉不动时,水面人员应根据具体情况,派预备潜水员下潜协助解脱绞缠。

六、看不见入水绳或行动绳

有时潜水员会看不见入水绳或摸不到行动绳。如果找不到行动绳,潜水员应在手臂所能及的范围内或在每侧距离几步的范围内仔细搜索。如果潜水深度在 12 m 以浅,应通知信号员,并请求拉紧脐带。此后,信号员应设法引导潜水员找到入水绳。潜水员可被拉离水底一小段距离。重新找到入水绳后,潜水员应通知信号员将其放下。如果潜水深度在 12 m 以深,信号员应有步骤地引导潜水员找到入水绳。

七、面窗破损

使用水面供气需供式潜水装具时,面窗发生破损的可能性不太大。万一发生破损,面窗应朝下,略增加气量,以防漏水。

八、潜水服撕破

若变容式干式潜水服被撕破,应立即终止潜水。在此情况下,潜水员虽不会溺水,但机体受寒会使体质减弱。如配有头盔的闭合式潜水服被撕破,潜水员应保持直立位置并上升出水。

思考题

1. 简述水面供气需供式潜水装具的供气原理。
2. 水面供气需供式潜水装具的优点有哪些?
3. 水面供气需供式潜水装具的头盔与面罩有哪些部件相同?
4. TZ-300 型潜水装具和 MZ-300 型潜水装具有哪些组成相同,可以互换使用?
5. 止回阀(单向阀)的作用是什么?
6. 怎样检查止回阀的性能?

7. 旁通阀的作用是什么?
8. 二级减压器的气量调节阀(调节旋钮)的作用是什么?
9. 每次潜水前应对潜水装具进行检查,是否有必要?
10. 简述二级减压器的工作原理。
11. 潜水前,信号员应做好哪些准备工作?
12. 潜水前,应如何摆放装具?
13. 潜水员在水底停留时,应注意哪些问题?
14. 潜水员下潜时,应注意哪些问题?
15. 潜水员上升时,应注意哪些问题?
16. 潜水结束后,应对潜水装具进行哪些常规的维护保养?
17. 穿戴干式潜水服的潜水员发生放漂时,应如何处理?
18. 当怀疑一级减压器有问题时,你应做哪些检查?
19. 怎样对二级减压器进行维护保养?
20. 对干式潜水服如何维修保养?
21. 水面主供气中断时,应如何处理?
22. 当电话员没有收听到潜水员的呼吸声,呼叫询问又没有得到潜水员回答时,信号员应如何处理?
23. 当水下潜水员需要预备潜水员救护时,预备潜水员应如何尽快找到遇险的潜水员?
24. 如果潜水员的脐带绞缠在入水绳上不能解脱应该怎么办?
25. 潜水员在水下时,颈部密封组件松脱,造成头盔脱落时,应如何处理?
26. 潜水员在水下工作结束后准备上升出水,但看不见入水绳,这时应如何处理?

第六章　潜水保障系统

潜水保障系统是潜水作业、潜水应急保障和医务保障不可缺少的系统。它的主要作用是保障潜水作业的供气需要和提供高压环境。

潜水保障系统的核心是加压舱设备系统。它是一种特制的耐压容器,通过注入压缩气体,在舱内形成一定的高气压环境,以便进行潜水员的模拟潜水锻炼、水面减压、加压治疗等高压作业。

第一节　潜水供气系统

在潜水作业现场,对水下潜水员提供符合要求的呼吸气体是保障潜水员生命安全、健康和提高劳动生产效率的重要环节。潜水供气系统应满足下列要求:

(1) 所提供的压缩空气质量必须符合国家标准《潜水呼吸气体》(GB 18435—2001)规定的纯度要求。见表 6-1。

表 6-1　压缩空气纯度要求

气源名称	成　份	技术指标
压缩空气	氧	含量 20%～22%
	二氧化碳	含量≤500 ppm
	一氧化碳	含量≤10 ppm
	水分	露点≤−43℃
	气味	无异味
	油雾	含量≤5 mg/m³

注:ppm 为 10^{-6}

(2) 在所有体力负荷条件下,供气流量应能满足水下潜水员呼吸通气量的要求。供气流量的大小取决于所用潜水装具的类型。

①通风式潜水装具的供气流量：

$$Q_{V_1} \geqslant K \times (d/d_0 + 1) \qquad (6-1)$$

式中：Q_{V_1}——使用通风式潜水装具的潜水员在水下从事给定劳动强度作业时所需的供气流量，L/min；

　　　K——头盔中二氧化碳的混合速率，L/min，

　　　　　轻劳动强度：$K=65$，

　　　　　中劳动强度：$K=100$，

　　　　　重劳动强度：$K=190$；

　　　d——潜水作业深度，m；

　　　d_0——静水压强每增加 0.1 MPa 时的水深，相当于 10 m。

②水面供气需供式潜水装具的供气流量：

$$Q_{V_2} \geqslant q_1 \times (d/d_0 + 1) \qquad (6-2)$$

式中：Q_{V_2}——使用水面供气需供式潜水装具的潜水员在水下从事给定劳动强度作业时所需的供气流量，L/min；

　　　q_1——常压下潜水员从事给定劳动强度作业时的通气量，L/min；

　　　　　轻劳动强度：$q_1=30$

　　　　　中劳动强度：$q_2=40$

　　　　　重劳动强度：$q_3=65$

　　　d、d_0 含义同上。

使用需供式潜水装具时，供气流量还应满足潜水员瞬时最大流的要求。

（3）供气压力必须能克服潜水深度的静水压力及空气流经潜水软管、接头、阀门及调节器时所引起的压力损失，并有一定的供气余压。供气余压的大小视所用的潜水装具类型而定。

（4）使用高压气瓶组作为潜水员的气源时，气体储备量应充足，并有适当的余量。

（5）备用供气系统应有提供所有水下潜水员用气量的能力，当主供气设备发生故障时，备用供气设备必须能立即投入工作。

潜水供气系统的组合形式较多，但一般均由空气压缩机、油水分离器、空气过滤器、储气瓶、水面供气控制台及管路系统（包括管件、阀门、减压器等）组成。图 6-1 是一个常见的潜水供气系统原理图，从空压机 1 出来的压缩空气，流经油水分离器 2，除去其中的大部分油雾和水汽后，进入储气瓶 3，再经过空气过滤器 4 净化后，才输送到供气控制台 5，供潜水员呼吸用。该系统中包括有高压气瓶组 6，经空气减压器 7 减压后供潜水员呼吸，它既可作为主气源（如果储气量足够大），也可作为备用气源供紧急情况下使用。

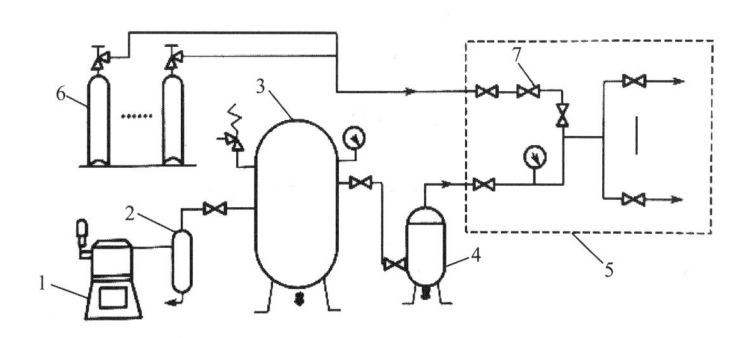

1—空压机；2—油水分离器；3—储气瓶；4—空气过滤器；5—供气控制台；6—高压气瓶；7—空气减压器

图 6-1 潜水供气系统原理图

潜水供气系统与加压舱的供气系统原则上相同，有些潜水母船为了简化设备，两者共用一套装置，但当两系统同时工作时，必须采取严格的分隔措施，以免互相影响。

大多数普通船舶上均配置有船用空气供气系统，如果增加少量装置（如空气过滤器等），使该系统能够满足空气的纯度、气量和压力的要求，并有足够的备用气量，那么这些系统也可临时用来提供潜水用气。

下面简要介绍潜水供气系统的一些设备。

一、压气泵

压气泵（图 6-2）的主要部件是气缸、活塞和杠杆。使用时，通过人工按压杠杆，使活塞在气缸内来回移动，通过进气孔吸进空气，经过气缸时空气被压缩，再经排气孔将压缩空气输出。

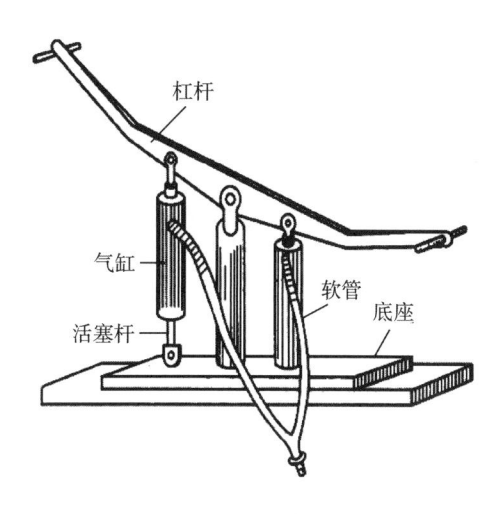

图 6-2 压气泵

国产潜水用的压气泵有两个气缸,每个气缸的容积约 3 L,可用于 20 m 以浅潜水时的供气。现在除了在郊外偏僻区域和少数私营从业者以外,已很少使用。

二、空气压缩机

空气压缩机(简称空压机)是一种压缩与输送空气并使其具有压力的机械,是潜水供气系统中生产压缩空气气源的设备。潜水用的空压机要有足够的排量,以提供足够的呼吸气,而且它所提供气体的压力也要高于潜水员所在深度的环境压力,并有一定的余压。

空压机可按不同的特点进行分类:

(1) 按工作原理分有活塞式、离心式和轴流式三种;

(2) 按结构型式分有立式、卧式和"V"型;单缸和多缸;单作用和双作用等;

(3) 按冷却方式分有水冷式和风冷式;

(4) 按排量分有小排量(10 m³/min 以下)、中排量(10~30 m³/min)、大排量(30 m³/min 以上)三种;

(5) 按压力分有低压(0.2~1.0 MPa)、中压(1.0~10 MPa)、高压(10~100 MPa)三种;

(6) 按润滑方式分有飞溅式润滑和压力式润滑两种;

(7) 按驱动方式分有电动式和机械发动机等形式。

国产空压机的产品型号一般以气缸的数目、排列形式、排气量多少、最终排气压力等主要技术指标进行组合命名,如 2 V-0.67/7 型空气压缩机,即表示该机气缸数目为 2 只,气缸排列方式为"V"型,排气量为 0.67 m³/min,产气时的最大工作压力为 0.7 MPa (7 N/cm²),图 6-3 为 2 V-0.67/7 型空压机的外形图。

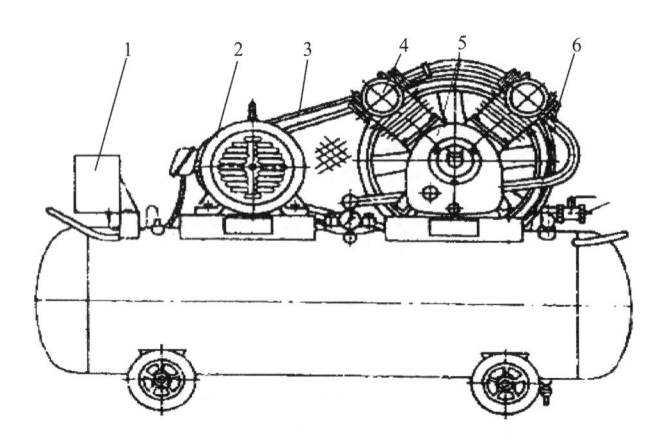

1—压力自动调节器;2—电动机;3—传动皮带;4—气缸;5—压缩机;6—冷却管

图 6-3　2 V-0.67/7 型空压机外形图

与空压机相配套的设备在下一节内容中详述。

第二节　加压舱系统及生命支持系统

一、加压舱系统

加压舱系统是由众多设备组装而成的用于造成高气压环境的系统。通过相应设备的作用,得以生产、清洁、储存、控制、输送和使用压缩空气。加压系统的组合类型较多,但其基本工作原理都是一致的,只是布局有所差异。其主要设备有:空气压缩机、空气过滤器、储气瓶、集中控制台、加压舱体、加压舱操纵台和输气管道等,此外,还有供电系统、观察通信系统等配套设备。

加压系统设备的配置顺序取决于所用的压缩空气的流程,即:空气压缩机→过滤器→集中控制台(充气)→储气瓶→集中控制台(供气)→加压舱操纵台→加压舱(或通过供气操纵台至潜水装具)。它们彼此之间用管道连接,并有相应的示压压力表和控制阀门等,加压舱系统组成如图6-4所示。

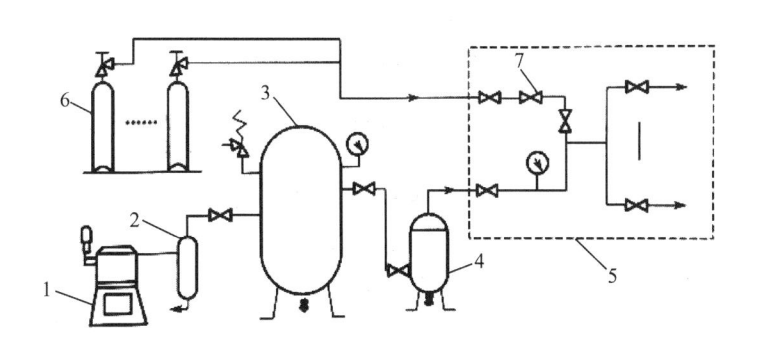

1—空气压缩机;2—油水分离器;3—干燥器;4—过滤器;5—供气控制台;6—储气瓶;7—排污阀;8—加压舱;9—加压舱操作台;10—供氧设备

图 6-4　加压舱系统组成示意图

(一)空气压缩机

空气压缩机是提供加压舱使用所需压缩空气气源的动力设备。按工作压力不同可分为高压、中压和低压空压机。空压机可由电动机或内燃机驱动。

空压机所能生产压缩空气的最高压强,即为该机的工作压。通常用 kPa(千帕)或 MPa(兆帕)表示。例如,空压机的工作压是 20 MPa,就是指该机生产的压缩空气其最高压强为 20 MPa。产气量是指空压机每分钟排出压缩空气的体积与其工作压的乘积,就是空压机每分钟能吸进常压空气的体积。用于供加压舱用气的空压机,应满足加压舱的用气要求。

为了保证压缩空气的质量,在空压机的进气口装有除尘器,各级气缸及连通管路周围均有冷却装置,在各级气缸出口处还装有油水分离器,以除去压缩空气中的尘埃和水汽以及空气压缩过程中产生的油蒸气。

(二) 空气干燥器及过滤器

空气干燥器及过滤器(或称除湿器和吸附过滤器)是用以除去压缩空气中的油、水、杂质及部分有害气体成分,使压缩空气符合潜水员呼吸气体的纯度标准,以供加压舱加压或潜水呼吸使用。它是一种钢制圆筒状耐压容器,可安装在空压机与储气瓶之间(其工作压应与空压机工作压一致),也可安装在储气瓶与加压舱之间(其工作压应与供气气源压强一致),或两处皆有。一般按先干燥后过滤的顺序串联安装(图 6-5)。

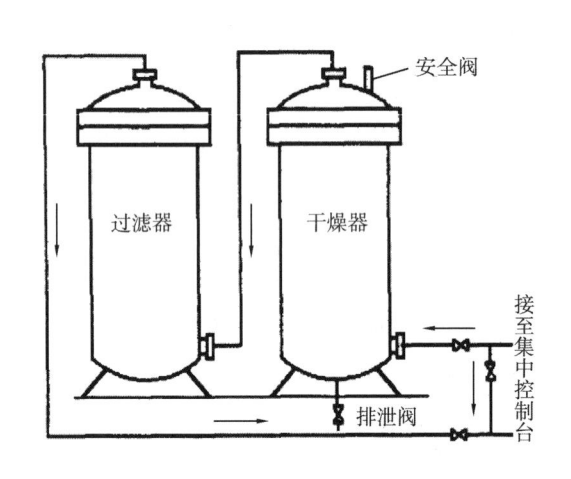

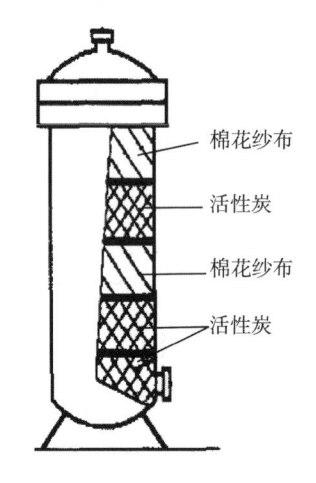

图 6-5 空气干燥器及过滤器连接示意图　　图 6-6 过滤器内装填示意图

过滤器(吸附过滤器)内部分为若干层,分别装填颗粒活性炭(15 号)、活性炭、棉花和纱布等吸附过滤材料(图 6-6)。经过除湿、过滤后,压缩空气内残存的油、水及部分有害气体可被除去。比较干燥、纯净的压缩空气便可输入储气瓶储存。

(三) 储气瓶

储气瓶是钢制的耐压容器,用管道与供气控制台相连,用于储存供加压舱加压、通风换气和潜水员进行潜水时呼吸所需使用的压缩空气。

根据不同设计,储气瓶工作压力可分为高压(工作压为 15~20 MPa)、中压(工作压为 2.5~4 MPa)和低压(工作压为 0.7~1.5 MPa)三种类型。船用加压系统和使用压力较高的陆用加压系统多采用高压储气瓶;低压储气瓶多用于高压氧舱和工作压力低于 0.7 MPa加压舱。

储气瓶的安装形式以立式为多，其优点是占地面积小，并有利于压缩空气中残余油水的排除。根据加压舱系统的供气要求，储气瓶应按数量不同而并联地分成若干组，以便交替转换使用。这样做的好处是：

（1）不会因某一气瓶或气瓶组有故障而影响全局；

（2）在某几组气瓶向加压舱或潜水装具供气的同时，其他气瓶组可充气；

（3）使用中要求迅速升压时，可多组气瓶同时供气，以保持足够的供气余压和供气量。

每一组储气瓶均设有进气截止阀和排气截止阀，分别与供气控制台相连。当用空压机向某一组储气瓶充气时，该组气瓶不能同时又向加压舱供气，而应由另一组储气瓶向加压舱供气。这样做的好处是：

①可防止在使用中空压机发生故障而造成供气中断；

②由于空压机产气过程是断续的，气量有限，因而不能满足迅速提高舱压的要求，且"脉冲式"气流会给人以不适感；

③由空压机排出的压缩空气温度较高，充入储气瓶后，随着储存时间延长，会进一步冷却，其中的油蒸气和水蒸气也会进一步离析出来，从而使压缩空气更为洁净。这不仅提高了压缩空气的卫生质量，而且在向加压舱供气升压时，舱温也不至于升得太高。

每组储气瓶都装有压力表和安全阀，气源压力不应超过规定的工作压力。在夏季或易受温度影响的情况下，应降低气源的压力，确保安全使用。压力表和安全阀应按规定使用，并定期进行检验。

高压储气瓶中的气源必须经减压后才能供加压舱使用，中压和低压气源可不经减压直接供加压舱使用。当气源向低压管路或系统供气时，在低压系统中应配设压力表和安全阀。

（四）集中控制台

集中控制台（又称供气控制台）是控制高压气体流向和流量的枢纽，根据需要可分设压缩空气供气控制台和人工配制混合气体供气控制台；也可合并为一个集中控制台。无论何种形式，其共同结构都是由管路、阀门和示ží仪表等依照特定的设计要求而组成。压缩空气供气控制台是把空气压缩机产生的压缩空气导向储气瓶（通常称为"充气"），或把储气瓶内的压缩空气输送到加压舱或潜水装具（通常称为"供气"）。因此它起导向、阻断、调节流量的作用。为了保证控制台操纵人员与空气压缩机操作人员、加压舱操作人员彼此之间的联系，控制台还设有对讲电话和报警装置。

（五）加压舱

加压舱是一种钢制耐压容器。它可分立式、卧式两类，体积大小随不同用途的需要而异。其用途是注入压缩空气后使舱内形成一个高气压环境,供加压锻炼、模拟潜水、水面减压、治疗潜水疾病等使用。其工作压力也因不同需要而有所不同,但其基本要求是一致的,就是:①舱壁结构要有足够的抗压强度,要有一套能调节舱内气压的装置;②要有足够的使用空间和合适的舱室划分,以便进行必要的活动;③要有必需的附属设备。

1. 舱室

加压舱的舱室划分根据不同使用目的而定,有单舱、双舱和三舱三种。一般常用的是卧式双舱结构,即加压舱壳体内被球型隔壁分成两个独立的舱室,大小不同。大的是供加压使用的主要舱室,称主舱;小的是供人员在主舱承压情况下调压后出入主舱使用,称副舱,又称过渡舱。卧式双舱因其使用要求不同可分为双舱双门式、双舱三门式和双舱四门式等型。现以双舱四门式加压舱(图6-7)为例介绍如下。

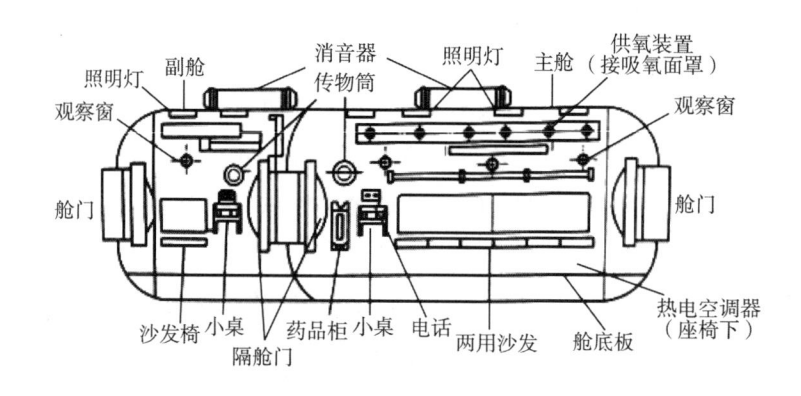

图 6-7 双舱四门式加压舱

加压舱总长度7.4 m(主舱5.4 m,副舱2 m),直径(内径)2.1 m,有效总容积21.8 m³(主舱14.6 m³,副舱7.2 m³),工作压强为2.5 MPa(25 kg/cm²)。其特点是副舱既可作过渡舱,亦可单独加压使用,这就使加压舱的使用更为方便、合理。

2. 舱内主要设备

(1) 生活用品:舱内设有床铺(副舱只有沙发椅)、小桌、沙发座位。若需使用被褥、污物桶、便溺器等物品,应在加压前临时带入舱内。

(2) 通信联络装置:设有对讲电话、电声信号和紧急信号按钮以及必要时使用的敲击信号锤和敲击信号表(表6-2)。此外,舱壁上还有两个内外传递小件物品的传物舱(主舱、副舱各一个)。

(3) 照明、观察装置:舱顶有照明孔,装有抗压有机玻璃,可使舱外照明光线射入舱内。两侧舱壁上装有观察窗若干个,供观察舱内情况使用。

表 6-2 加压舱敲击信号表

发向舱内的信号意义	信 号	发向舱外的信号意义
感觉怎样	(·)	感觉很好
不明白,重复一次,继续	(·)(·)	不明白,重复一次,继续
开始减压	(·)(·)(·)	开始减压
开始加压	(·)(·)(·)(·)	开始加压
通风	(··)	通风
改用氧气减压	(··)(··)	改用氧气减压
关好内盖	(··)(··)(··)	关好内盖
外盖已关好	(··)(··)(··)(··)	外盖已关好
警报信号	(······)	警报信号

(4) 医疗急救用品:应预先准备好,在加压前放入舱内。凡不能抗压的密封物品不宜带入舱内,以免压坏或发生危险。若必须使用,在不影响质量的前提下应预先打开。

(5) 空气调节设备:舱内装有半导体冷热空气调节器,可将舱温调节在要求的适宜范围,以利于舱室空气的改善和舱内人员的健康。

(6) 供氧装置:加压舱无论用于何种目的,一般都设有供氧装置。当舱压降至可安全用氧的范围内(一般为 180 kPa,即 1.8 N/cm^2)时,舱内人员即可吸纯氧,以缩短减压时间,保证减压安全。

3. 控制和调节舱内气压的结构和部件

舱内气压的控制和调节是通过操纵台上的各种阀门和压力表来实现的,尽管操纵台的具体结构布置不尽相同,其基本工作原理一致,即通过控制进、排气的速度和气量来调节舱内压力。具体部件包括:

(1) 进气阀:打开进气阀后,压缩空气进入舱内,使舱内压力上升,升压速率可根据需要进行控制和调节,直至形成所需要的高气压环境。

(2) 排气阀:打开排气阀,排出舱内压缩空气,使舱内压力下降,其下降值和速率可根据需要进行调节和控制。直至降为零(常压)。

(3) 当舱内需要气体更新,又不使舱内压下降或升高时,可同时打开进气阀和排气阀,使进气量和排气量相等,即可达到通风换气的目的。

(4) 平衡阀:介于两舱室之间的互通阀门,当需要主舱与副舱的压力平衡时,先分别调整主、副舱压同达某值后,再打开平衡阀,使两舱室压力确实完全相等,便可打开舱隔门。

(5) 安全阀:位于加压舱体顶部。当舱内压力超过其工作压时,安全阀自动开启排气,使舱内压力下降。同时发生响声报警,提醒操纵人员注意,并采取相应措施。

二、潜水生命支持系统

生命支持系统是提供适宜、安全的居住环境条件,供潜水员在一定压力下正常生活和作业的设备系统。人在高气压环境下"居住",尤其是在密闭和狭小的环境里生活和工作,除了高气压本身对机体的影响外,还有密闭空间里微小的气候、生活条件等诸多因素对机体的影响。这些因素的控制要比常压下复杂得多,如该环境下的压力、温度、相对湿度、氧分压、二氧化碳分压和各种有害气体成分的含量等,都必须有一系列相应的设备来精密地控制。这些设备主要有:呼吸气体成分的监控设备;压力、温度、湿度的监控设备;二氧化碳和其他有害气体成分的监控设备;饮食、饮用水供应及排污设备;医学监护设备;电视监护、通信联络、应急、防火等系统设备。这些设备的安装使用,无论采用自控、半自控或手控操作,都应达到性能可靠、确保安全的要求。

(一) 呼吸气体成分的监控设备

1. 配气、供气设备

该设备包括各种混合气体的配气供气控制台;储存气体的储气瓶组;提高混合气压力的增压机。

氧气的储备量应满足减压和治疗疾病时的需要,以及保证舱内人员的代谢氧的消耗量。

2. 氧分压的监控装置

氧分压的监控有自动和手动两种。自动控制系统是由舱内的氧分压传感器,舱外的氧分压监控仪和补氧控制阀所组成。当舱内氧分压值低于监控仪上定值器所规定的氧分压值时,即发出信号,通过补氧阀向舱内补氧或增大补氧量,直至达到规定的氧分压值;反之亦然。补充的氧气一般用纯氧,也可以用高浓度氧混合气,由配气供给系统供给。

手动监控时,操作程序要求基本相同,只是舱内氧分压值的监测、补氧量调节操作等要由操作人员来执行,因而要求操作者态度严谨、技术熟练、操作准确,防止发生误操作。

(二) 二氧化碳和其他有害气体成分的监控设备

由于供给舱内的气体难以保证绝对纯净,加之舱内人员的机体新陈代谢,因而舱室内不可避免地含有某些二氧化碳及其他有害气体(如甲烷、硫化氢、一氧化碳、氨等),当这些有害成分达到相应的高分压(浓度)时,将单独地或协同地对机体产生毒害作用。因此,必须将舱内二氧化碳分压值控制在 0.5 kPa(3.8mmHg)以下;一氧化碳分压控制在 2 Pa 以下;总烃不超过 2 Pa。为此,应有相应的检测仪表及气体净化装置,使舱内的气体在循环过程中,除去二氧化碳和其他有害气体,使它们始终不高于呼吸气体卫生学纯度标准的极限。

净化装置由二氧化碳吸收器、净化器和过滤器组成。通常采用钠石灰来吸收二氧化碳,用活性炭来吸附生活臭气及部分有害气体,最后再通过过滤器除去气体中的杂质和吸收剂粉尘。净化装置一般设置两组,并联安装,轮流工作,以保证使用的连续性。

(三) 舱压监控设备

加压、稳压和减压过程中,要求舱压相对稳定,这就需要有舱压监控系统设备来进行控制。该系统是由压力显示仪表、控制阀门和超限值报警装置等设备组成。其控制方式也分为自控和手控两种。控制精度受压力显示仪表和操作者的熟练程度所影响。为了提高操作精度,应减少压力显示仪表的误差,一般可采用分档的方法来显示压力(如高压、中低、低压等不同量程的压力显示仪表)。

(四) 温、湿度监控设备

对于要求条件较高的加压舱,一般应设有舱内环境温、湿度的控制功能,温度一般控制在 30～32℃范围内,相对湿度则要求控制在 50%～70%,以保证舱内人员的舒适性。

温、湿度的控制主要是利用空调装置来实现,该装置的负荷选择要与舱内热、湿负荷的实际需要相一致,控制方式宜采用自控和手控相结合的方式,以便在自控失灵时,改用手控操作。

第三节 加压舱系统的安全操作与管理

一、加压舱的操作方法

加压舱应由经过专业训练合格的技术人员负责操作。

(一) 加压前的检查与准备工作

(1) 打开压缩空气和氧气气源,了解气源的储备量和压力。

(2) 检查舱门、传物舱、观察窗、阀门、仪表、通话装置是否良好。

(3) 接通电源,打开舱内或舱外照明。检查舱内外各种治疗用品是否完备。

(4) 选择加压方案及减压方案。介绍进舱守则和舱内附属装置使用方法。

(5) 加压舱配有空调装置时,应按规定的方法启动空调装置。

(二) 加压过程

(1) 关闭舱门并锁紧(锁紧程度以不漏气为宜)。打开进气阀缓慢升压,注意压力指示和舱门及各连接处有无漏气。

（2）加压初始阶段应缓慢升压，以适应舱内人员咽鼓管调压的需要。

（3）经常询问舱内人员的感觉和在加压过程中的中耳调压情况。当舱内人员发出耳部有不适信号时，应立即停止加压。

（4）注意舱内环境温度变化，当温度过高，舱内人员感觉不适时，可适当降低升压速率，或采用边加压、边通风换气的方法调节舱内温度。

（三）稳压过程

（1）注意舱内压力变化，保持压力稳定。如因阀门泄漏或其他原因使舱内压力升高或降低时，应及时补充或排气。

（2）根据舱内微小气候的要求，确定通风换气的间隔时间和换气量。通风换气应在稳压的前提下进行，尽量减小压力的波动范围。

（3）进行高压氧治疗时，应切实掌握吸氧的压力和时程，舱内人员吸氧前应先打开气源，再戴上吸氧面罩。在更换氧气气源时，不应使供氧中断。

（4）注意供氧情况，当发现耗氧量过多或过少时，应及时查明原因，并排除异常现象。严格控制舱内氧浓度，当超过 23% 时应及时加强通风换气。

（5）注意排氧装置的使用情况。当采用差压式排氧装置时，若发生明显漏气现象应立即停止使用；若采用流量控制式排氧装置时，应注意控制合适的流量，并定时监测舱内环境气体中的氧浓度。

（四）传物舱的操作方法

（1）打开传物舱内盖上的压力平衡阀，使传物舱内压力与加压舱的压力平衡。舱内人员待压力平衡后，再打开传物舱内盖。

（2）舱内人员将舱内需送出的物品放入传物舱内，关闭传物舱内盖并压紧，再将内盖上的压力平衡阀关闭。

（3）舱内人员向舱外操舱人员报告：舱内已操作完毕，可打开传物舱外盖。

（4）舱外操作人员先打开传物舱外盖上的放气阀，解除传物舱内的压力。当传物舱上的压力表指针降至零或打开放气阀直至听不到放气声后，再松开外盖上的回转环或锁紧装置。

（5）打开传物舱外盖，此时操作人员应站在外盖的一侧，不能站在传物舱的正面，以防误操作时外盖打击伤人。

（6）关闭传物舱外盖并锁紧，再将外盖上的放气阀关闭。

（7）通知舱内人员，可打开注气阀向传物舱内加压，压力平衡后打开后盖，取出物品，关闭内盖及注气阀。

（五）过渡舱的使用方法

在加压治疗过程中，如遇特殊情况需要有关人员进入主舱时，应先使过渡舱处于常压状态，待人员入舱后再关门加压，当过渡舱压力上升到与治疗舱相等时，即可打开舱隔门进入主舱。反之，若有人需提前出舱，此时可直接进入过渡舱内，关紧舱间隔门，按规定进行减压，等舱压解除后，打开过渡舱门出舱。

（六）减压过程

（1）减压前通知舱内人员做好有关准备工作，操作人员按规定的减压方案打开排气阀开始减压。在减压过程中严格掌握各停留站压力和停留时间。

（2）注意舱内温度。温度下降幅度较大时，可适当采取保暖措施。

（3）注意观察和保持规定压力，当因温度变化引起压力改变时，应随时调整。

（4）注意舱内人员的感觉，特别是病人的感觉，如病情发生变化或有其他不适感觉时，应及时报告负责医师，以便采取相应措施及时处理。

（七）出舱后的清理工作

（1）检查舱内各种装置是否良好，打扫卫生，必要时用紫外线照射消毒处理。

（2）关闭压缩空气和氧气气源控制阀，解除系统内的压力。将加压舱进气阀置于关闭状态，排气阀置于打开状态。

（3）关闭舱内或舱外照明，关闭各监测、监控仪器的电源开关，断开总电源。

（4）认真填写加压舱操作记录或使用经历，及时排除使用中发现的故障。

二、加压舱系统管理规则

（一）加压舱操作室管理规则

（1）非加压舱工作人员不得擅自进入加压舱操作室。

（2）进舱潜水员或病人应在规定的房间等候，不得随便进入加压舱操作室。

（3）保持室内肃静，工作人员和病人按要求进入加压舱操作室后不得喧哗。

（4）室内严禁放置易燃易爆物品，必要的物品应放置整齐有序。

（5）经允许进入加压舱操作室的人员，不得操纵室内设备。

（6）舱内外严禁烟火，任何人不得在加压舱周围吸烟。室内应设有消防器材。

（7）室内应保持清洁卫生，定期进行大扫除，保持地面和舱体上无灰尘。

（8）严禁在加压舱操作室内会客和娱乐活动。

（二）氧气供应室管理规则

（1）无关人员不得入内。

（2）室内应保持通风良好，以防室内氧浓度过高。

（3）室内不准堆放杂物。

(4)供氧操作人员必须熟悉供氧管路走向及减压器原理,掌握安全操作知识。

(5)操作人员不得带火种和易燃品进入氧气间,不得穿带钉鞋进氧气间操作。

(6)装卸气瓶时,动作要轻,以防剧烈撞击发生危险。

(7)氧气瓶是高压容器,应按照国家规定进行压力试验,合格后方可投入使用。

(8)绝对禁止在氧气室内吸烟和明火作业。

(9)供氧前严格检查供氧系统,不应有任何油污。

(10)定期检查氧气管路有无泄漏现象,发现问题,及时处理。

(11)供气时发现异常,要迅速关闭气源。

(12)氧气间的照明,必须采用防爆照明灯具及开关,或开关装在室外。

(13)氧气瓶禁止移作他用。

(14)禁止用带有油脂的手套操作氧气设备,工具经脱脂处理方可使用。

(15)氧气瓶开启应缓慢,阀门开足时应倒转半圈。

(16)严格执行交接班制度,并填好值班记录。

(三)机房及储气瓶管理规则

1. 机房管理规则

(1)无关人员不得进入机房。保持机房设备整洁。

(2)操作人员必须熟悉和掌握机械设备结构、性能、安全操作知识。

(3)机房内不得存放易燃物品和其他杂物。

(4)机房内应备有灭火器材,消防器材应定期维修保养。

(5)机房内的各种设备及物品严禁随意拆卸或挪用。

(6)机房内的设备必须有专人保管,按规定进行维修保养。

(7)机器运转过程中,操作人员不得擅自离开岗位,应经常监视各种仪表。

(8)机器设备运转时间要做好登记和统计,出现故障要及时汇报和排除。

2. 储气瓶管理规则

(1)储气瓶间应保持干净,不得存放杂物。

(2)操作人员必须熟悉和掌握储气瓶的性能及操作规章。

(3)管理人员定期检查管道接头有无漏气现象,察看气瓶有无异常情况。

(4)要定期对储气瓶进行排污。

(5)明火作业时应经领导批准,采取安全措施后方可进行。

(6)房间保持通风,室内温度夏季不得高于40℃,冬季不能低于10℃。

(7)气源减压器出现冻结时,不得采取明火烘烤,应用热水加温解冻。

(8)储气瓶每5年须经有关部门按国家规定进行压力试验和检修。

三、加压舱安全措施

加压舱是一个密闭的压力环境,当舱内环境气体为压缩空气时,其氧分压随着总压力的提高而增加。据实验证明,当压缩空气的压力大于 800 kPa(8 N/cm^2)时,如具有明火或电火花以及可燃物条件,则可引起剧烈燃烧;当舱内气体的氧浓度大于30%时,在较低压力即可引起燃烧。舱内一旦发生火灾将直接危及舱内人员的生命安全,故应切实做好预防工作。防火防爆的具体措施有:

(1) 舱内不设可产生电火花或热源的各种电器和开关;
(2) 接入舱内的各种电源,电压不得超过24～30 V;
(3) 照明方式应尽量采用舱外照明;
(4) 舱内各种电缆、电线应固定敷设,线头或接线端子应接触良好;
(5) 舱内各种电器装置外壳均应有效接地,地线应经接线柱接至舱外接地体;
(6) 挥发性可燃液体不应携入舱内;
(7) 舱内用具设施尽量用金属制作,减少和控制可燃材料制品;
(8) 舱内禁止吸烟,进舱人员在进舱前应交出火种;
(9) 进舱人员应穿软质拖鞋,不得敲击舱壁、观察窗和其他金属器具;
(10) 进舱人员不得穿着化纤或毛纺制品的衣服,防止产生静电火花;
(11) 供氧装置和吸氧面罩应有良好的气密性,应设置舱外排氧装置;
(12) 舱内人员吸氧时应严格控制舱内环境气体中氧浓度,最高不得超过23%;
(13) 舱内一旦发生火灾时,严禁通风换气,以防扩大火灾或复燃;
(14) 舱内应采用消防水或机械扑灭的方法迅速灭火。

四、加压舱工作人员要求

无论进行何种加压,加压舱工作人员至少应包括:1名加压监督员,1名潜水医生,1名舱内护理员和1名操舱员。

(一) 加压监督员

加压监督员负责全面工作。必须熟悉操舱的各个阶段和治疗的各个程序,必须确保通信、记录和治疗的各个阶段都按预先规定的程序进行。

(二) 舱内护理员

舱内护理员必须熟悉潜水疾病的诊断。在治疗病人的过程中,负责对病人的检查和护理。治疗初期,舱内护理员要不断注意观察病人有无症状消除的体征,观察这些体征是对病人作出诊断的主要方法。根据症状消除的深度和时间,确定所用的治疗方案表。但是,最后确定采用何种治疗方案表,必须由潜水指挥员和在场的潜水医生决定。

舱内护理员的其他职责包括：

(1) 关好舱门，检查舱门气密；

(2) 同舱外人员保持通信联系；

(3) 需要时，对病人实施急救；

(4) 向病人提供氧气；

(5) 根据需要，向病人提供一般性护理；

(6) 保持舱内清洁，需要时向舱外传送大小便及其他污物。

(三) 操舱员

操舱员的职责如下：

(1) 向舱内供气并控制气量；

(2) 记录治疗各阶段的时间(包括加压、各停留站、减压和治疗总时间)；

(3) 填写加压日记；

(4) 与舱内人员保持通信联系；

(5) 在病人治疗尚未完成期间，为舱内护理员出舱进行减压；

(6) 操纵传物舱。

(四) 潜水医生

潜水医生应经过专门训练，掌握处理潜水事故的方法。根据病人的症状、体征及潜水深度、时间、减压是否充分等资料作出诊断，同时拟定减压治疗方案。在加压治疗过程中，潜水医生应始终在场。病人病情严重时，必须有潜水医生陪舱，并根据病情变化，与潜水指挥员协商随时调整治疗方案。

第四节　潜水应急保障系统

一、潜水应急保障车

(一) 组成与用途

潜水应急保障车主要由高压空气压缩机、中压空气压缩机、储气罐、汽油发电机、潜水装具等组成(图6-8)。该车主要用来向潜水员提供潜水装具、潜水呼吸气体以及潜水作业所需的设备设施，为水下应急抢修工作提供保障。

(二) 高压空气压缩机

VF206高压空压机排气压力为15 MPa，其作用是为12 L气瓶充气。

图 6-8　潜水应急保障车系列

（三）中压空气压缩机

WH-5型中压空气压缩机由天津埃斯福林空压机有限公司生产制造，其压缩气体质量符合潜水呼吸用气GB 18435—2007标准，气源经储气罐至配气板，由配气盘分配后为潜水装具供气。

（四）储气罐

储气罐是贮存中压气体的压力容器，其工作压力为1.5 MPa，设计压力为2.5 MPa。其安全排放压力在出厂前已设定。

（五）配气板

配气板是对气源进行分配的装置，1.5 MPa气源经过其分配至各潜水装具接口。WH-5型中压空气压缩机气源经储气运输。可按需要操作配气板阀门，把气源分配至所用的潜水装具接口。

（六）汽油发电机

RGX3 500型汽油发电机单相额定输出功率为3 kW。作为夜间照明电源，亦可用作办公电脑及生活用品的电源。

（七）设备箱

车载设备箱一只，内放潜水装具、供气软管、潜水附属设备等。

（八）电控部分

潜水应急保障车设置一只电控箱，作为车上设备电路配电保护使用。电源由市电（三相四线制）通过对接电缆提供，亦可单独由50 kW柴油发电机组（三相四线制）提供。当市电输入电源的相序与设备相序不一致时，应及时调整输入电源接线。

二、操作及使用说明

（一）车辆定位

（1）潜水应急保障车到达抢修现场后，迅速将车辆停靠在抢修作业点最近处进行定位布场。

（2）电控部分连接三相四线制电源。

（二）潜水应急保障车的准备

（1）迅速打开车辆翻门，连接设备的对接气管及对接电缆。

（2）起动供气系统组进行调试备便，空压机要作第二次启动确认。

（3）现场负责人做准备内容的确认检查。

（三）潜水准备

（1）按潜水作业的需要和潜水规则的要求，检查准备潜水装具。

（2）连接潜水供气软管和气体分配箱接口。

（3）保障人员各就各位，各司其职。

（4）检查各连接部位的气密，确保符合要求。

（5）协助人员登工作船（艇）为潜水员着装。

（6）潜水员准备下潜。

（四）保障作业

（1）潜水员下潜。

（2）信号员、扯管员等各号保障人员认真配合，确保潜水作业的安全。

（3）潜水期间要保持潜水员、潜水作业平台、水面保障系统各位之间的通信畅通，确保电力、供气顺利。

（4）如中压空压机突然发生故障，应立即转换气路，由备用气源为其供气，以保证潜水员安全。

（五）工作结束

（1）潜水员卸装，关闭气源，并将潜水装备清理干净，软管两端加封后收卷于软管筐中。

（2）断开设备电源，连接电缆收卷后放置于规定的地方。

（3）收回布场时的所有设备并复原归位。

（4）潜水应急保障车返回基地。

三、系统维护及注意事项

（一）日常保养

（1）每星期检查装备一次、设备试车一次。保证设备运转正常，并记录在案。

（2）各设备、装具的维修、保养，应严格按有关维修保养说明书要求，并记录在案。

（二）保障任务后的保养

（1）车辆与设备返回基地后，应将其置于干燥通风的室内，场地应适合平常维修保养工作。

（2）清理所有设备、装具。

(3) 仔细检查配电箱内电器安装螺钉、接线螺钉、设备接线是否松动;电缆线外包皮是否损坏,对轻微损坏处用绝缘胶带包扎好,外包皮损坏严重应重新更换电缆线。

(4) 仔细检查气路管外表面是否损坏,发现不符合使用要求时,应立即更换。

(5) 系统每次使用过后,必须用兆欧表检查各电缆线,线间绝缘应大于 1 MΩ;检查各电缆线两端插头之间相应导线的连通性,阻值应为零;检查结果应记录在案。

(三) 注意事项

(1) 使用过程中,要注意保持各移动电缆插头座的清洁,不用时盖上护盖,防止杂物堵塞。脱开插件时,严禁用力拉拔电缆线,以防导线拉脱。

(2) 在系统接入市电时,先关闭所有电器元件,断开控制屏上的自动断路器。

(3) 在起动设备时,必须检查电源的相序。

(4) 紫铜管气路不得有硬物撞击,如有损伤,应立即更换。

(5) 本系统所有气管均按船标规定用颜色标记(示意范围如下。深蓝:15～20 MPa;中蓝:1～5 MPa;浅蓝:<1 MPa)。维修保养时,严禁在压缩空气未排空情况下拆卸更换管路。

(6) 本说明中的市电均为三相四线制。若不接入零线,会使整个车厢带电,易发生触(麻)电事故。

(7) 储气罐所配的分子式过滤器有效使用寿命为 1 000 小时,期满应注意更换。

(四) 螺杆式空气压缩机操作规程

(1) 操作人员必须熟悉该空压机的结构、性能、工作原理、操作程序及其注意事项等。

(2) 操作人员必须经过技术培训和安全培训,经考试合格后,持证上岗,无证不得操作。

(3) 空压机启动前检查:

①检查油气分离器中润滑油的容量,正常运行后,油位计中油面在上限和下限中间之上为最佳;

②检查供气管路是否畅通,所有螺栓、接头是否紧固;

③检查低压配电柜上的各种仪表指示是否正确,电器接线是否完好,接地线是否符合标准;

④试车时,应从进气口内加入 0.5 kg 左右的润滑油,并用手转动数转或者点动几下,以防止启动时压缩机内失油烧毁,特别注意不要让异物掉入机体内,以免损坏压缩机;

⑤启动前,应打开压缩机排气阀门,关闭手动排污阀,操作人员应处于安全位置。

(4) 操作程序:

①开车前准备工作:检查油气分离器中油位,打开油气分离器下方的泄油阀,以排除其内可能存在的冷凝水,确定无冷凝水后拧紧此阀,打开压缩机供气口阀门;

②开机：合上电源开关，接通电源，观察操作面板上是否有异常显示，相序是否正确，若有异常显示应立即断电，故障处理后方可投入使用，本机有逆相保护，电机严禁反转；

③启动：按控制面板上的"启动"(on)键，压缩机按设定模式开始运转。

此时应观察显示面板上的各种参数是否正常，是否有异常声音，是否有漏油情况，如有必须立即停机检查。开机时，先开主机，约 1 min 后再开从机；

④空压机停机：按控制面板上的"停机"(off)键，压缩机开始卸载一段时间后，才会停车，不立即停车是正常现象。停机时，应先停从机，后停主机；

⑤若空气压缩机出现特殊异常情况，可按下紧急停车按钮，如需再重新启动要在 2 min 之后；

⑥空压机严禁带负荷启动，否则因启动电流过大而损坏电器元件；

⑦当空气压缩机不用时，应切断电源，关闭压缩机供气口阀门。排放冷却器、油水分离器、排气管路和风包中的积水；

⑧停机检修时，必须拉开电源柜刀闸并挂牌、打接地。

(5) 运转中检查和注意事项：

①检查各种电气仪表指示是否正常；

②倾听机器各部件工作声响有无变化；

③检查各部件温度不超过规定数值；

④检查润滑油油位是否正常，运转中禁止模拟转动部位；

⑤更换油气分离器时，注意静电释放，要把内金属网和油桶外壳联通起来，防止静电累积引起爆炸，同时须防止不洁物品掉入油桶内，以免影响压缩机的运转；

⑥压缩机因空载运行超过设定时间时，会自动停机，此时，绝对不允许进行检查或维修工作。因为压缩机随时会恢复运行，带单独风机的机组，其风机的运行停止是自动控制的，切不可接触风扇，以免造成人身伤害，机械检查必须先切断电源。

第五节 不减压潜水与减压方法的应用

一、不减压潜水的深度和时间极限

从潜水技术发展史可以知道：潜水深度是随着科学技术的进步而逐步增加的。人们在没有使用潜水装具潜水之前，潜水员因受条件的限制，只能在浅水区域进行潜水作业，潜水疾病很少发生。所以，在 1840 年使用沉箱潜水以前，没有听说过有潜水减压病发生的事例。但是，随着潜水装具的不断发展，在以后的潜水作业时，潜水深度的加深、水下停留时间的延长、劳动强度的加大，使得多名潜水员患上了潜水减压病。之后，法国生理学家伯特用当时的科学知识解释了上述现象，潜水减压方案因此而诞生，并不断地加以改进。直到1908年，英国生理学家何尔登用数学和生理学的理论原理，解决了潜水作业时的减压问题，通过计算制订了水下阶段减压法的《潜水减压表》。何尔登在调查和分析了大量的潜水减压病事故后，运用统计的方法发现：潜水员在水深小于12.5 m时，不论在水下工作时间多长，也不论以多快的速度上升出水，一般都不会发生减压病。如果潜水深度超过12.5 m时，潜水时间较长，出水速度又较快，则可能会发生减压病。所以，深度只要超过12.5 m较长时间的潜水，就必须按《潜水减压表》中的方案进行减压。

潜水员在一定的深度从事一定时间的潜水作业时，不经过水中停留减压而直接安全上升出水的潜水称为"不减压潜水"。由于内河航道水深都比较浅，所以，研究不减压潜水有很大的现实意义。潜水深度可以划分为三个阶段：

第一阶段：水深在12.5 m以内，可以采用不减压潜水，而且不受潜水工作时间的限制。

第二阶段：水深在12～45 m以内，称为中级潜水深度。在限定的时间内作业可以不减压出水，但超过限定时间，则必须按规定减压，否则不能保证安全。

第三阶段：水深超过45 m，任何一种方式潜水都必须按规定减压。内河航道很少遇到这种情况。

由于轻潜装具的广泛应用，以及运动潜水的蓬勃发展，不减压潜水受到了普遍的重视和欢迎。特别是内河航道，在绝大多数情况下都采用不减压潜水。因此，系统地研究不减压潜水的深度与极限停留时间的关系成为亟待解决的问题。现将我国及美国、苏联等国的有关资料列于表6-3，供使用时参考。同时，各地区可根据当地特点进一步研究，以得出更适合的数据。

表6-3 我国及美国、苏联有关不减压潜水的深度和水下工作时间限度

国别	深度(m)															
	12	15	18	21	24	27	30	33	36	39	42	45	48	51	54	57	60
	各深度停留时间(min)及上升出水所用时间
中国	<240	100 2'00"	45 3'00"	35 3'00"	25 3'00"	20 4'00"	15 4'00"	15 5'00"	10 5'00"	10 6'00"	10 6'00"	10 6'00"					
美国	200	100 0'50"	60 1'00"	50 1'10"	40 1'20"	30 1'30"	25 1'40"	20 1'50"	15 2'00"	10 2'10"	10 2'20"	5 2'30"	5 2'40"	5 2'50"	5 3'00"	5 3'10"	
苏联	<360	105 2'00"	45 3'00"	35 3'00"	25 3'00"	20 4'00"	15 4'00"	15 5'00"	10 5'00"	10 6'00"	10 6'00"	10 6'00"	5 7'00"	5 7'00"	5 8'00"	5 8'00"	5 8'00"

注：1. 下潜的速度尽量快一些，下潜时间计入工作时间。

2. 不减压潜水上升出水的速度各有不同，我国和苏联规定在7～8 m/min，美国规定在15 m/min左右。

3. 表中"<"表示水下工作时间的限度为小于此时间。

二、减压方法及减压表的应用

减压方法:是指潜水员从水下环境上升出水时(或在高气压回到常压时),为控制体内过饱和的惰性气体能从容地通过呼吸道排出体外,以不至于在体内形成气泡而发生减压病所采取的一种措施。

减压方法归纳起来有以下几种:①等速减压法;②水下阶段减压法;③水面减压法;④水面吸氧减压法;⑤下潜式加压舱——甲板减压舱系统减压法;⑥不减压潜水。

潜水减压表的应用:我国所使用的减压表有《水下阶段减压表》《水面减压表》。近年来,交通运输部、海军潜水医学工作者和潜水人员经过实践,并结合我国具体情况,已制定出适合我国潜水员体质和我国海区特点的潜水减压表。现介绍《空气 60 m 水下阶段潜水减压表》(见书末附表),此表适用于潜水深度 60 m 以内的空气潜水减压方案的选择,也适用于加压舱内暴露于压缩空气后减压方案的选择。

(一)结构

(1) 本表共有 14 个深度级(深度间距为 4 m)。每个深度级有若干个水下工作时间分档(行)。共组成 140 个减压方案。

(2) 表上共有 6 大纵栏,将表分成 6 个部分,即:

①下潜深度:指潜水员下潜的实际深度。在水下工作期间若深度有变化,如潮汐变化或作业深度更换,应以最大深度为准。

②水下工作时间:指潜水员自头盔没入水中起,到潜水员离底上升时为止的这段时间(包括下潜时间和水底停留时间)。

③上升到第一停留站时间:指潜水员从水底上升到第一停留站所用的时间。

④各停留站停留时间:指潜水员到达该站起,直至离开该站止的这段时间,不包括站间移行时间。

⑤各停留站的停留时间总和:由各停留站上具体停留的时间相加而得。

⑥减压总时间:包括潜水员离底上升到第一停留站所用的时间、在各停留站的停留时间和各停留站间上升移行时间的总和。

(3) 在每一深度级中的"﹡"表示该深度级内"潜水适宜时间"极限。一般情况下,水下工作时间不应超过此极限,特殊情况例外。

(4) 本表实际计算的最大水深为 64 m,可供 60 m 深度采取延长方案,或比 60 m 稍大的深度进行减压时使用。

(二)减压方案及选择减压方案原则

1. 减压方案的概念

根据潜水深度和水下工作时间,在潜水减压表栏中相应的横行上找到水下工作时间,据此即能查到"从水底上升到第一停留站时间"与"各停留站深度及各停留站停留时间"等一整套实施减压的依据,称为"减压方案"。对具体的减压方案,习惯上就以深度(m)、时间(min)称呼。例如,潜水深度 30 m,水下工作时间 40 min,即可在减压表 28～32 m 格内的 40 min 横行上找出减压方案,即称为 28～32 m、40 min 方案,或直接叫 30 m、40 min 方案。

2. 减压方案的选择

若实际潜水深度接近减压表上某个深度范围的下限,或超过水下工作时间,应选择深度较大,水下工作时间较长的相应方案。例如,潜水深度 44 m,水下工作时间 36 min,减压方案应选择 44～48 m、40 min 方案减压;不应选择 40～48 m、35 min 方案。

1) 基本减压方案(基本方案)的选择

每次潜水的减压,都须首先根据潜水员下潜的实际深度和水下工作的实际时间选择减压方案。凡根据潜水员实际潜水深度和水下工作时间这两项基本参数选择的减压方案,称为基本减压方案,简称基本方案。

下列情况下,通常按照基本方案减压:

(1) 潜水员经过适当加压锻炼或经常潜水;

(2) 潜水员潜水技术及水下作业技能良好;

(3) 潜水员无易发减压病史;

(4) 劳动强度较轻或中等;

(5) 水温 10℃以上,流速 1 m/s 以内;

(6) 硬底质。

2) 修正(延长)方案的选择

(1) 有下列因素之一者,应采用基本方案的下一格深度或下一格时间的相应减压方案:水温低于 10℃;流速 1 m/s 以上;软泥底质;潜水员技术不熟练;有易患减压病历史;潜水员较长时间(2 周以上)未进行潜水或未经过充分的加压锻炼。例如,潜水员潜水深度 34 m,软泥底,从事轻到中度劳动 30 min,其他情况良好。选择减压的基本方案为 32～36 m、30 min。延长方案应为 36～40 m、30 min 或 32～36 m、40 min。

(2) 如果同时存在上述几种不利因素时,应根据具体情况,选择相应的延长方案。

①从深度方面修正,应采用基本方案的大一或二级(下 1～2 格)的相应减压方案。

②从时间方面修正,应采用基本方案的下二或三档(行)的相应减压方案。

③从深度和时间两个方面同时修正,应采用基本方案的下一格深度和下一格时间的相应减压方案。

例如,潜水员潜水深度 28 m,水下工作 30 min,水温 8 ℃,潜水员已较长时间不潜水,以致适应性差。选择减压的基本方案为28～32 m、30 min。延长方案应为36～40 m(40～44 m)、30 min;或28～32 m、50 min(60 min);或36～40 m、35 min方案。

(3) 潜水员在水下从事重体力劳动时,先将实际潜水深度加10 m,再选择减压方案,即为延长方案。例如,潜水员在水下28 m作重体力劳动30 min,其他情况良好。选择减压方案时,应按38 m、30 min选择减压方案,即选择36～40 m、30 min;而不能选择28～32 m、30 min方案。

另外,潜水员潜水深度大于40 m,水下工作时间又超过适宜时间极限时,潜水员疲劳、受寒、易于促发减压病,在选择减压方案时,应作较大幅度的修正延长。

3) 反复潜水减压方案选择

潜水员在12 h内进行两次潜水,其中第二次潜水称为反复潜水。反复潜水的减压方案选择,潜水深度以第二次为准,用两次潜水水下工作时间之和来选择减压方案。两次潜水的间隔时间不得少于2 h。

4) 未经减压直接上升到水面又重新下潜后的减压方案的选择

如果潜水员由于特殊原因未经减压直接上升到水面(如"放漂"),必须在3 min内重新下潜到比第一停留站深3 m处,并在该处停留5 min,然后减压。选择减压方案的原则是:潜水深度按原作业深度,水下工作时间按如下5部分之和计算。

(1) 原作业的水下工作时间;

(2) 直接上升所用的时间;

(3) 水面耽搁的时间;

(4) 重新下潜所用的时间;

(5) 在规定深度处的停留时间(5 min)。若还有其他因素,应适当修正延长。

如果水面耽搁时间超过5 min,必须重新下潜到水底(原作业深度),停留5 min,选择减压方案原则同上。

(三) 使用本表的注意事项

(1) 潜水员潜水作业时,潜水深度和水下工作时间不应超过本表规定的限度。

(2) 下潜速度应以潜水员自身感觉而定,一般为10～15 m/min。下潜时间全部计入"水下工作时间"内。

(3) 从水底上升到第一停留站的速度为6～8 m/min,若上升速度稍快,应将剩余时间合并到第一停留站的停留时间内。若上升速度过快,应重新下潜到深于第一停留站3 m处停留,停留时间相当于因上升过快而剩余的时间;然后再上升到第一停留站,继续按原方案减压。

(4) 各停留站间距为3 m,各站间上升移行时间均为1 min,若因移行速度过快,时间不到1 min,剩余时间则加到停留站的停留时间上。

思考题

1. 潜水保障系统的主要作用是什么？
2. 加压舱系统由哪些用途？
3. 加压舱系统由哪些主要设备组成？
4. 潜水生命支持系统由哪几部分组成？各部分的作用是什么？
5. 简述加压舱系统的操作使用规范。
6. 简要说明潜水应急保障车的主要组成和用途是什么？
7. 什么叫不减压潜水？
8. 什么叫减压方法？目前有哪几种减压法？

第七章 水下作业技术

潜水不是目的,目的是在水下环境中能够进行各种作业。因此,作为一名合格的潜水员,不仅要有高超的潜水技术,而且要熟练地掌握各种水下作业的方法和操作技能。本章着重介绍船体水下部分的检查和故障的排除,水下检修闸门阀门,水下平基,船体水下封堵,打捞沉船时的潜水作业,水下爆破,水下氧-弧切割,湿法水下焊接,水下摄影和电视等水下作业的方法、操作程序及安全注意事项。通过理论教学和实操训练,达到了解和掌握的目的。

随着社会的进步,科技的发展,水下作业技术也将不断地完善和更新。因此,潜水员要干一辈子学一辈子,并在长期的水下作业实践中积累经验、探索规律,有所发明、有所创造,争取在水中有更大的自由。

第一节 船体水下部分的检查和故障排除

一、船体水下部分的检查

(一) 检查的内容

推进器、舵、海底门、导流罩及船体水下部分等,见图7-1。

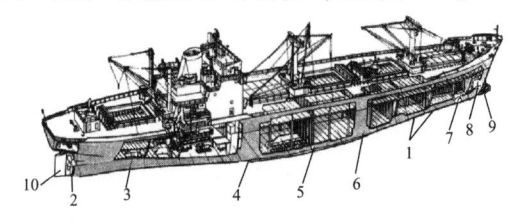

1—阴极保护装置;2—推进器保护装置;3—船体;4—船体进水口及排水口;5—舭龙骨;6—双层底;7—计程器;8—船艏推进器;9—海洋生物;10—舵

图7-1 船体水下检查部位示意图

(二) 检查前准备

首先与被检查船舶的船长取得联系，提出停止车、舵转动，悬挂潜水旗和布置船底索等要求，并根据被检查船舶提出的要求和检查内容准备好专用工具。

(三) 潜水员沿船底索下潜检查

(1) 对舵的检查。查看其表面的完好性及是否变形，舵杆、舵叶损坏情况等。

(2) 对推进器的检查。查看其螺旋桨叶的完好性，外露推进器轴上有否绞缠物，护罩及导流罩的固定螺丝等是否完好。

(3) 海底(门)阀的检查。查看其外形是否完好及有无堵塞。

(4) 其他水下装置的检查。如导流罩、阴极保护装置、艏推进器及船体外部是否完好。对检查情况及发现的问题，应及时报告，并由电话员将检查的结果记入《潜水作业记录簿》中，潜水员出水后，对《潜水作业记录簿》记录的内容进行确认并签字。潜水员应把检查结果用书面的形式交给船方。

二、故障排除

1. 解脱推进器上的绞缠物

当推进器被绳索、钢丝绳或渔网等绞缠时，轻者影响船舶的航行速度和致使机械磨损，重者则造成船舶停航。在这种情况下，就需要潜水员进行解脱绞缠物。解脱前，潜水员先查看绞缠的情况和顺序，以确定解脱绞缠物的方法和工具。如绞缠绳索一端没有绞紧，可先解脱这一端，并用这一端在被绞缠物上按绞缠的反方向绕一圈，在端头系上一根导缆用水面的机械力一圈一圈地进行解脱。也可由潜水员指挥，机舱进行反方向人工盘车解脱。如绞缠物太紧无法解脱，可用凿子、手锯、专用剪刀及水下氧-弧切割来解脱，但应以不损伤其他部件为原则。

2. 清理海底门

海底门一般由水生物、杂草、漂浮物造成堵塞。清理的方法很简单，用刮刀、铁笔刮除即可。如防护罩堵塞，潜水员可卸下防护罩清理，一旦防护罩锈蚀，卸不下来，可采用堵漏办法，由机舱卸下清理，然后潜水员将堵漏的器材卸掉。

第二节 水下检修闸门、阀门

内河航道上的船闸、节制闸，水库的闸门、阀门，经常要潜水员检查、抢修和维护。由于船闸闸、阀门的型式结构不同，检修方法也不一样，这就要求潜水员不仅要具有熟练的潜水技术,而且要掌握一些钳工、焊工、起重工等全面型的作业技能。

检修闸门、阀门应尽量在水面进行,只有在万不得已的情况下,才由潜水员潜入水中进行。

一、检修闸门、阀门的一般内容

(1) 闸门、阀门上的止水更换。包括顶止水、侧止水、底止水、胸墙止水。

(2) 滚动门检修。主要是更换主、侧滚轮和主滚轮架等。

(3) 横拉门的支撑垫座调整,底台车以及导向轮(又叫侧滚轮)总成的检查。

(4) 人字门的顶、底枢调整,以及底枢间隙、承轴台螺栓、门头限位等部位的检查。

(5) 轨道接头与轨道压板螺栓的检查,轨道内清淤及排除障碍或故障。

(6) 其他突发性事故的排除。

(注:检查与检修的步骤,因种类多、结构杂、难统一等,只有在授课时通过具体的实例详解。)

二、水下检修闸门、阀门安全注意事项

(1) 在潜水作业时,禁止启动闸门、阀门。有锁定装置的要加以锁定,以防止突然开启而发生意外。

(2) 当有水位差或流速很快时,应根据具体情况采取相应的保护措施后,才可进行潜水作业。

(3) 在检修作业中,需要启动闸、阀门(是潜水员要求配合检查的)时,必须与水下潜水员联系好后,在确认安全的情况下方可启动。其他情况如需启动,只有在潜水员出水并站稳在潜水梯上,才可实施启动。

(4) 检修闸门、阀门时,应先摸清修理部位的具体情况,然后才能确定修理方案,凡需要更换零部件时,均应确保从拆除到装妥新件之前,不得改变闸、阀门原有的水流状态,特别要防止拆除后而增大漏水,这是非常危险的。

(5) 当在发电厂的进出水小廊道检查闸门时,应首先停止供水或排水,所有的闸门都要有专人看管,绝对不许开启。潜水员进入廊道后,每经过一个闸门都要检查闸门的牢固性,并把信号绳、供气软管清理好。

(6) 在整个检修过程中,水面、水下的所有人员都要密切配合,特别要保持电话的畅通,应急潜水员着装待命,随时准备入水施救。

第三节　水下平基

水上建筑物的基床要进行处理,一般为抛石。大型建筑物采用抛方块或砌筑方块。抛石基床在抛石后要进行夯实和平整。大型基床用起重船或抓斗式挖泥船悬吊重物夯实,小型的则用方驳架立扒杆吊起重物进行夯实。基床的平整要由潜水员通过水下作业来实现。

水下平基的方法一般有:潜水员手工法、综合法和机械法。

填筑基床前要绘制抛填施工图,图的内容包括基床平面及断面设计,施工要求等。在平面图中要标明建筑物基准线及辅助线,基床上、下边界线,粗、细平、极细平的边界线,以及基槽的相对位置。潜水员平基时要按图进行。在基床的断面图中要标明设计标高及轮廓线、沉降裕余量及其轮廓,以及粗平、细平、极细平的边界线。

填筑基床的作业内容主要有:测量检查基槽的平面尺度和标高;抛填石料,分粗填和细填;预留基床自行沉实的余裕高度;整平基床的表面和边坡等。

一、精度要求

(一) 各种工程对整平的要求

(1) 正砌方块岸壁的基床、沉箱岸壁下的基床及铺砌保护方块的肩部和斜坡要求极细平;

(2) 木笼下的基床、码头基床肩部、防护建筑物的保护方块的基床肩部和边坡,以及抛填方块建筑物的压边方块的基床要求细平;

(3) 码头基床的边坡、防护建筑物不覆盖方块的基床肩部和边坡,以及抛填方块的基床要求粗平,基床预留的自行沉实高度也要求粗平。

(二) 基床整平的精度要求

(1) 粗平的偏差允许有±15 cm;

(2) 细平的偏差允许有±(5～6) cm;

(3) 极细平要求,整平后基床表面标高与施工断面用的表面标高偏差允许有±(2～3) cm。

二、平基作业

水工建筑物的基床抛填作业,通常是用驳船进行的。当抛石数量很大时,可采用翻石船或开底泥驳进行。这种驳船抛石的优点是速度快,缺点是抛下的石料会经常形成单独的石堆。因此,基床的顶部抛石只宜采用平方驳或甲板驳的方式来进行。这样才能保证抛石在基床断面上均匀分布,便于平基。抛石量小时,可采用平方驳或帆船。当进行基床的表面整平时,用小船或舢板送石料,逐渐向下抛填。水下抛石表面可先由潜水员初步找平,并指示抛填位置,这样做更能保证质量。当在岸边建造码头时,可采用陆上工具如翻斗汽车、小推车等抛填基床。用船或陆上运输工具抛填基床,往往很不平整,与施工图的设计断面有很大的误差。在较好的场合,抛填石料的标高与设计标高的误差不超过±30 cm。但这样的精度在大多数建筑物中还是不允许的。为了使建成后的基床能均匀地承担从建筑物上部传来的压力,必须使基床符合设计要求,这就要进行平基,即对抛填的基床表面和边坡加以整平使其达到设计要求。

(1) 基床的粗平:在方驳上放置两根钢轨,一端固定在甲板上,另一端伸出船外,用起重滑车来控制基床粗平高程的刮道。刮道用钢轨制成并用钢丝绳通过滑车悬吊水中。粗平时,先将方驳定好位,再把刮道底面的标高调整到粗平表面的设计标高。刮道底面的标高根据施工时的水位用专用钢尺控制。这时潜水员可在水下根据刮道的位置进行粗平。凡是在刮道底面以上的石块均应搬走,最好用夹钳或铁丝筐吊出水面待用。如果刮道底面有空隙,则应用石块填平,方驳随潜水员向前移动。当基床很宽,一条刮道的长度不够时,可分条进行。

(2) 基床的细平和极细平:细平和极细平是在粗平的基础上进行的。为了简便,细平和极细平可一次进行。

细平和极细平的布置如图 7-2 所示。

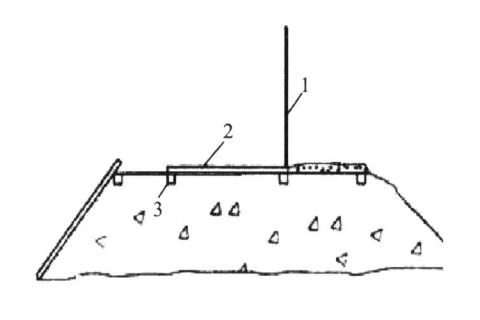

1—测量标尺;2—检验尺;3—导尺

图 7-2 水下细平、极细平

导尺 3 一般用中型或小型钢轨制成,要设置许多根,用来控制细平和极细平的范围及标高。导尺 3 由潜水员在水下设置,根据它的距离来控制整平的平面尺寸。导尺的平面位置是根据陆上基线在水下位置的边线木桩引出的。导尺的标高是由潜水员在水下把带底盘的测量标尺 1,放在导尺 3 的顶面上,由陆地上通过水准仪进行控制的。导尺的顶面标高即为要求整平的标高。检验尺 2 横放在相邻两根导尺 3 上。

整平时，一般由两名潜水员在水下各执一端移动检验尺。将高出的石块拿掉。有低凹处用石块填补到与导尺顶面平齐。

边坡的细平可沿斜坡的上下边缘设置纵向导尺。边坡的横向检验尺上备有支靠挂在导尺的支座上。

在整平的过程中，决不允许在基床上铺放整层砾石，或用碎石来填补很深的坑洞。只许用砾石填补个别抛石间的小凹坑。整平码头基床的肩部时，坚决不能采用砾石。

三、注意事项

（1）整平时，只有在潜水员已经避让到安全位置后才能抛石或上吊石块。

（2）粗平中，移动刮道时，要先同潜水员联系，在潜水员让开刮道前进路线后才能移动。

（3）导尺的位置和标高要测量准确，并且要随时校正。

（4）潜水员推移检验尺时，要保证检验尺的底面时刻与导尺面接触，不能有缝隙或被石块垫高，否则会产生很大的误差。

（5）潜水员在搬移石块时，要防止挤手、碰手。如果两名潜水员同时操作，要互相照应，防止一方碰伤另一方。

第四节　船体水下封堵

为了打捞沉船或救助破损漏水的船舶，有时需进行封舱、补洞、堵漏等工作。船体封堵在航运事故中应用较多。船体封堵多数情况下需要潜水员去完成。封堵器材和方法多种多样，需要根据船舶损坏部位和严重程度、封堵的要求和当时当地的客观条件来确定。例如，正在漂浮的船舶，由于事故的原因，导致突然破损漏水，必须分秒必争地进行堵漏抢救，待难船停止漏水或漏水已得到控制等许可条件下，再进一步处置。至于已经沉没的船舶，如采用封舱抽水打捞，亦应进行水下封堵。

一、漂浮船舶的水下封堵

正在航行的船舶因碰撞、搁浅、触礁或不可抗力的原因，使船体部分受损，破损部位如果在水线以下，将使船舶大量进水而倾斜，甚至丧失浮力而沉没。抢救的原则是迅速堵漏，控制进水量并尽可能排除积水，防止破损扩大而使情况进一步恶化。抢救的最终目的是保持船舶继续航行的能力，争取时间到达安全地点或继续执行任务。

(一) 漂浮船舶水下封堵主要器材

各种规格的堵漏板、堵漏垫、弯钩螺栓、堵漏箱、弓形夹具支撑、防水席、木楔、木塞、棉絮和橡胶垫等,见图 7-3。

(a) 木楔、木塞　　(b) 堵漏板

(c) 堵漏垫　　(d) 弓形夹具支撑

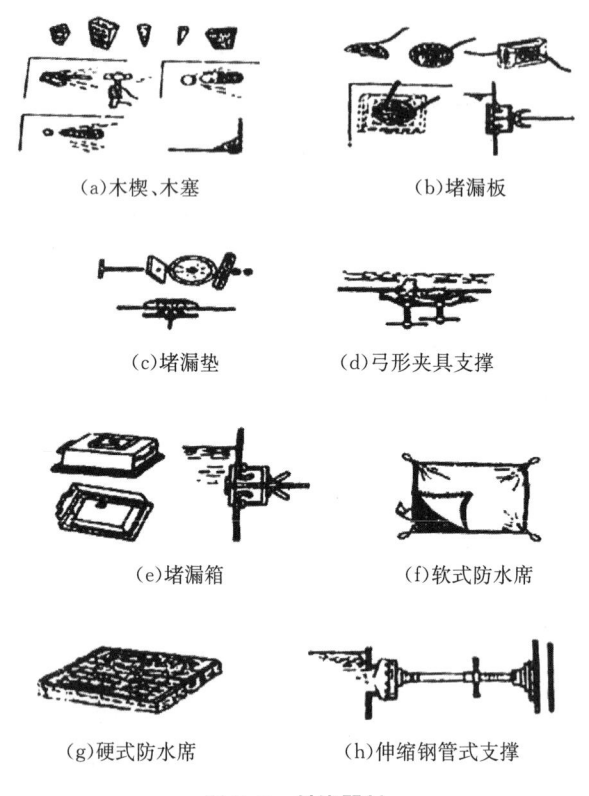

(e) 堵漏箱　　(f) 软式防水席

(g) 硬式防水席　　(h) 伸缩钢管式支撑

图 7-3　封堵器材

封堵器材中有的是现成产品,有的可以预制,有的则须根据当时现场情况临时制作。所以还要配备足够数量的各种专用工具,如锯、斧、刨、凿、钳子、锤头和扳手等。放在专用工具箱内,由专人保管,以备急用。

(二) 封堵漏洞

(1) 漏洞的性质。船舶漏洞的面积有大有小。凡漏洞面积大、损坏严重和潜水员难以达到的部位,封堵都较困难。漂浮水面的船舶漏洞,又可按位置区分为水下、水线附近和水上三种。

(2) 找漏洞的方法。漂浮在水面上的船舶发生漏水后,漏水情况可根据下列现象判断:船体如向左、右、前、后倾斜,表明已大量进水,漏洞就在倾斜的那方;哪一舱的舱底水不断增加,漏洞就在那一舱;可从舱底水增加的速度判断漏洞的大小;舱内有进水声,可从声音的大小和方向,判断漏洞的大小和位置;潜水员在舷外用竹片、竹篙、拖把或其他工具在船壳上探索。如能钩住漏洞的边缘或感觉有吸力,漏洞的准确位置就可判断出来;探摸漏洞的潜水员必须使用工具,切忌直接用手或脚去探摸。否则,如遇大的漏洞潜水员自身会被灌入船舱的水流吸压在船壳外而无法脱身(图7-4)。

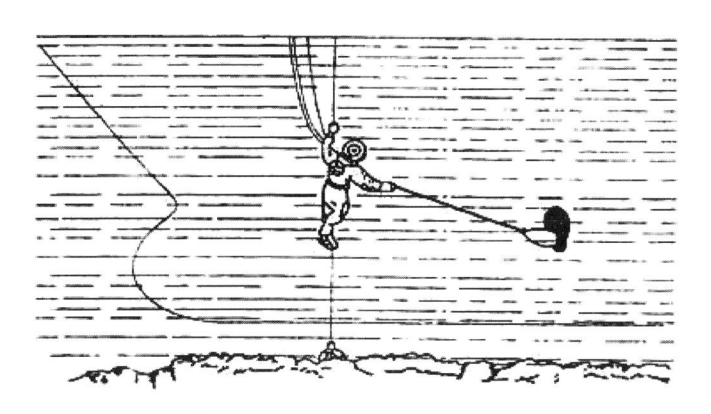

图 7-4　探摸有水位差存在的漏洞

(3) 堵漏方法。小漏洞和缝隙可用木楔和木塞封堵;类似舷窗而又比较平整的破洞可用堵漏板堵;破洞不大而且比较平整,但用堵漏板有困难时,可用堵漏垫堵漏;堵塞裂缝或小漏洞时,可用弓形夹具配以棉絮、毯子、木料等物;向内高卷边的小破洞,可用预制的堵漏箱堵漏;漏洞不太大,但情况危急,可用防水席堵漏后,同时在舱内应做进一步的封堵;为了防止漏水漫延,应将可能漏到其他舱室的一切通道,如舱口、门窗、各种管道及电线孔等完全堵住。

二、沉船船体封堵

沉船船体封堵的方法大致有:封闭大型舱口,封闭小型舱口和门窗、封破洞或裂缝、堵塞微小漏缝等。不论采用哪种方法,封堵前须详细了解或测量沉船的结构,并考虑沉船在上浮过程中各部位的强度。尤其是封舱板的强度。

(一) 封闭大型舱口

对大型舱口进行水密封舱时,一般采用木枋。根据潜水员测量的舱口尺寸和结构,确定封舱具体方法、封舱板的规格、弯钩螺栓的位置和长度等。封舱板在水面锯成要求的尺寸(注意稍大于舱口宽度,两端各长出 75～100 mm)。长形的大舱口通常是横向封舱,这样可以缩短封舱板的跨度,增加封舱板的抗弯强度。板的块数可根据舱口长度及板宽确定。锯好后刨光对缝,并编排号码。使用时,按顺序逐块沉入水中,如果舱口是平整的,宜先封边上的一块,然后按顺序向另一边封过去。也可以将几块板在水面先拼好,整块放入水中,置于封堵位置上。板铺好后,将预先装在封舱板两端的弯钩螺栓钩在舱口围板里口边缘上,并旋紧螺帽。因封舱板有浮力,在下沉前需用压重物附着在板上,便于潜水员水下操作。

为了达到封舱的水密要求,封舱时应采取一些措施:如:封舱板与舱口围板的接触面上需衬以帆布或绒布包裹旧棉絮制成的软垫;所有封舱板必须靠得很紧,两块相邻封舱板拼缝的一侧应预先钉一层绒布;所有通过封舱板的管子接头或其他装置,必须妥善堵漏,以保水密。

(二)封闭小型舱和门窗

沉船上小型舱口的水密封堵,通常也用木枋,其方法和封闭大型舱口类似。窗、入孔及通风筒的水密封堵如图7-5所示。

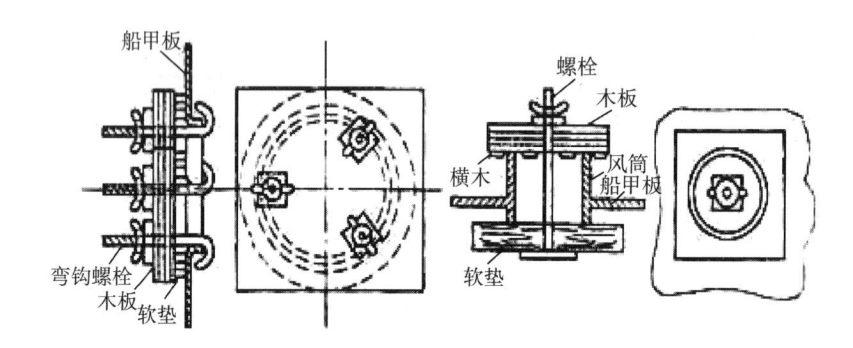

图7-5 窗、入孔及通风筒的封堵示意图

小型舱口或入孔的气密封堵可利用沉船原有的钢质舱盖,油轮或其他特种船舶的钢质舱盖可能气密程度不高,可由潜水员在水下拆下,送到水面加固并装上压气皮管的接头和安全阀,以备使用。

(三)封破洞

先由潜水员详细测量破洞的大小及安装弯钩螺栓的部位,按照制作封舱板的方法,在水面做好堵漏板,不过各块堵漏板的尺寸不尽相同,须根据破洞大小而定。木板的两端预先钉好防漏软垫,软垫的里边安装弯钩螺栓,以便钩在破洞边缘上,木板拼缝的接触面上应钉好双面绒布,封堵时应逐块安装,逐块封堵可使封舱板的尺寸和弯钩螺栓的部位比较准确。所有堵漏板封堵完毕后,应在整幅堵漏板的外面覆盖一层帆布,并钉上木条固定。舱内排水后,帆布会被水压力压住,此时潜水员应再检查一遍,发现问题及时补救。

(四)封补裂缝或小漏洞

裂缝可用木楔堵漏;小洞及受损管系上的破口,可用木塞等物堵漏。木楔和木塞宜用坚韧、干燥、优质的软性木料如松、橡、杉木等制成。使用时,潜水员用榔头把木楔或木塞从船外打入裂缝或漏洞中,打入的长度以约占全长的1/2为妥。如木楔或木塞固定不够牢固或打入裂缝或漏洞内的长度少于其全长的1/2时,可另换一个。如木楔在裂缝或漏洞外的部分太长,为防止其脱落,应在堵好后经过2~3 h,待木料浸水膨胀后,将露出的部分锯掉。有时因裂缝或漏洞的破口参差不齐,难以封堵,则可以用旧棉絮、绒布或棉毯等裹在木楔或木塞上堵漏。

(五)堵塞微小的裂缝、漏洞

用胶泥、油石灰或兽脂抹入微小的裂缝或漏洞,也能起到堵漏作用。

利用铅、铝等金属较柔软的特点,用捻缝凿子捻入微小裂缝、漏洞,也可以堵漏,此外,环氧树脂系、聚胶树脂系和丙烯酸酯系,亦可用于水下堵漏。其中丙烯酸酯系属于水硬化黏结剂,因为它固化迅速,使用方便,与其他堵漏器材配合使用,能起到较好的堵漏作用。

(六)混凝土堵漏

(1)封漏用混凝土,主要由水泥、沙、骨料和水组成,见表 7-1。

表 7-1 堵漏用混凝土配比表

水泥(桶)	砂(桶)	粗骨料 砾石(桶)	粗骨料 碎石(桶)	比例 水泥:砂:粗骨料	备注
1	1	—	—	1:1:0	富混凝土
1	1	1	—	1:1:1	富混凝土
1	2	1	—	1:2:1	富混凝土
1	2	1	1	1:2:2	贫混凝土
1	2.5	1.5	1	1:2.2:2.5	贫混凝土

水泥愈多,凝固愈快,混凝土愈坚硬。因此,用富混凝土堵漏时,所需厚度可以比用贫混凝土时薄一些。不过水泥太多,也会降低混凝土的强度。

为了提高封堵混凝土的硬度,可在水泥中拌促凝剂,如氯化钙、盐酸、碳酸钠和水玻璃等。

(2)混凝土的搅拌和水下浇灌:先在平板上铺一层沙子,再铺一层水泥,趁干燥时充分拌和,然后一边加碎石、浇水,一边用铁锹彻底搅拌 5 次后,迅速装入桶(或布袋)内,送水下应用。潜水员打开桶的活底或解开布袋上的绳结,如无活底,则小心地将桶倒转,将混凝土浇灌在需要堵漏的地方,最后用手轻轻地平整混凝土表面,尽量避免灰浆流失,以防严重影响混凝土的质量。

混凝土浇灌完毕后,如发现有缝隙,用木楔、棉絮等填塞是没有效果的。宜在这些损裂的地方,先加以整理,除去污垢或松散物后,再浇灌混凝土。

(3)混凝土堵漏的注意事项:为了保护混凝土不被水冲毁,尚未凝固的混凝土不能受力或被流水冲洗,与混凝土接触的船体钢板上的铁锈、油污及垃圾必须彻底清除,最好洗刷到出现金属光泽,如能在钢板上焊一些钩形钢条则更好;浇灌混凝土的部位,通常要做好围壁,围壁多用木料制成,也有用盛满砂或混凝土的袋子堆成;混凝土要自始至终连续不断地一次浇灌完成,如不能一次完成,必须用板隔开,分段施工,使各段能可靠地连接起来;在大破洞或受弯力、拉力以及震动的地方堵漏时,必须根据情况,增加混凝土的厚度或在混凝土内添入钢筋、钢丝或在混凝土上加撑支柱,予以加固。

第五节　打捞沉船时的潜水作业

船舶由于遭受风暴、触礁、火灾、碰撞、船体结构强度不良等原因,造成船舶大量进水,失去漂浮能力,以致沉没。

船舶沉没后,给船方造成巨大的经济损失和生命威胁;沉船内溢出的机、柴油等物严重地污染了江、河、湖、海;使鱼捞生产、水产养殖和生态环境遭到破坏。若船舶沉在港区内或主航道处,则可阻塞船舶航行,为了减少损失、防止污染或尽快恢复航道通畅,必须立即组织打捞。

打捞沉船的方法很多,可根据具体情况,因地因时制宜选择采用。沉船打捞方法通常有:浮筒打捞法;船舶抬撬打捞法;封舱压气抽水打捞法;压气排水打捞法;沉船内充塞浮具打捞法;泡沫塑料打捞法;起重船打捞法;混合打捞法;解体打捞法;围堰打捞法等。

打捞沉船的步骤可分为沉船勘测、打捞工程设计、布置打捞现场、沉船打捞作业、沉船拖移搁滩等几个阶段。本节仅介绍打捞沉船时的潜水作业。

一、探摸沉船

根据已掌握的沉船水域气象、水深、水流、底质、沉船结构、沉船姿态等情况、制订沉船勘测计划。潜水作业船到达现场泊定后,即可开始沉船探摸作业。

(一) 对沉船状态探摸和测量的内容

(1) 两舷和艏艉附近的水深;

(2) 沉船周围水底的底质;

(3) 沉船周围堆积物的情况;

(4) 横倾和纵倾的情况;

(5) 甲板建筑物和船体的破损情况;

(6) 舵的类型,推进器和艉轴情况;

(7) 沉船伸向舷外物的情况;

(8) 船体水生物附着和锈蚀情况;

(9) 沉船锚的状况。

(二) 对沉船舱内探摸和测量的内容

(1) 各舱积泥情况；

(2) 有无漏洞及漏洞尺寸；

(3) 舱内余货及货物的性质；

(4) 水密隔壁的状况；

(5) 主、辅机或锅炉的状况及位置。

(三) 对无资料或无同类型沉船探摸和测量的内容

(1) 沉船的种类和形状；

(2) 沉船长、宽、高尺寸；

(3) 甲板建筑的高、宽、长、分布及其损坏情况；

(4) 主、辅机和锅炉的类型、数量和配置；

(5) 纵横水密舱壁的数量和位置；

(6) 货舱及舱口围板的尺寸。

(四) 沉船探摸和测量的方法

(1) 在沉船探摸和测量之前，先将艏艉浮标系好，以指示沉船方位。

(2) 对沉船纵横倾的测量：在沉船平整的地方放好水下量角器，当摆板停止摆动时，查看摆板指示数并报告水面；如水下能见度差看不见指示度数，可将摆板由制动旋钮固定，然后带出水面查看(图 7-6)。

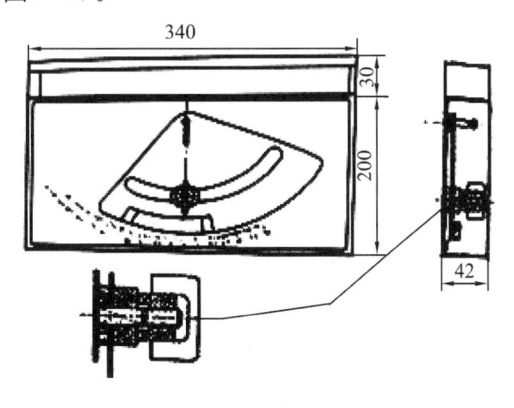

图 7-6 水下量角器(单位:mm)

另一种方法：准确测出沉船艏艉及两舷对称位置的水深数据，从而换算出沉船的纵、横倾。

(3) 探摸和测量舷外淤泥：可用带铅锤和米数标记的测量绳；于沉船四周每隔 5～10 m 为一点进行测量，水面根据每次测量的尺寸换算出沉船淤埋情况。

(4) 沉船舱内的探摸测量：一般由两名潜水员进行。当一名潜水员进舱检查时，另一名应在舱口配合，测量时，可用带米数标志的测量绳或专用尺进行。亦可用绳结法测量。

二、除泥和卸货

（一）除泥

除泥是打捞工程的主要工作之一，大面积淤泥已把沉船等打捞目标覆盖，一般用挖泥船初步除泥。舱内或舷边的淤泥则常用吸泥泵清除，比较简单的吸泥泵有气升式吸泥器和射流式吸泥器。气升式吸泥器又可分为硬式吸泥器和软式吸泥器两种。硬式吸泥器本体由薄钢板制成（图7-7），软式吸泥器构造和硬式基本相同，只是吸泥管用胶管制成（图7-8）。

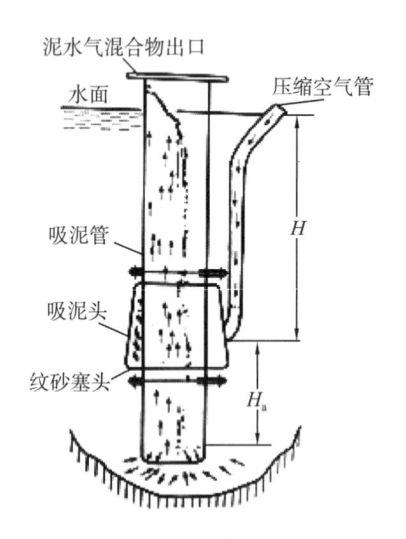

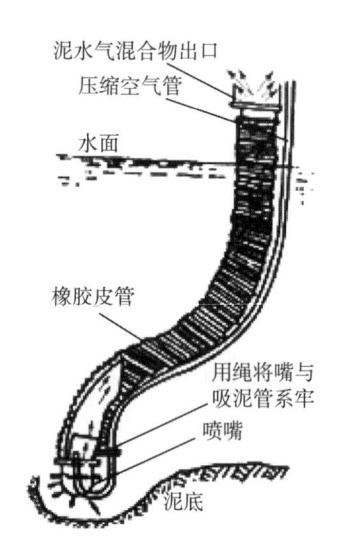

图7-7 硬式吸泥器工作示意图　　图7-8 软式气升式吸泥器工作示意图

其工作原理是：吸泥器立于泥面。压缩空气从吸泥器底部导入管内，使管内比重较小的水气混合物顺管向上喷涌，产生负压，吸引管底口的泥水进入吸泥器中，并继续沿吸泥管流动，由上端管口排出舱外或较远的地方。硬式吸泥器主要用于舷外除泥及配合潜水员攻穿千斤洞除泥。软式吸泥主要采用沉船舱内除泥。

冲吸泥操作方法：

（1）冲吸泥的器材由水面连接绑扎好后（冲水苗子要长出吸泥器3～4 m），顺导索垂直放到水底，潜水员将吸泥器和冲水苗子末端相隔3 m左右处，用绳索固定好。

（2）潜水员到达冲泥位置后，首先清理好信号绳和潜水供气软管，并对吸泥位置及器材进行检查和调整，确认正常后，方可开始除泥。用吸泥器吸除松软泥沙时，只要将吸泥管的下口靠近泥面，输入压缩空气即可将泥沙直接吸入管内。如果底质较硬，就须用高压水苗子将淤泥冲散后再用吸泥器吸除。其方法是：潜水员双脚叉开拿起水苗子对着泥面成45°度角，为了克服反作用力也可将水苗子从背后经肩部绕至胸前进行冲泥。通常先将淤泥吸除成深约1.5～2 m的泥潭，然后由潜水员用高压水苗子在其四周冲散淤泥，冲泥应顺坡流向吸泥器口被吸除。这样做可以减少吸泥器的搬动,工作也较安全,如果吸泥器有轻微抖动,并不断向下深入,水面出口不断喷出大量泥沙和水的混合物,说明除泥作业正常,否则应停止操作,关气停水后检查或调整吸泥器的作业位置。

冲吸泥的注意事项:

(1) 水下除泥时,水面供气、供水阀要指定专人负责,严禁乱关乱开。

(2) 冲泥时必须自上而下冲除,并随时掌握除泥面的角度,防止塌方。

(3) 水下如有两名以上潜水员同时作业时,不得把水苗子对着另一名潜水员冲;可在水苗子上绑扎重物以克服其反作用力;一旦水苗子脱手,须立即通知水面停水,以免伤人。

(4) 除泥中,如吸泥管被堵塞,不得用手去探摸,应通知水面关气停水后才可检查排除。

(5) 当冲泥的潜水员被塌方的泥沙压住时,应立即通知水面,同时用水苗子自行冲除,如不能自行排除时,可由水面应急潜水员水下援救。

(6) 在进入机、炉舱或较小舱口的舱内除泥时,要尽量避免潜水员和吸泥管在同一小舱口进出,防止吸泥管经常移动而挤压潜水员或损坏潜水供气软管等。

(二) 卸货

如果沉船是货船或客货船,为了减少打捞重量,可先将部分货物搬出船体。有时因沉船日久,舱内灌进大量泥沙,货物与泥沙混聚一起。所以,卸货同除泥往往要交叉进行。

当沉船舱内装有散装的粮食、煤、矿砂、黄沙等物时,一般可用大口径的气升式吸泥器将其随同淤泥一起吸除。

对比重较大的散装铁矿石,除用气升式吸泥器吸外,当舱口较大时也可用抓斗清除,效率较高。利用抓斗卸货受水深或水流的影响较小,但离舱口较远或在倾斜较大的舱内卸货,有时须拆除妨碍下抓斗的部位。利用抓斗起货时,潜水员除检查货物情况外,作业时可以不下潜配合,这就提高了卸货效率。

整袋货物可以吊装出水,已经散包的可将袋皮剥除后用气升式吸泥器吸除。散装的钢材、盘钢等金属物品可用电磁吸盘卸除。

整件笨重的货物,可用吊杆等起重设备吊卸。小件可用吊货网或框架等器具,由潜水员在水下逐件装入,但劳动强度较大。

水下吊重物时要注意:禁止潜水员在吊着的物体上工作;拉紧或放松吊索时,必须按潜水员的口令进行;禁止潜水员沿吊索上升或与被吊物体一起上升;起吊重物时,潜水员必须出水;起吊鱼雷、水雷和弹药时,严禁潜水员敲打、翻滚或撞击引信。

三、攻穿船底钢缆

打捞沉船的关键是攻穿船底钢缆。攻穿船底钢缆主要是起吊用的大钢缆从沉船船底兜过。攻穿船底钢缆可分三步来进行,即确定钢缆的位置、攻穿船底钢缆洞、穿引船底钢缆。

(一)攻泥器的结构和作用

潜水员水下攻穿船底钢缆洞(千斤洞)时,主要工具是攻泥器。

常用的攻泥器系用直径为 50 mm 的薄钢管制成。每节长 1.5 m,钢管两端有螺纹接头,最前端有一个金属制成的喷射头,喷射口径约为 16 mm,喷射头后部有 4~6 个反射水孔。使用时,根据沉船宽度决定攻泥器管的节数,逐节接长,最后一节为长 0.4 m 的短管。短管旁侧有压缩空气管接头,短管一端与攻泥器长管相接,另一端与高压水管相连(图 7-9)。

攻泥器的主要作用是:为穿引船底钢缆攻出一条通道,并把小直径的钢丝绳带引过船底。

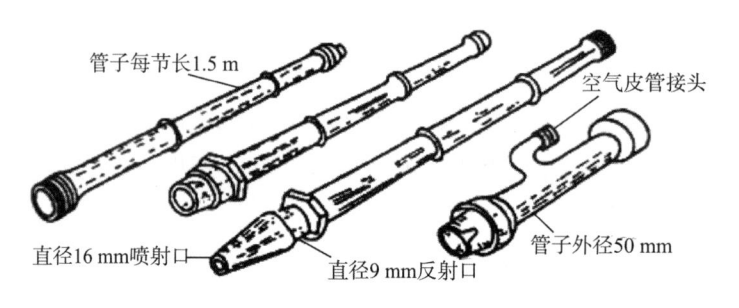

图 7-9 攻泥器结构示意图

(二)攻穿船底钢缆的具体方法和程序

(1)按照施工方案中规定的船底钢缆的位置,由潜水员沿沉船艏艉向,将每道钢缆的位置计量准确,并做好标记。

(2)在沉船旁攻穿船底钢缆处的水底,先冲出一个深度低于沉船船底,其长、宽便于潜水员操作的泥坑,同时在沉船另一舷的对称位置,也冲出一个相似的泥坑。

(3)潜水员在上述先冲好的泥坑中,用攻泥器喷射头借高压水的冲力,在船底泥沙中冲出一个洞孔,孔中冲散的泥沙,随喷射头上的反射水孔喷出水流流出洞口,每当潜水员攻过一节管子时,都要探摸攻泥器方向是否正确,以便及时纠偏。

(4)当预计需要攻穿的攻泥器节数已全部攻过船底时,在最后一节原来用闷头闷住的短管旁侧的接头上,接上压缩空气管,并向攻泥器供气,当空气从攻泥器顶端冒出时,潜水员在沉船另一舷的泥坑中可摸到攻泥器顶端,并在其上栓紧一根细钢丝绳,通知对面的潜水员收拉攻泥器,将细钢丝绳拉过船底。

(5) 当引过细钢丝绳后,在细钢丝绳端接一根较粗的钢丝绳作为引索,再通知对面潜水员收绞细钢丝绳将引索拉过船底,并在引索末端接好船底钢缆,重又绞过船底,直至钢缆两端各按规定长度露出在沉船两舷旁为止。

(6) 当船底钢缆已按规定长度绞拉过船底后,即可将引索解脱,并将其两端用绳索分别悬吊在沉船两舷的上层建筑物上,以免被泥沙淤埋(图 7-10)。

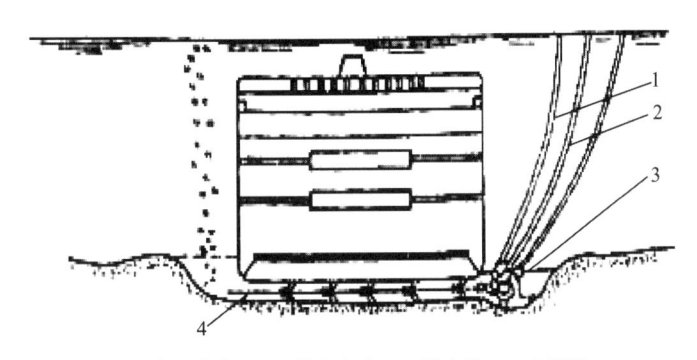

1—高压水管;2—压缩空气管;3—潜水员;4—攻泥器
图 7-10 用攻泥器攻穿千斤洞

为了降低潜水员的劳动强度,提高水下攻穿千斤洞的效率,21 世纪初,人们研制了水下液压攻泥器。这种攻泥器,采用非开挖技术,打洞、推进采用液压为动力,攻穿速度快、质量高。该攻泥器的推广使用,改善了潜水员水下作业条件、提高效率和缩短施工工期。

(三) 攻穿船底钢缆时的注意事项

在泥质松软或流沙淤积较快的地区,潜水员在泥坑中攻穿船底钢缆时,应在其旁悬吊一只吸泥器,以便随时吸掉塌方或回淤的泥沙,保证潜水员在泥坑中的安全操作。如船底的泥质较硬,攻泥器所攻的孔径较小,船底钢缆拉引困难时,可先用引索拉一根链条或一只较大卸扣来扩大洞孔,然后再拉引船底钢缆。沉船如横倾时,一般从低的一舷向高的一舷攻穿。

第六节　水下爆破

国家规定,凡执行爆破作业的人员必须经国家认可的专业培训机构培训,经考核合格者,方可持证上岗。水下爆破所使用的炸药、爆破器材和爆破方法与陆地爆破基本相同。但水下爆破作业是在水下环境中进行,能见度和压力的变化,给水下爆破作业带来了很大的困难,鉴于爆破作业人员必须经国家认可的专业培训机关培训,所以本节只介绍水下爆破作业。

水下爆破的对象主要有：浅滩、礁石、沉船、冰块等。其目的是为了清除航道障碍和清理施工现场等。

水下爆破通常由潜水员在水下作业。所以，从事水下爆破的潜水员除要求潜水技术比较熟练外，还必须掌握水下爆破的方法和安全注意事项。

一、水下炸礁

当发现航道内有礁石影响通航时，通常使用水下爆破法，把礁石炸碎加以清除。在炸礁前，首先要勘察礁石的位置、形状、体积、礁石的种类和性质、影响航道的程度等，并由专业人员绘制成图。在测量人员进行现场测量时，潜水员要配合水下各部位的测量。主要是通过潜水员的探摸，把整个礁石和礁石群的基本情况搞清楚。探摸时，要逐块、逐点地探摸，探摸每块礁石应从礁石的顶面开始，发现有的礁石不稳固或快要脱离礁石岩体的石块时，应将其推落到稳定位置，然后再仔细探摸。探摸时要沿潜水导索上下，并用行动绳来控制方位。要将礁石的表面状态了解清楚，若发现岩缝，要摸清宽窄和长短尺寸，特别要探测准其深度以便决定能否作为爆破部位。潜水员在探摸时就要把炸礁布放炸药的部位初步确定下来，这是制订施工方案的依据。探摸结束后，测量人员应将潜水员所测得的资料详细地标注在测量图上。

（一）制定施工方案

根据下列因素制定施工方案：

（1）礁石天然岩缝的多少；

（2）流速和风浪影响的大小；

（3）爆破后的坍石处理方法；

（4）残留岩底的标高和形状；

（5）礁石基底的完整和稳定程度等。

为了清除航道障碍，炸礁多采用彻底爆破。彻底爆破是将礁石全部炸毁，并将坍石清除。这种方式通常采用岩缝和岩洞爆破法，也可用钻孔爆破法。

为建筑物基础而进行的爆破要炸掉部分岩石，同时要保持预定高度的岩基的完整和稳固。在施工时多采用钻孔机钻孔，安放小包炸药进行施爆，不可将岩石基础炸松，从而造成超深。

（二）炸礁方法

1. 裸露爆破法

当自然条件差，如水流急，潜水员无法潜水的情况下，可采用裸露爆破法。根据礁石的具体情况将药包安放在礁石上或礁石旁，由于是表面爆破，往往要重复进行才能把礁石炸除至设计要求。

进行裸露爆破时,应将工作船泊定在礁石上水流远离爆破点的安全距离之外。将药包捆扎在礁石上或礁石旁,然后用绳索吊在舢板的船头,放松与工作船连的缆绳,让舢板顺流而下到达礁石上方,将药包轻轻放在礁石处预定爆破的位置,放妥后舢板退回到工作船旁,并再次检查四周警戒的情况,然后引爆,爆炸后,将绳索母线收起。重复上述过程,直到礁石炸到设计标高为止。

由于裸露爆破法是在水面往水底施放炸药,药包很难准确达到预定地点。所以,此法很难确保进度和工期,而且用药量也不易控制。

航道上出现浅滩时,也可采用裸露爆破法,称为爆破疏浚。它是利用炸药的爆炸松动浅滩泥沙,借水流将泥沙带走,增加浅滩上的水深。沙质浅滩如果有 1 m/s 以上的流速,爆破疏浚一般能增加水深 0.2~0.4 m。

2. 岩缝爆破法

利用礁石上的天然裂缝和洞,安放炸药实施爆破的方法称为岩缝爆破法。如果潜水员选择炮眼适当,炸药安放稳固,炮眼堵塞严密,施爆效果将比其他爆炸方法好得多,并能大量节省炸药。有时可根据具体情况把岩缝稍加整理,然后再安放药包。当岩石裂缝狭小时,应设法扩大一些,凿深一点;若裂缝太大,可清理一下,选择适当位置安放炸药后,再轻轻把裂缝填塞严实。必要时用石块将药包压住,可更好地发挥爆破威力。

3. 凿洞爆破法

当礁石缺乏天然裂缝和岩洞或已经炸成陡坎,难以寻找现成的炮眼时,需要采用凿洞爆破法。采用这一方法时,如果岩洞开得深而且位置又适宜,四周堵塞严密,爆破效果则比较理想。

凿洞爆破的具体操作:潜水员应先摸清陡坎壁坳的形状,寻找易于操作且能达到最大爆破效果的部位。凿洞一般用榔头、钢钎、钢凿或气动工具,按已确定的部位进行。承担凿洞的潜水员要事先经过专门的训练。凿洞时要随时注意安全,严防礁石坍落伤人。特别是在已爆炸过的礁石上凿洞时,应先把炸松的石块设法清除,待探摸确认稳妥后,再选择合适的部位进行凿洞。凿洞完全用人力手工进行,费时费劲,尤其是在水下能见度不佳的情况下,施工很不方便,效率很低。

4. 钻孔爆破法

采用机械钻孔,装药爆破。适用于水下建筑工程的基础处理,而对于清除航道障碍的礁石则效果不太理想,特别是大体积礁石更显得费力。

钻孔爆破法分为竖钻钻孔和横钻钻孔两种。竖钻钻孔是将钻机固定在工作船上(爆破平台),钻机竖直并由潜水员扶持,从礁石面往下钻,让钻头利用自身的重量往下沉,钻到一定深度提一提,一直钻到预定深度。然后用水压力或气压力将孔内的石渣冲净,就可安放炸药。横钻钻孔是潜水员手持钻机横向钻孔。钻头对准岩壁,开动气阀,用力推钻入孔,待钻好后,清除石渣,安放炸药。炸碎的礁石如果仍影响航道水深,应搬运至适当的地方。

二、爆破沉船

当沉船在水下严重影响通航时,如要及时打捞或无整体打捞价值,可采用爆破方式加以清除。这种爆破多使用大量炸药,一次或多次将沉船炸毁,以达到清除障碍而使水深符合通航要求。有时沉船虽说在航道中,但影响不十分严重,但又不能整体打捞时,可根据设备能力,将沉船爆破成较小的碎块,吊出水面。

(一) 炸捞沉船

炸捞沉船前应先详细进行测量,根据所测量的资料,结合设备能力,拟定沉船解体程度。然后估计爆破线的总长度,计算用药量和工期,准备施工设备和器材,待一切准备就绪便可施爆。水面相关人员根据具体情况将炸药同雷管及引爆电线联结在一起,由潜水员按照施工方案要求的爆破线路将炸药紧贴在沉船船体上,炸药愈是紧贴爆破部位,爆破效果愈好。炸药布放妥当后,潜水员即浮出水面,回到潜水工作船上,潜水工作船移至安全地点,经认真检查确认,水下无潜水员,水面船只均已到安全位置,方可施爆。施爆应由现场指挥统一发布信号。如果起爆后而未爆炸,应将引爆电线从电源上拆下,并将其尾端联成短路。若需进入爆破地点进行检查或重新布放炸药,为安全起见,其间隔时间在采用迟发雷管时,不得短于 15 min;采用即发雷管时,不得短于 5 min。

(二) 快速爆破沉船

船沉后阻塞航道,由于要求清除的时间紧迫,又不可能用其他方法打捞,可用大量高威力炸药,迅速将沉船炸毁,让航行的船舶在炸毁的沉船残骸上部水面安全通过。

施爆前先勘察测量,掌握水深和底质情况、沉船材质和载货情况、船舶结构和大小、沉船倾斜和入泥尺寸、附近建筑物和船舶等资料,并据此制定施爆方案。

在港区内一次性爆炸的用药量不宜太大,以免危及附近建筑物、船舶和人员;港区外空旷水域,除附近有特殊怕震的装置和设施外,用药量可以适当加大。正式爆破前,可先用少量炸药试炸一次,以便观察效果,估计适合的用药量。炸药要布放在沉船的关键部位,才能做到用药量少、收效大的效果。有时只需炸除桅杆、烟囱、甲板上的上层建筑物等,便可达到清航的目的,不必爆破整个船体。

快速爆破沉船时,要根据船舶不同的沉没状态、结构、材质和炸药的性能等各种因素来决定施爆方案。在港区外空旷水域,整艘木壳沉船,可一次炸坍。但在港区内,不能用大量炸药,必须分次爆破。除船艏、艉部位外,炸药宜布放在船体外。如果布放在船内,只能炸掉边板,而不能炸断龙骨。钢筋网水泥船不能采取爆破法,因无法将钢筋网炸坍。

三、水下爆破安全注意事项

(一)水下爆破用的器材

水下爆破用的器材如炸药、雷管等爆炸物品,是危险物,如果管理不善或操作不当,就会发生爆炸事故,给国家建设和生命财产安全造成损失。为确保安全,在储存、运输和水下使用爆破器材时,应严格遵守国务院 2006 年 9 月 1 日实施的《民用爆炸物品安全管理条例》的各项规定。

(二)水下爆破前的准备

(1) 水下爆破作业必须有严密的组织、计划和充分的准备,并在熟悉水下爆破的指挥人员监督下进行。

(2) 参加水下爆破作业的每个人员必须分工明确,熟悉本职工作,各司其职。

(3) 开工前,应有施工负责人向全体参加爆破作业的人员进行技术交底,讲解清楚作业程序、应急程序及有关安全注意事项。

(4) 所有参加水下爆破作业人员必须服从统一指挥。

(三)水下爆破过程中的注意事项

(1) 炸药、雷管或导爆索等应由专人负责管理。

(2) 在同一次起爆中不得用不同型号的雷管。

(3) 装好雷管的炸药包不得与其他炸药包放在一起。

(4) 暂时不用的炸药包不得装入雷管。

(5) 放置炸药、雷管的船只,严禁烟火,禁止无关人员逗留。

(6) 引爆电源或装置必须由专人掌管,其他无关人员不准接近或逗留。

(7) 潜水员在水下布置好炸药包返回水面时,必须防止爆破母线拖着炸药包钩挂在潜水工作船或自己的潜水装具上,待潜水员全身出水后必须仔细检查,确认无钩挂后,方可让潜水员踏上潜水梯。

(8) 雷雨将至,必须中止爆破作业。

(四)施爆时避让的安全距离

(1) 爆破开始前,须与港航主管部门联系妥当,根据水下爆破的影响范围,划定危险区域;设标警戒,在危险区域内,除爆破工作船外,禁止其他船只停泊或航行。

(2) 爆破时,工作船应根据下列条件撤离到安全距离外,爆破力的影响不致损及潜水工作船、送药船和炸药船;从水下爆炸出来的碎片,不致损伤工作船上的一切设备及人员;爆破时不致引起炸药船上的炸药、雷管等爆炸。

(3) 在炸药库、堤坝、码头、桥梁或其他设施附近进行水下爆破时,应根据具体情况,预先研究对各种设施的影响,如有必要可在采取安全措施后控制爆破。

（4）水下爆破的冲击波对人体的伤害力比空气中的伤害力大 4 倍以上，为了安全，没入水中的人体离水下爆破点的距离必须大于规定的安全距离，尽量远离爆破中心。

第七节　水下氧-弧切割

水下切割是指在水下使用某种工艺或手段，破坏金属材料或非金属材料的连续性，以达到解体的目的。

为适应不断发展的水下工程的需要，出现了多种水下切割方法。按所使用的能源，大致可分为：水下机械切割、水下热切割和水下爆破切割。

水下机械切割，是在水下利用机械的方法（如水下电动机械、液压机械和水力机械等），对工件或结构进行切割的方法。

水下热切割，是在利用热能（如电弧热、化学热等），对水下工件或结构进行切割的方法。

水下爆破切割，是利用炸药的爆炸力，对水下工件或结构进行切割的方法。

水下氧-弧切割属于水下热切割。这种方法自 1915 年问世以来，已有数百年的历史，是一种传统的水下金属切割方法。水下氧-弧切割技术安全可靠、易于掌握，是目前仍然被广泛采用的方法。

一、水下氧-弧切割的原理

水下氧-弧切割原理就是利用水下电弧所产生的高温和氧与被切割金属元素产生的化学反应能够获得大量化学反应热，加热、熔化被切割金属，并借助氧气流的冲力将切割缝中的熔融金属及氧化熔渣吹除，从而形成割缝，随着水下电弧的连续移动和氧气连续供给，获得所需要的切割长度，故可以用较小的切割电流进行切割。在切割过程中连续供给具有一定压力和流量的氧气，使割缝中熔化金属和熔渣不断被吹除，以达到切割的目的。所以氧-弧切割的速度比较高。

二、水下氧-弧切割的设备及材料

进行水下氧-弧切割，必须具有整套设备和器材。这些设备和器材，包括切割电源、切割电缆、切割炬、闸刀开关、氧气瓶、氧气调压表总成、氧气管、钢管切割电极（亦称切割条、割条）等。

（一）氧-弧切割电源

为了保证潜水员安全，水下氧-弧切割电源通常采用大功率直流焊机。

(二) 切割电缆

水下切割电缆与陆上电焊电缆无多大区别,其截面积主要取决于通过电流的大小,而电流大小与被割件的厚度、水深有关。通常使用电流在 400～500 A,截面积 75 mm² 的电缆即可。电缆截面积与电流大小关系见表 7-2。

表 7-2　电缆截面积与电流大小关系表

电缆截面积(mm²)	最大允许电流(A)
25	200
50	300
75	450
90	600

(三) 切割炬

切割炬是水下切割的重要组成部分。我国自行设计制造的 SG-Ⅲ型水下氧-弧切割炬,水下重量为 0.75 kg;切割炬头部构件与被割金属接触时,能自动断弧,以防止烧坏切割炬头部;切割炬装有防止回火装置,可防止炽热的熔渣阻塞气路,烧毁氧气阀。切割炬带电部分,包敷绝缘材料,其绝缘性较好;当通过切割炬氧气阀氧气压差 0.6 MPa 时,其供气流量大于 1 000 L/min(图 7-11)。

(四) 控制开关与自动开关箱

为了防止触电,确保潜水员安全,应在电焊机接到切割炬的电缆上装有闸刀开关。当潜水员更换切割电极(割条)或工作暂停时,用闸刀开关及时切断电源。控制开关一般采用闸刀开关(图 7-12)。闸刀开关由水下作业的潜水员指挥,水面应有专人负责。

为了保证及时开关,在连接电路上,有时也装有自动开关箱,以代替人工操作的闸刀开关。

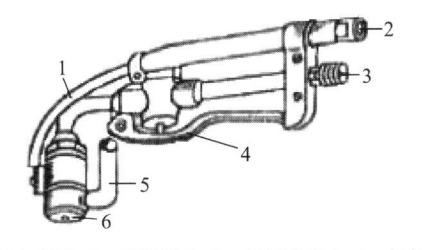

1—导电铜排;2—电缆接头;3—氧气管接头;4—氧气阀;
5—松紧螺栓;6—钢管电极插孔

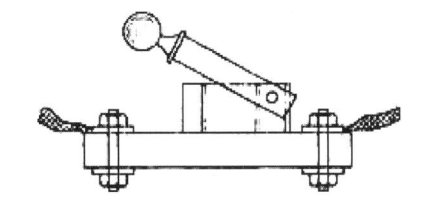

图 7-11　水下切割炬

图 7-12　闸刀开关

(五) 氧气瓶、氧气管和氧气调压表总成

氧气瓶、氧气管和氧气调压表总成等均有定型产品。但在选用时,一定要与整个系统匹配。一般情况下,氧气管应注意其耐压强度。其工作压力应不低于 2 MPa。

(六) 钢管切割电极

钢管切割电极(割条)在氧-弧切割时作为一极,产生电弧并可输送氧气。

钢管切割电极(割条)外部涂料有两种方式,一种是在无缝钢管外压涂药皮;另一种是在无缝钢管外涂以塑料纤维皮或包上一层塑料外套,以达到绝缘的目的。不论哪种方式,外部均涂有防水漆,防止药皮吸水受潮。使用受潮的割条,会产生药皮裂纹或破碎,影响水下切割效率。

涂料中有易电离的成分,起稳定电弧的作用。涂料在燃烧时,产生大量气体,使钢管切割电极与水隔离,涂料燃烧速度比钢管熔化的速度慢,在端部形成套筒,所以切割时,钢管切割电极能在与工件接触的情况下进行燃烧。

国产 COESS—1041 钢管切割电极(割条),是一种典型的水下氧-弧切割电极。长为 400 mm,钢管内径为 2.5 mm,外径为 8 mm(图 7-13)。每千克约有 6 根。

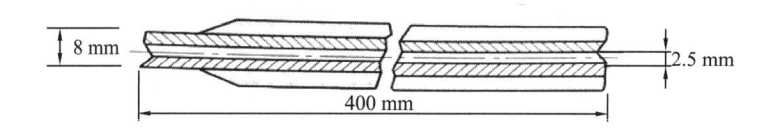

图 7-13　COESS—1041 钢管切割电极

(七) 氧气

在氧-弧切割中,氧气的作用是很大的。它不仅是助燃剂,氧气流又是吹除割缝中熔融金属、氧化渣的动力。作为助燃剂,氧气的纯度应该是越纯越好。

三、水下氧-弧切割规范参数的选择

氧-弧切割的效率很大程度上取决于下列因素:

(1) 切割氧气的纯度和切割电极的类型;
(2) 水下结构的状态,如被割金属的厚度,表面锈蚀的程度等;
(3) 水下环境的特点,如水下能见度、流速等;
(4) 操作潜水员技术熟练程度;
(5) 切割规范参数的正确选择。

在以上各因素中,切割规范参数的正确选择与确定,对切割效率提高有很大的价值。

氧-弧切割的规范,主要指切割电流、氧压和切割角的选择与确定。

1. 切割电流的选择

切割电流的大小,通常主要是根据被切割金属的板厚来确定的。切割电流与板厚的关系见表 7-3。

表 7-3 切割电流与板厚的关系表

板厚(mm)	<10	10～20	20～25	>25
电流(A)	280～300	300～340	340～400	>400

当电流选择过小时,不但将使引弧、续弧发生困难,电弧不稳定,钢板割不透,割缝也不整齐,而且还会发生粘弧,造成短路,切割效率下降。电流过大时,药皮爆裂,切割电极(割条)熔化过快、熔池过宽,熔化金属在割缝中发生粘合,造成割而不透的现象,亦会影响工作效率。

2. 切割氧压的选择

水下氧-弧切割时,氧压选择正确与否,对切割效率影响很大,氧压大小与被割金属的性质和厚度相关,切割同一种金属材料,其氧压取决于板厚,水下切割时氧压与板厚的关系见表 7-4。

表 7-4 水下切割时氧压与板厚的关系

板厚(mm)	<10	10～20	20～30	>30
氧压(MPa)	0.6～0.7	0.7～0.8	0.8～0.9	>0.9

上表中的氧压是在水深 10 m,氧气管长不超过 30 m 的条件下。如果切割水深增加,氧压亦增加,其幅度是水深每增加 10 m,氧压增加 0.1 MPa。氧气管长度增加,氧压相应增加。

3. 切割角(氧流攻角)

进行水下氧-弧切割时,切割角的掌握是否得当,对切割速度有一定的影响。随着切割角的改变,切割速度也随之改变。切割角是指切割电极与被割钢板割缝垂线之间的夹角。无论采用何种操作,适当运用切割角能获得较高的切割速度。切割角的选择取决于板厚。通常,切割板厚度越大,切割角越小。不同板厚的切割角推荐见表 7-5。

表 7-5 板厚与切割角的关系

板厚(mm)	<10	10～20	>20
切割角	50°～60°	40°～50°	<40°

切割电流、氧压和切割角,是水下氧-弧切割的重要规范参数。推荐的数据和计算经验公式,仅适用于碳钢。对于其他金属材料(如铜、不锈钢等)不能照搬硬套。这三个参数,如果选配恰当,可以大大提高水下切割效率。经验表明,在水下环境不太复杂的条件下,一个技术熟练的潜水员割薄板每小时可割 20 m 以上,割中板 6 m 左右,厚板也可达 3 m 以上。

四、水下氧-弧切割电路和气路的连接

在进行水下氧-弧切割操作之前,必须接好切割电路和气路,见图 7-14。

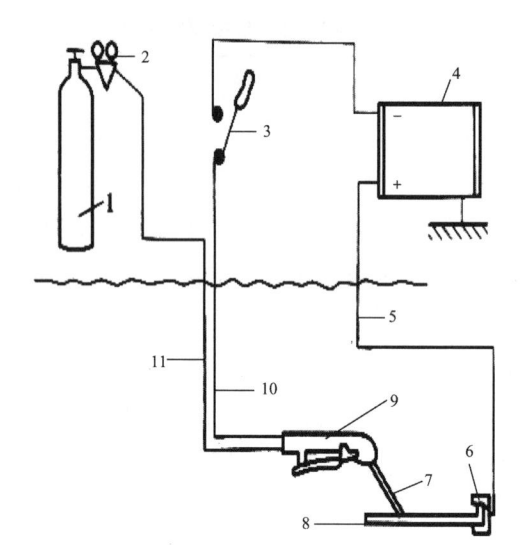

1—氧气瓶；2—氧气调压总成；3—控制开关；4—电源；5—接地电缆；6—接地弓形夹；7—切割电极；8—被切割工件；9—切割炬；10—电源电缆；11—氧气管

图 7-14　水下氧-弧切割电路、气路连接示意图

水下氧-弧切割电路一般采用直流正接法。即切割条接负极，被割工件接正极。

水下氧-弧切割时，氧气管一端接氧气调压表总成，一端接切割炬，氧气瓶中的高压氧气经过氧气调压表总成减压至所需要的压力。

五、水下氧-弧切割的基本操作方法

（一）支承切割法（图 7-15）

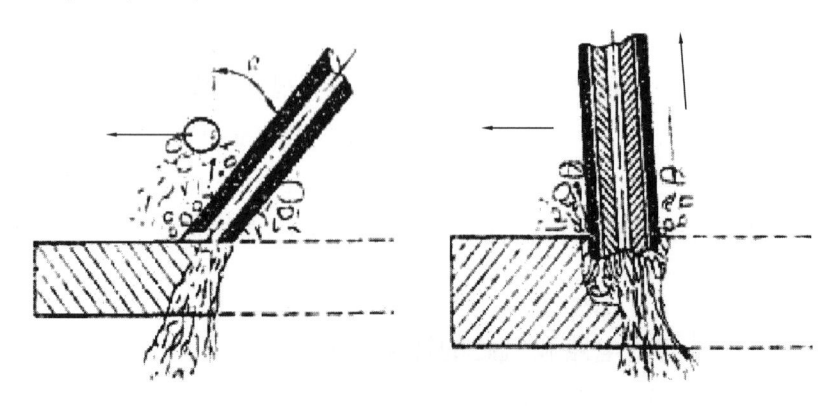

支承切割法是当电弧引燃后，将切割条倾斜一定的角度，借助割条头部的药皮套筒，支承在被割工件上进行切割。支承切割法适用于切割薄板和中板。这种方法操作比较简单，易于掌握，且切割效率较高。

（二）加深切割法（图 7-16）

图 7-15　支承切割法　　**图 7-16　加深切割法**

加深切割法是当电弧引燃后,将割条略微倾斜,保持电弧稳定。逐渐将割条伸入熔池,待割缝形成后,重新将割条提回工件表面,如同拉锯上下运动。加深法一般适用于厚板的切割。

（三）电弧维持法

当电弧引燃后,将割条离开被割工件表面,保持一定的电弧长度进行切割。割条与被割工件基本保持垂直位置。电弧维持法一般用于切割板厚小于 5 mm 的钢板。但由于水下电弧很短,这种方法较难掌握。

六、水下氧-弧切割操作程序

（1）按作业计划要求,认真做好切割前的各项准备工作。如检查设备、器材等。

（2）连接好气路和电路,接地电缆一定要紧固在被切割的工件上。

（3）根据被割工件的厚度、水深、氧气管长度、工件锈蚀程度等选择规范参数。

（4）切割炬可由潜水员直接带入水下,也可待潜水员到达工作地点后,用信号绳或绳索传递给潜水员,潜水员每次潜水所带的割条不宜太多,并应将割条放入专门的帆布袋中。

（5）清理切割线周围的水生物和沉积层,并查明切割区域有无易燃易爆的物品,如有应采取安全措施。

（6）一切就绪后,即可开始切割。应先开氧,后通电。当割条燃烧残留 30 mm 左右,关闭电路,熄灭电弧,停止供氧。将一根新割条紧固于切割炬插口中,继续切割,直到完成任务或轮换另一名潜水员。

（7）切割时,潜水员不要站在接地电缆和电源电缆的回路之间,随时注意被割件的动态,防止倒塌或由于应力集中使工件断裂而损伤到潜水员。

（8）切割动荡不定的工件时,首先应采取固定措施,潜水员的信号绳、潜水软管和电缆要整理弄清,并处于上流位置。

（9）切割完毕,切割炬应缓缓地拉出水面,并用淡水清洗、晾干。

七、水下氧-弧切割时氧气和切割电极消耗的估算

水下氧-弧切割的成本,除人工、设备、能源和水下环境等因素外,氧气和切割电极的消耗也占相当大的比例。金属厚度与氧气、切割电极消耗的关系见表 7-6。

水下氧-弧切割,受水下环境因素影响很大,而水下环境又处在不断变化之中,因此,在做计划时,氧气的储备要有一定的余量,通常储备量是实际耗氧的 1.5 倍。

表 7-6 金属厚度与氧气、切割电极消耗的关系

金属厚度(mm)	切割1m的消耗量及所需时间		
	氧气消耗量(L)	割条消耗量(mm)	时　间(min)
5	100	400	2.6
8	180	580	3.6
10	240	700	4.1
12	300	820	4.7
14	370	900	5.2
16	450	960	5.6
18	550	1 040	6.0
20	660	1 100	6.4
22	840	1140	6.6
25	1 150	1 200	7.0

八、水下氧-弧切割的安全注意事项

(1) 在实施氧-弧切割前,必须了解被割物件上下结构的连接情况,切割时有无发生意外塌落等危险。

(2) 电源开关应放置在电话员近旁,如不需用电或有紧急情况,潜水员可通知电话员,迅速切断电源,以防止发生意外危险。

(3) 在沉船舱内切割时,潜水员必须首先摸清有无易爆物品,以及被割物背后有无可引爆物质,以免触及后造成重大事故。弹药库、油舱以及其他有爆炸可能的舱室,没有采取可靠的措施前,禁止切割。

(4) 实施切割时,潜水员应注意防范头盔、压铅等碰靠在被割物件上,以防止被割物件发生强力弹动时伤害到潜水员。

(5) 当被割物件即将割断时,潜水员应告诉水面,通知其他潜水员切勿走近割断处,或在其下方操作,以防止被割物件塌落而发生事故。

(6) 在水下切割时,必须摸清物件情况,在开割时,应注意从里到外,从上到下,但必须在被割物件上部留出部分做最后割断,以防割落时潜水员被挤压。

(7) 在双层底或能储气的角落、柜箱等处进行切割,应先在其上用机械切割的方法割两个小洞,使气体逸出,以防发生爆炸。

(8) 在水下作仰割或反手割作业时,必须留出避让位置,以免被割物件落下砸伤潜

水员。

(9) 如果在沉船凹陷处进行切割,因避不开而碰靠铁板时,绝对不得使割条碰及头盔,此时潜水头盔上应罩绝缘套,以策安全。

(10) 在切割时,当割条与被割金属发生熔融时,不拿切割炬的另一只手,切勿触及电弧处,以防灼伤手指。

(11) 在水下切割已被吊起的物件时,必须了解其移动方向,并站在其上流一侧,同时,将气管、信号绳、脐带等分清后,方可进行切割作业。

第八节　湿法水下焊接

一、概述

水下焊接是指在水下对金属结构物进行焊接的一种专业技术。水下焊接既存在水的影响又有高压的影响,因此水下焊接的工艺、设备及其对质量的要求与陆上是有区别的。目前,水下焊接的方法很多,大体可分为湿法水下焊接、干法水下焊接和局部干法水下焊接。

湿法水下焊接,即潜水员不采取任何排水措施而直接施焊的方法,采用这种方法遇到的主要问题是:可见性差、不易控制、冷却速度快、含氢量高等影响焊接接头质量。

1954年首先由美国提出干法水下焊接的概念,即使焊接部位范围内的水通过预制气箱,使焊接过程在一个干燥的气箱内进行。这种方法存在的主要问题:首先,要有一个大型舱室,但受到水下焊接工件形状、尺度和位置的限制,适应性差,到目前为止,这种方法仅适用于海底管道之类形状简单有规则结构物件的焊接;第二必须有一个维护、调节、监测、照明和安全控制的完整设备系统,成本昂贵;第三仍然存在压力对焊接质量的影响,随着水深的增加,焊接电弧被压缩,弧柱变细,焊出来的焊道和熔宽变窄,容易造成缺陷,见图7-17。

局部干法水下焊接:湿法水下焊接设备简单、操作容易、成本低廉,但焊接质量差。而干法水下焊接,虽然焊接质量较高,但成本昂贵、适应性差,难以满足大量工程需求,于是人们又研究出一种局部干法水下焊接。这种焊接方法是把焊接部位周围局部水域的水,人为地排空,形成一个局部气箱区,使电弧在其中稳定的燃烧。与湿法相比,因焊接部位排除了水的干扰,从而改善了焊接接头的质量。与干法相比,又不需要庞大的设备

图 7-17　干式水下焊接

系统。所以这种水下焊接方法,是目前研究的重点和方向。但这种方法也有不足之处,即灵活性和适应性较差,焊接时间长后烟雾变浓,影响可见性。因为要经常移动设备位置,焊缝接头处质量不太有保证。图 7-18 为 NBS—500 型水下局部排水 CO_2 气体保护半自动焊设备接线示意图。

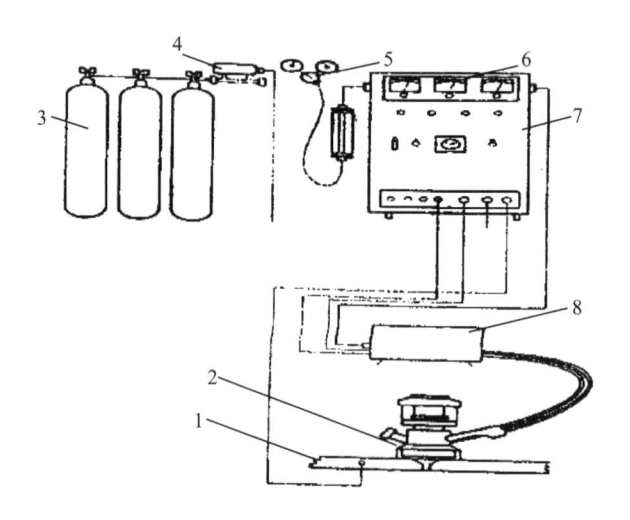

1—工件;2—焊枪;3—二氧化碳气瓶;4—预热箱;5—减压阀;6—控制系统;7—焊接电源;8—送丝箱;9—流量计

图 7-18　NBS—500 型水下局部排水 CO_2 气体保护半自动焊设备接线示意图

水下焊接方法的分类可归纳如下：

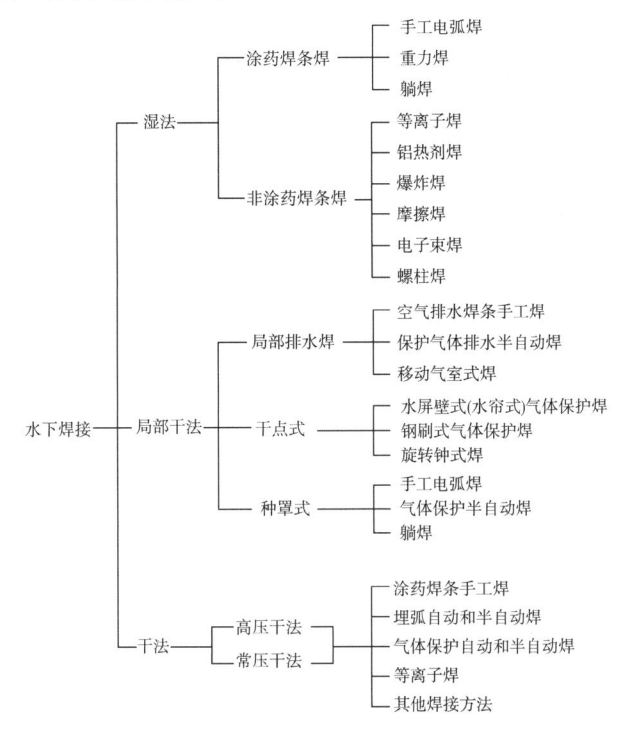

```
                    ┌─ 涂药焊条焊 ─┬─ 手工电弧焊
                    │              ├─ 重力焊
                    │              └─ 躺焊
          ┌─ 湿法 ──┤
          │         │              ┌─ 等离子焊
          │         │              ├─ 铝热剂焊
          │         │              ├─ 爆炸焊
          │         └─ 非涂药焊条焊─┼─ 摩擦焊
          │                        ├─ 电子束焊
          │                        └─ 螺柱焊
          │
          │                        ┌─ 空气排水焊条手工焊
          │         ┌─ 局部排水焊 ─┼─ 保护气体排水半自动焊
水下焊接 ─┤         │              └─ 移动气室式焊
          │         │              
          ├─ 局部干法┤              ┌─ 水屏壁式(水帘式)气体保护焊
          │         ├─ 干点式 ─────┼─ 钢刷式气体保护焊
          │         │              └─ 旋转钟式焊
          │         │              
          │         │              ┌─ 手工电弧焊
          │         └─ 种罩式 ─────┼─ 气体保护半自动焊
          │                        └─ 躺焊
          │
          │         ┌─ 高压干法     ┌─ 涂药焊条手工焊
          └─ 干法 ──┤               ├─ 埋弧自动和半自动焊
                    └─ 常压干法 ────┼─ 气体保护自动和半自动焊
                                    ├─ 等离子焊
                                    └─ 其他焊接方法
```

二、湿法水下焊接

（一）湿法水下焊接原理

典型湿法水下焊接是涂料焊条手工电弧焊，其基本工作原理：当焊条与被焊工件接触时，接触点的电阻热，使接触点处于瞬间汽化状态，形成一个气相区。当焊条离开工件一定距离时，电弧仅在气体介质中引燃。有关水的大量汽化及焊条涂料熔化放出大量气体，在电弧周围形成一个较为稳定的"气袋"，"气袋"使焊接熔池与水隔开，形成完整焊缝(图 7-19)。

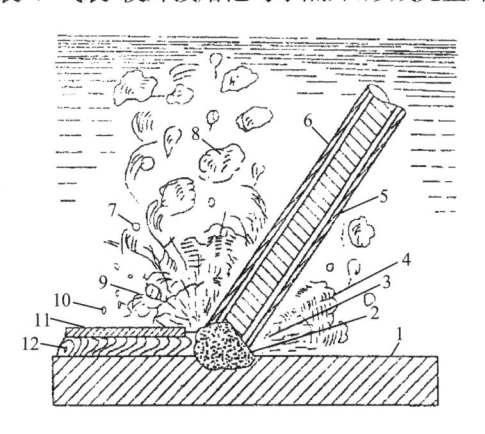

1—工件；2—熔池；3—套管；4—电弧；5—焊条涂料；6—焊条心；7—气泡；8—浊雾；9—气袋；10—飞溅物；11—焊渣；12—焊缝

图 7-19　湿式水下焊接原理示意图

湿法水下焊接焊接区域周围介质是水,而水与空气有着不同的理化特性,给水下焊接带来了一系列不利因素:

(1) 可见性差:水对光的反射、吸收和散射作用比空气严重得多。因此,光在水中传播衰减很厉害。焊接时,电弧周围产生大量气泡和浊雾,使潜水员难以看清电弧和熔池的情况。有时能见度为零,潜水员完全靠感觉。所以湿法涂料焊条手工电弧焊又称"盲焊"。严重影响了潜水员操作技术的发挥,是造成水下焊接缺陷、焊接质量不高的重要原因。

(2) 含氢量高:不论钢铁中或焊缝中,其含氢量超过容许范围,就很容易引起裂缝。造成结构性破坏,是导致水下涂料焊条手工电弧焊接接头塑性韧性都很差的主要原因。

(3) 冷却速度快:这种水下焊接法,尽管电弧周围有一个"气袋",然而其尺寸极小,熔池刚刚凝固,还处于红热状态便进入水中,水的热传导系数比空气大得多。所以焊缝的冷却作用非常之快,很容易造成"淬硬"。焊缝与热影响区出现高硬组织,内应力集中,严重影响接头质量。因此,不能用来焊接重要的工件结构,这也是湿法涂料焊条手工电弧焊历史悠久发展慢的根本原因。

湿法涂料焊条手工电弧焊,自20世纪50年代引入我国后,在海难救助、沉船打捞、水下工程等方面发挥了一定的作用。如果潜水员操作技术熟练、水下环境较好,还是可以在水下焊出满足水下一般结构要求的焊缝。

(二) 湿法涂料焊条手工电弧焊的设备器材及电路连接法

湿法涂料焊条手工电弧焊的设备器材主要由焊接电源(焊接电缆、电源电缆和接地电缆)、焊钳、闸刀开关、水下焊条及钢丝刷、榔头等组成。

为了保证潜水员安全和焊缝质量,焊接电源通常采用直流电焊机。焊接电缆、闸刀开关及其选用规格与水下氧-弧切割相同。

水下电焊钳与陆用电焊钳结构原理基本相同,只是对绝缘性要求更加严格。国产水下电焊钳及其结构见图7-20。

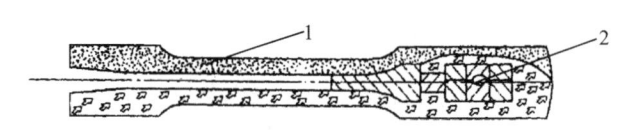

1—电焊钳本体绝缘外壳;2—条插孔
图7-20 水下电焊钳

焊条在水下施焊时,应有良好的工艺性能,即水下引弧容易、电弧稳定、熔化均匀、焊缝形成美观。熔渣要具有合适的黏度,脱渣性能好,适合全方位焊接。国产"特202"涂料焊条,经多年使用证明,性能是好的。

湿法涂料焊条手工电弧焊的电路连接可分为直流正接法和直流反接法。通常都采用直流反接法。即电焊钳接电源的正极,被焊工件接电源的负极。

(三)湿法涂料焊条手工电弧焊工艺

(1)轻压拖曳法,是使涂料焊条与工件之间保持不间断接触,焊条拖曳着经过工件焊接部位,潜水员稍加些压力。这样,焊接处就被一连串的焊珠连成一条需要的焊接头。这种操作方法适用于大多数的水下工件焊接。

(2)运条法,又称手控法,使用这种操作方法时,焊接潜水员通过操作焊条来控制较为恒定的电弧。可以控制焊条作横向的往复移动,使焊珠在工件上堆积到需要的厚度与宽度的接头。但应用这种方法,要求潜水员应具有相当高的技术和经验。

(四)水下焊接作业应考虑的因素及安全注意事项:

(1)要了解作业水域水文、气象,特别要注意水流和水的透明度。

(2)设备器材的完整性,并与水下焊接具体要求匹配。

(3)确定焊接电流,焊接电流大小取决于焊条直径,直径越粗,电流越大,见表7-7。

表 7-7 焊接电流与焊条直径的关系

直径(mm)	2	2.5	3.15	4	6
电流(A)	60~80	80~120	120~160	160~200	200~300

(4)检查所有接头和焊钳是否绝缘。

(5)检查焊条规格、质量是否符合要求。

(6)在焊接处应准备好稳妥的脚手架或平台。

(7)适当清理干净焊接工件表面,如油漆、腐蚀物和水生物等。

(8)将地线弓形夹头牢固夹在被焊工件上,这一点在焊接管道时特别重要,因为每根管道可能有不同磁极,必须使其有一个以上的接头处。

(9)作业前,焊机机壳必须接地。

(10)电路断电后,才能更换焊条,没有水下潜水员的指令,水面人员不得随意接通电路。

(11)施焊时,决不可把插入焊钳中的焊条对准潜水员自己。

(12)焊接过程中,潜水员必须戴绝缘手套。

(13)正确选择接地位置,防止潜水员处于电路中间的电磁场内。

(14)在能见度较好的情况下,潜水员应戴护目眼镜,防止损害潜水员的眼睛。

(15)焊接区域内,不能有任何因受高温而发生危险的物质。

(16)在没有潜水长充分协调的情况下,焊接区域附近,不允许进行能产生不正常的噪声或振动等各种水下作业。

(17)潜水员在水下焊接作业时,禁止水面向施焊区域倒碎石、水泥和垃圾。

(18)潜水员在水下焊接时,作业船不得发生移位或走锚。

第九节　水下摄影和电视

一、水下摄影

水下调查与检验,经常采用水下摄影,但由于水下摄影受到水下环境、摄影器材、操作人员的潜水和摄影技术水平等因素的影响,要得到一幅真实反映被摄物体水下状态有价值的照片是不太容易的。

(一)水下环境对摄影的影响

(1) 水是光的不良传播媒体,光在水中传播时被吸收的光比在空气中传播时大千倍以上。水中能见度是光在水中吸收和散射的共同作用。用普通的水下摄影机和人工照明进行水下摄影,其效果好坏取决于水的透明度。在透明度差的水中是不能进行水下摄影的。

(2) 浪涌给水下摄影带来的不良影响。浪涌不仅增加了反射量,而且在浪涌作用下,水中能见度更差。

(3) 光线进入水中,发生折射,其折射率约为空气的1.33倍。因此,摄影机镜头视角在水中只相当于原来的3/4左右。例如一个焦距35 mm的广角镜头,在水中的效果只相当于一个50 mm焦距的标准镜头。

(4) 人在水下,空间视角也发生变化。主要表现为放大、位移和失真。比如摄影机有自动调焦装置,人与摄影机镜头同处水下,并且人的视线和镜头都由空气通过隔水玻璃再通过水到达被摄物,摄影时,只要按照眼睛所看到的情况调焦就可以了。但有些水下摄影机,没有自动调焦装置,距离靠目测或实测,在这种情况下,如果想摄近距离目标时,把距离标定在实测距离的3/4处即可,失真感主要表现为水下看到的物体比实际的要大(图7-21)。

图 7-21　潜水员水下空间视角改变

(5) 光线进入水中,随水深的增加,按光波的长短次序逐渐被吸收(图 7-22),所以在水下摄影时,常感红光或接近红光波长的光不足。在没有辅助人工光源或采取滤光措施的情况下进行水下摄影,在不深的水下就得不到足够红光,使整个画面呈蓝绿色调。用普通的黑白底片进行水下摄影,由于底片对蓝光不敏感,往往曝光不足,应适当延长时间。

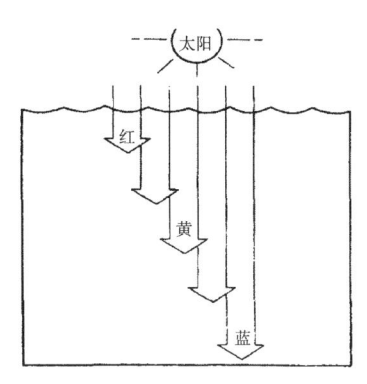

图 7-22 光线进入水中的衰减随水深变化而变化

(6) 江、河、湖、海之水中,不同程度的混溶盐类、杂质和微生物,当光线进入水中,碰到它们,就丧失了原来的方向,而射向不同方向。这种现象叫散射。水中混溶的盐类、杂质和微生物愈多,光的散射愈严重,水的透明度就愈差。有相当一部分水域,用普通的摄影机已无法拍摄。实践证明,在比较混浊的水中施行水下摄影,由于产生前向散射和后向散射,收效甚微。因此,必须采用更先进的摄影技术。如:激光摄影、超声全息摄影等。

(二) 水下摄影器材

目前,比较常用的摄影器材:水下摄影机、水下照明灯具、水下曝光计以及感光底片等。

普通水下摄影机与陆上用的照相机没有多大区别,早期的水下摄影机,就是用照相机改装而成的。如:20世纪 60 年代国产 SHS—1 型水下摄影机,就是把一架海鸥 4 型双镜头照相机的外部罩一个防压密封的铝合金壳体制成(图 7-23)。

水下摄影机大致可分为:照相机、壳体、操纵装置、取景器及其相应附属设备器材,如:水下照明灯具、水下曝光计等。

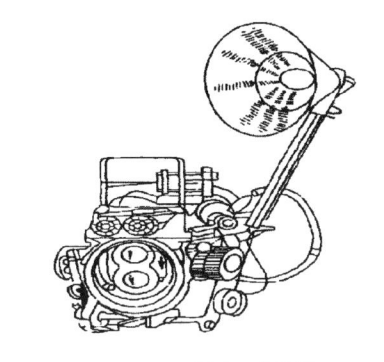

图 7-23 SHS—1 型水下摄影机

目前,潜水行业广泛使用的是专门用于水下全新结构的抗压、防水的水下专用摄影机,它设有防压水密的外壳,照相机直接暴露于水中。如日本产的尼康系列水下摄影机。这种水下摄影机机身较小、操作灵活、便于携带,很受潜水员的欢迎。但这种摄影机使用水深较浅,且价格昂贵。特殊情况下,在没有现成的水下摄影机可用时,也可以自己动手改装。同样可以达到水下摄影的目的。自制水下摄影机,应考虑下列因素:

(1) 不论用什么方式或材料制作水下摄影机壳体,必须水密。不水密,壳内照相机进水,前功尽弃。既然水下摄影机要到水下进行操作,壳体必须抗压。凡在压力下变形或破裂的材料,不能用做水下摄影机壳体。

(2) 水下摄影机不能太重或太轻。太重给水下操作人员水中悬浮停留或快速跟踪造成困难;太轻,可能要上浮,使操作人员失稳。摄影机的水下重量就是摄影机的排水量与自重的差值,通常一架水下摄影机水中重量为 0.5 kg 左右,如果太轻,可加压重;太重可加浮块。

(3) 水下摄影机所用灯具,有闪光和白炽灯。闪光灯又有万次闪光灯和单次灯泡闪光灯。不论哪种水下照明灯具,若摄影水域混浊均无济于事。

(4) 用于水下摄影用的感光底片,应具有感光速度适中,对各种色光都具有同样的敏感度的性能。市场上出售的全色黑白底片对蓝绿光不敏感,因此拍出来的照片对比度差,层次不清,不易辨认。使用彩色底片时,如果不采取灯光补偿,拍出的照片较暗,红色光不饱和。

(三) 水下摄影注意事项

(1) 水下摄影是一个复杂的过程,首先要学会潜水,没有好的潜水技术,很难摄出理想的照片。

(2) 水下摄影的水域,水质一定要好,主要指标是透明度,透明度差的水域不能进行水下摄影,黄河、长江中下游用普通的水下摄影机是不能进行水下摄影的。就是在大海中,遇到恶劣气候,浪涌很大也很难进行水下摄影。

(3) 工程摄影多数是静摄影,与动态相比,被摄目标处于静止状态时,可能容易些,但潜水员在水下受到水的浮力和浪涌的综合作用,身体容易晃动,再加上水质不好,透明度差采用大光圈、慢速度,景深很浅,往往拍摄出来的照片模糊不清。

(4) 要掌握光在水中传播的特点,排除一切干扰因素,特别要注意焦距的准确。

(5) 水下摄影时,为了把握时机保证质量,对拍摄对象可重复拍几次,以便提供较多的选择性。

(6) 为防止失真,可在拍摄前,在被摄物体上做一些有计量意义的标识,供读片时参照。

(7) 拍摄完毕,取底片时要特别小心,防止损坏底片或曝光,并尽快冲洗。

(8) 水下摄影机系精密仪器,使用后要用淡水清洗外部,对内部物体要进行养护。

（9）水下摄影机长期不用时，镜头与机身应分开存放，镜头应在专门的容器中，不得沾污镜头。

（10）水下摄影机发生故障时，应送往专业修理单位修理，不得随意拆卸。

二、水下电视

水下电视广泛应用于水下远、近距离观察、监视、探索以及引导器和行动器等方面。水下电视不仅可以录制现场景物，而且还能使水面人员不间断地监护潜水员的水下活动，从而大大提高了潜水作业的安全性。

（一）水下电视的基本设备

水下电视的基本设备主要有水下摄影机、水下照明灯、同轴电缆、监视器、录像机等。

1. 水下摄影机

水下摄影机通常有两种：一种是在设计制造时就考虑了防水耐压，可直接在水下使用，俗称水下摄像头；另一种是将小型的手提录像机装入防水耐压容器内进行使用的装置，简称防护罩型水下摄像机。防水耐压型水下摄像机摄取的信号是通过同轴电缆传送到水面监视和录像的。防水罩型水下摄像机由于防罩内装的是完整的摄录机构，通过罩内传动装置，在罩外控制功能键直接进行录像。另外，罩也有引出信号接头，可以同时通过同轴电缆传送信号到水面进行监视或录像。

2. 监视器

监视器是一个具有功率偏转（模拟驱动）和可调节声频回路的阴极射线管显示器，从摄像机发送来的信号，激发阴极，使它发射一个电子束，并在涂有磷光物质的光屏上扫描，从而形成眼睛可见的图像。

3. 录像机

也称视频磁带记录器，当水下摄像机把水下景物的光影像信号转换成电信号后，就可通过同轴电缆信号传送到水面监视器和录像机上，供水面监视或录像之用。电视录像机对输入电源的频率变化很敏感。如果供电的频率变化不良时，则应加电源稳频器。

4. 水下照明灯

水下照明灯是水下电视摄像的必备器材，它的主要作用是增强摄像机辨认被摄物的能力和准确地进行色彩还原。目前的水下照明灯是采用直流电源，并且符合人体安全电压 36 V 以下，其功率有 100 W、200 W 和 300 W 等，主要依据具体的水下摄像距离而定。

（二）水下摄像操作

用水下摄像机进行水下摄像，通常可分为：水面准备阶段、入水阶段、水下拍摄阶段和结束出水阶段。

1. 水面准备阶段

首先检查水下摄像机及水下照明灯固定性和水密性,连接部位密封圈涂上防水硅脂。如果是防水罩型水下摄像机可在密封前装入录像带,并把摄录机的聚焦方式确定在"自动"挡位,在使用新磁带或长久没用过录像磁带时,应让新带在机内先快进一段再倒回后使用,以防因粘带而影响录制画面的质量。当整套系统准备就绪,即可入水拍摄。

2. 入水阶段和出水阶段

潜水员入水时,不要随身携带摄像机。当潜水员手持或腿盘入水导索时,由水面人员从船上或潜水平台,用绳索将摄像机吊放入水中,并让潜水员接受。出水时,潜水员将摄像机吊到水面的船上或潜水平台。在大风浪中,水面人员在放摄像机入水时,要注意不要使摄像机与船艇相撞。

3. 水下拍摄阶段

水下摄像是由潜水员完成的。由于水下环境复杂,如水流、浪涌等影响了水下摄像画面的稳定性,潜水员操作、控制、移动也较为困难。所以,水下操作摄像者必须具有较好的潜水技术和摄像技术。水下摄像时,最好用双手抱着摄像机放在胸前或者抱着放在腿上,避免水流或其他不稳定的因素影响电视画面的稳定性。主要靠潜水员上身的转动来摇摄、仰摄或俯摄,局部移动时,双腿跪着用双膝移动。

在水下摄像时还要注意:掌握水下摄像机的重心,水下摄像机的重心无论靠前还是移后,都会给操作者增加困难;掌握好呼吸,人体呼吸时身躯的起伏必然会影响到水下摄像机的稳定。通常,拍摄过程中屏住呼吸或用腹式呼吸;掌握好拍摄姿势,移动拍摄时,即使是膝爬行都要放慢或减少步幅;定位拍摄或流急时拍摄,身体或手可以依附一些固定物体来稳定摄像机。

4. 结束阶段

水下电视摄像结束后,即可通知水面人员关闭水下摄像机及照明灯电源,水面回收同轴电缆,此时潜水员也同步上升,风浪大时要注意避免碰撞;水下摄像机出水后,先用淡水冲洗干净,擦干水分后,再将水下照明灯及同轴电缆与摄像机分离,然后将摄像机等小心放入包中,至此,水下摄像结束。

(三)水下电视摄像机的使用与保养

(1) 常用的光电导型摄像管,如硫化锑管、氯化铅管等,其靶面是非晶体半导体阻挡层,对强光和较高的温度很敏感,在温度高和光强度加大情况下,将发生热反应和光化学反应,以致形成缺陷而使管子失效,因此,不允许水下摄像机直接对着太阳或非常明亮的物体,在未下水前切勿打开镜头盖。

(2) 尽量避免长时间扫描同一物体。因为电子束长时间扫描同一部位,会形成电子扫描灼伤。

（3）因为目前常用的光电型摄像管的靶面都含有一个薄而松软的非晶体半导体阻挡层，机械稳定性较差，对外部震动撞击很敏感。所以水下摄像机在水下使用时，应避免震动、碰撞。

（4）摄像管属于电子扫描类光电转换器件。电子带负电，因此电子扫描束的运动易受电磁场的影响。水下摄像机在使用时应远离电磁场，否则将导致电子束的运动不规则，而出现失真和颤抖。

（5）频繁开机会加速摄像管灯丝及阴极的老化。为了尽量减少开机次数，水下拍摄应连续进行。

（6）根据摄像管和摄像机的其他电子元件的性能和特点，水下摄像机的水下工作环境及水面贮存温度为 0～40℃。

（7）摄像机灯丝和阴极都有各自的适宜工作温度，因此水下摄像机在正式工作之前有一定的通电预热时间，一般不得少于半分钟，特别是当摄像机长期放置之后再次使用时，预热的时间还须更长一些，否则灯丝和阴极达不到正常工作温度，将影响摄像管的寿命。

第十节　水下检测

水下结构在水的综合作用下，将受到不同程度的损坏，给水下结构的安全运作造成很大的威胁。导致水下结构损坏的原因，可归纳为三个主要方面：首先是材料自身缺陷或制造缺陷造成的损坏。如材料内部存在的夹渣、气孔、裂纹等缺陷及焊接缺陷等引起的损坏。其次是机械性损坏。如波浪、潮流和浮冰的冲击，水中动植物和支持设备（船舶等）的碰撞引起的损坏。第三是腐蚀损坏。如盐雾、海水、生物细菌、土壤腐蚀等引起的损坏。一座水下结构，在飞溅区主要是化学腐蚀和电化学腐蚀；在浸水区主要是化学腐蚀和生物腐蚀；在海底土壤中主要是电化学腐蚀和土壤腐蚀。通常在飞溅区的腐蚀最为严重。

所谓水下检测就是在水下直接对结构的入水部分进行质量检测，以发现结构表面的或内部存在的各种缺陷或隐患，提供分析解决缺陷和隐患的依据，从而确保水下结构运作的安全性与可靠性。

一、水下检测的分类

水下检测通常分为两大类，即非破坏性检测和破坏性检测。

(一)非破坏性检测

非破坏性检测,指不破坏被检测对象本身或不影响被检对象使用性能的检测方法。水下目视检测和水下无损探伤就属于非破坏性检测。

(1) 目视检测:用肉眼或借助于某些仪器设备,如低倍放大镜、水下摄影、水下电视、水下录像等,进行观察而发现结构存在的缺陷。这种检测方法,仅能发现被检测对象表面较大的缺陷和隐患。

(2) 水下无损探伤检测:水下无损探伤检测需要使用专门的仪器设备和方法。检测结果可发现被检对象表面或内部存在的缺陷。

(二)破坏性检测

破坏性检测,指破坏被检对象本身或破坏被检对象的使用效果,以取得检测数据的方法,如水下结构成分检测、机构性能检测和金相组织检测。

由于水下结构往往比较复杂和庞大,制造费用昂贵,所以水下检测一般都采用非破坏性检测。破坏性检测常用于水下结构制成之前或进行水下焊接前试块的性能试验。

二、常用水下检测仪器设备和工具

水下检测需借助许多仪器设备和工具,使用的检测仪器设备和工具越先进,越能提高水下检测的质量和效率。常用的检测仪器设备和工具见表7-8。

表7-8 常用检测仪器设备和工具一览表

检测方法	仪器设备和工具名称	使用范围
阴极保护电极电位检测	水下电极电位测试仪	检查外加电流保护的金属结构及牺牲阳极保护电位
厚度检测	水下超声波测厚仪	检查水下结构的厚度,判断结构的腐蚀情况
声响检测	金属锤	用以敲击被检结构,借以判断结构的缺陷
目视检测	低倍放大镜(不超过20倍)、水下摄影机、水下电视及录像系统	检查被检结构的表面形状、尺寸和表面缺陷
无损检测	水下磁粉探伤仪、水下超声探伤仪、水下射线探伤仪	检查被检结构的表面和内部缺陷

三、水下检测操作程序

水下检测的程序一般可分以下步骤:

(1) 水下检测作业前的准备;

(2) 水下被检结构的清洗;

(3) 水下被检结构的检测及提出检测报告。

(一) 水下检测作业前的准备

(1) 检测委托合同的签订；

(2) 被检结构及其所在水域环境的调查；

(3) 检测人员及检测仪器设备的准备；

(4) 检测计划及检验工艺的制订。

(二) 水下被检结构的清洗

水下被检结构的清洗往往是水下结构检测中最繁重的工作之一。水下情况的质量直接关系到检测的质量，水下检测通常采用水下手工清洗或机械清洗。但清洗工作一定要适应检测工艺的需要。如水下磁粉探伤，不容许使用破坏被检结构表面缺陷的清洗工具进行清洗(图 7-24)。

图 7-24 水下结构清洗

(三) 水下被检结构的检测及提出检测报告

水下被检结构的检测必须根据检测规范规定的检测方法和程序进行。提出的报告要真实可靠，并要签写上检测潜水员的姓名。

一次重要的决策性的水下检测，往往采用多种水下检测方法、工艺，以便互相印证。

第十一节 绳 结

绳结在我们日常生活中用途尤为广泛，对于我们潜水员来说，从着装就开始使用到绳结(如扎腰绳、扎鞋带、系安全绳、信号绳)，在进行水下作业时，互相传递物品、打捞沉物、水下设备的捆扎与固定等都离不开绳结。

准确、无误、熟练地使用好绳结，将对潜水员水下作业任务的顺利完成起到十分重要的作用。本章节主要介绍绳结的名称、打法(见图或实操)与用途以及绳索的连接。

一、绳结的名称、用途与打法

绳结通常用于棕绳。在作业中，根据不同的用途，棕绳须打成各种式样的绳结。好的绳结应该是打结时方便，使用时牢靠，解开容易。利用绳索、吊索和绳索附件，采用适当绳结可以捆扎、绑系各种重物和起重机具。

1. 平结

平结又称方结、果子扣、套环扣。用于两根粗细近似的小绳相接。工作中，平结使用很广。打法：两手各握一绳端，先打好半结，而后将两绳端并拢再打一半结收紧即成。注意平结打好后绳端与绳根穿出的方向必须一致，见图 7-25。如果穿出方向不一致，即称为死结、老太婆结，则愈拉愈紧不容易解开。

图 7-25 平结

2. 活结

活结又称缩环节。两根粗细近似的小绳相接，用在经常解开的地方。打法：与平结打法基本相同，只是在第二道半结打好后留一活头，收紧即成。注意绳结打好后留出的绳端头与活头均不能过短，防止散开或形成平结，见图 7-26。

图 7-26 活结

3. 丁香结

丁香结又称猪蹄结、梯子扣、五子扣。用于将绳索牢固地绑在圆柱形的物体上。用在拴扒杆时的缆风绳等。打法：将绳端头绕物体一周，并压住绳根，再将绳端头绕物一周并穿过第二次构成的绳圈内，收紧即成。在使用中，一般应将绳端头在绳根上再打一个半结，即丁香结加半结就更加牢固。注意丁香结不能在方形物件上使用，以免松脱或将绳索磨损，见图 7-27。

(a)　　　　　　　　(b)

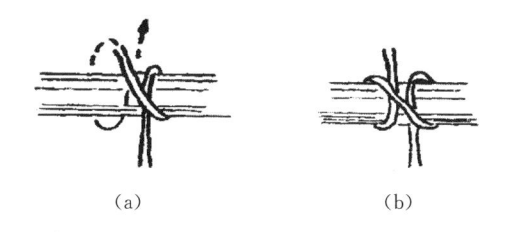

图 7-27　丁香结

4. 单套结

单套结又称琵琶结、保铃扣、环结、拉结、水手结、滑子结等。有单单套结和双单套结。用于绳与绳、绳与眼环临时性的连接，也可做绳端临时性的眼环。单单套结的打法：在离绳端一定距离处打一半结，拉紧绳端使绳根构成一绳圈，将绳端绕过绳根回穿进圈内收紧即成。注意绳结打好后留出的绳端头不宜过短，以免受力后绳结散开。双单套结的打法：将绳一端适当长度折成双股，然后将双股绳构成一小绳圈并使双股绳端头穿过绳圈。再将双股绳端头向下张开，把构成的双股绳圈套进双股绳端头内，收紧即成，见图7-28。

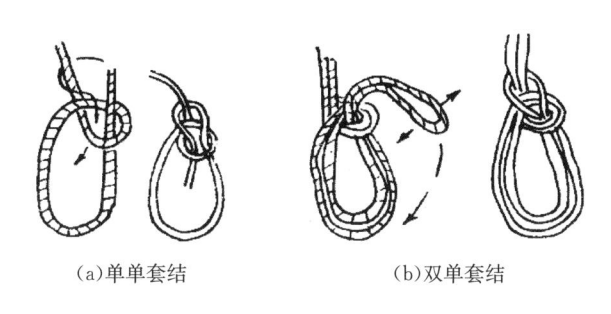

(a)单单套结　　　　(b)双单套结

图 7-28　单套结

5. 鲁班结

鲁班结的作用与丁香结相同，用于将绳索牢固地绑在圆柱形的物体上。打法：将丁香结打好后，在绳根上再打一个半结即成，见图7-29。

图 7-29　鲁班结

6. 圆材结

圆材结又称系木结、半扣、背结、管子背结等。用于拖曳、升降圆柱形物体如圆木、管子等用的绳结。打法：将绳端头绕物体一周，然后绕过绳根，折回绳根上绕2～3圈收紧即成,见图 7-30。

图 7-30 圆材结

7. 拖木结

拖木结又称倒背结、管子扣。用于拖拉、起吊较长的木材及其他圆柱形的物体。打法:在背结的基础上,再作一半结,从物体的另一端套进,收紧即成(俗称背结加倒扒),见图 7-31。

图 7-31 拖木结

8. 双花结

双花结又称穿针结、组合结、插结、编结等。有单绕式、多绕式和活扣式三种。用于两根粗细不同的绳索相接,或绳索与眼环的连接用。单绕式索花结的打法:将绳端头绕过眼环一周,再使绳端头穿过绳根,收紧即成。注意留出的绳端头不宜过短,以防绳结散开。多绕式双花结的打法:在单绕式双花结的基础上,再将绳端头绕眼环一周以上穿过绳根,收紧即成。多绕式双花结一般用在受力较大的地方,它比单绕式双花结牢靠,见图 7-32。

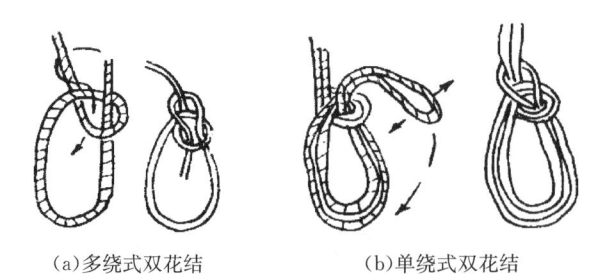

(a)多绕式双花结　　(b)单绕式双花结

图 7-32 双花结

9. 缩短结

缩短结用于临时缩短绳索,不必将绳索切断,而缩短绳索到所需的长度。打法:根据缩短长度的要求将绳索做成 Z 形,在距两绳头适当距离处各打一半结,然后将 Z 形绳索两端的绳环穿进的半结收紧即成。注意为了防止松脱、半结外端的绳环不应留得过短。

在使用中,缩短部分必须拉紧,否则经抖动后易松脱,见图 7-33。

图 7-33　缩短结

10. 抬扣结

抬扣结又称抬杠结、杠棒结。用于抬、吊各种重物用。打法:将一端绳头做成眼环,另一端绕该眼一周后做成第二个眼环,然后从绕圈的绳圈底下穿过,调整两眼环的大小即成。该结也有双股打法,其方法与单股相同,见图 7-34。

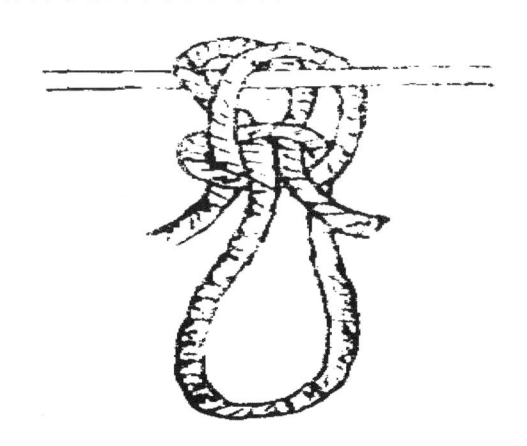

图 7-34　抬扣结

11. 跳板结

跳板结又称架板结。用于搭设临时高空脚手架。打法有多种,其中一种打法先将绳索中段横放在跳板上,然后将两绳段交叉压在板底,再交叉放在板面上,最后将横放在跳板上面的一段绳索拉松套在跳板头下面,收紧两侧绳索即成。注意绳结必须收紧,左右两侧绳索要平整,见图 7-35。

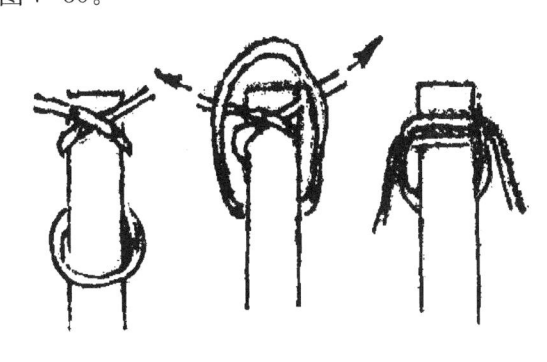

图 7-35　跳板结

12. 吊桶结

吊桶结又称立桶结。用于绑扎、抬吊单个无耳环的桶状圆形物体时既方便又保险。打法：将绳索中段压在物体底部，用两绳打一半结并收紧至物体上部，再将半结分开套在物体适当部位即成。注意绳结应打在物体稍上部，两侧的半结应对称，以防倾斜，见图 7-36。

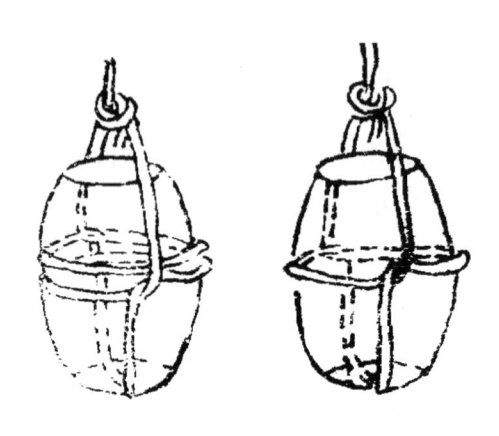

图 7-36 吊桶结

13. 瓶口结

瓶口结用于系结各种瓶等相类似物件。打法：做两个相对称的绳圈，两绳圈相邻的边 A 绳圈压 B 绳圈后，B 绳圈再压 A 绳圈。大圈的中间绳段 D 点引向绳干的上方，从 A、B 两绳圈交叉的中心孔穿出，A、B 两圈向下翻即成。此结不易滑脱，可系圆柱上，见图 7-37。

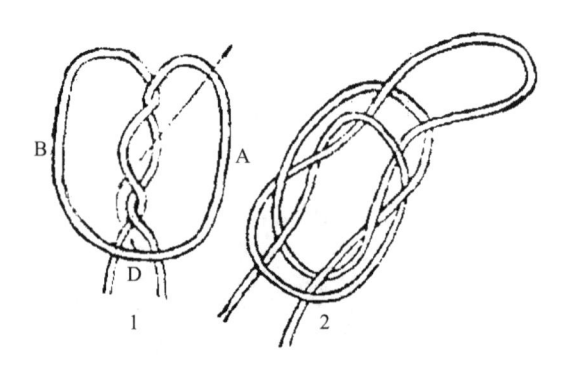

图 7-37 瓶口结

14. 扒人结

扒人结又称拔人结、板凳扣。在高空作业时保险用，见图 7-38。

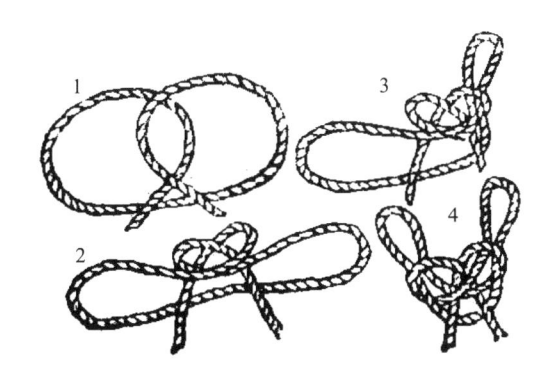

图 7-38　扒人结

二、绳索的连接

（一）绳的编结连接

1. 纤维绳或白棕绳的编结

1）琵琶头

三股绳插琵琶头时，先将绳头的一端放在左手，绳根的一端放在右手，把绳头松开 4~6 花，并分成 1、2、3 索股。按照琵琶头所需要的大小，做一环状（右搓绳逆时针方向做一个环状，左搓绳顺时针方向做一个环状），把绳头紧贴在绳根上一并握紧。右手扭开绳根最上面的一股索股，把中间一索股从里往外插入扭开的索股中，再将第一股顺绳头方向插入前一扭开的索股中，然后把琵琶头反转过来，将第三股插入相邻已扭的索股中，使三根索股各在三个绳股空隙中穿出，这称起头。再依次收紧各股，使各股受力均匀。然后各索股用向前压一股插入相邻索股中的方式，各插三次，用木笔末端将插处敲平（或放地面用脚捻搓），用剪刀剪掉过长的股绳头即成。

具体操作方法可见实操。

2）短插接

三股绳的短插接是将两根绳的绳股各松开三花，并分成三叉形，然后将两绳头相交接合，左手握紧相交接合处，右手取左边的绳头相邻的一索股向前压一股插入相邻扭开的索股中。第二股和第三股同样向前压一股插入相邻扭开的索股中，然后把各绳股依次收紧，使两绳交接紧凑，受力均匀。照上述方法，再把各绳股插入两次。然后将左边的绳股转过来，照上述方法各股再插三次，这样每边索股均插三次。最后用木笔末端敲平，股绳头约留一厘米左右割断即成。

具体操作方法可见实操。

3）绳头反结

把绳头股松开 4~6 花，并分成 1、2、3 索股。按 1、2、3 股的顺序，分别依次压住相邻索股,每股收紧后绳顶端呈"△"形。三根索股各在前压一绳股空隙中穿出(互相压股),索股均插三次,再依次收紧各股,用木笔末端将插处敲平(或放地面用脚捻搓),用剪刀剪掉过长的股绳头即成。

具体操作方法可见实操。

2. 钢丝绳的编结

钢丝绳的编结插接比纤维绳、白棕绳困难,主要是钢丝绳本身质硬,股数又多,一般为6股、7股。编结时要借助特制的工具如扦子、榔头等。实际的编结插接方法很多,如起头有二、四起头;三、三起头和一、五起头法。穿插有单花插、暗双花插和明双花插。插法有二、四眼环插接法和三、三眼环插接法以及一、五短插接。可根据具体需要而选用不同的方法。

具体操作方法可见实操。

(二) 绳的组合

钢丝绳的眼环有时不用编结方法,而用钢丝卡子结合。这样的组合迅速简单,但钢丝绳端头的安全拉力要减少20%。使用的钢丝卡子要与钢丝绳的直径配合,过大的钢丝卡子不可能压紧细的钢丝绳,否则会造成事故。每个钢丝卡子应拧紧到把钢丝绳压扁1/3~1/4直径为止。所有钢丝卡子的半圆环都要放在活头一边。在重要的水下起重作业中,为了便于检查,可另加一个保险卡子,预留出安全弯。见图7-39。

为了保护钢丝绳的眼环部分不产生死弯,可采用适宜的索环放在眼环内。两根钢丝绳连接在一起时,可采用平结夹木心的方法。用钢丝卡子组合,这样可防止眼环处产生死弯。见图7-40。

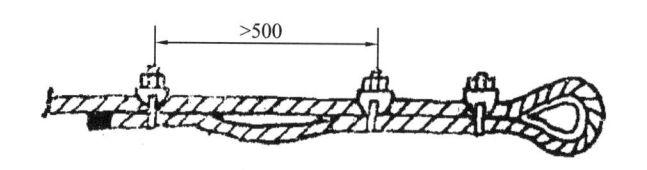

图 7-39 钢丝卡子的用法

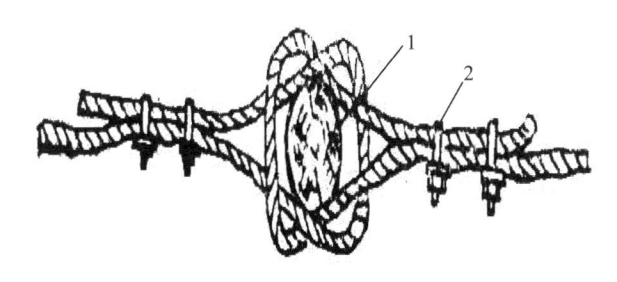

1—木心；2—钢丝卡子

图 7-40 平结夹木心

使用钢丝卡子应按规定配置其数量。见表 7-9。

表 7-9 钢丝卡子配置标准

钢丝绳直径 （mm）	每个接头配置数量 （个）	间　距 （mm）
12	4	100
16	4	100
19	5	120
22	5	140
25	5	160
28	6	180
38	6	200
38	8	250
50	8	250

第十二节　特殊条件下的潜水

一、夜间潜水

夜间潜水时，潜水员将处在一个截然不同的水下世界。与白天相比，夜间的可视物体变得光怪陆离，色彩不一。潜水员白天潜水熟悉的地区，在夜间似乎都变了，因此，夜间潜水需要特殊的措施和周密的计划。

夜间抛锚特别重要。潜水作业船应在潜水员入水前抛锚定位，除非潜水员进行的是活动船拖曳潜水。在这种情况下，应采取其他相应措施。同时，使用正确的标灯，使其他船只看得清楚，也是很重要的。

夜间潜水入水前,进行潜水前的检查是特别重要的。因为入水后,能见度有限,无法对装具再进行检查,应避免在雾天和下大雨时开展夜间潜水,因为潜水员很容易看不见潜水工作船和其他潜水员的灯光。

每个潜水员应带一盏可靠的潜水灯,潜水灯应充分充电,使用时间应比预定的潜水时间长。最好再带一盏备用灯,因为灯失灵的情况曾有发生。灯具的固定位置,应以既能为潜水表、深度表照明,又能给潜水员引路为宜。潜水前和潜水中整个潜水小组都应注意保持暗适应,潜水前和潜水中应力求避免用潜水灯直接照射眼睛。进入水中后夜间很容易跟踪成对潜水员的灯光,但是,有时一名潜水员可能看不见另一名潜水员。这是因为,该潜水员配带的灯光太耀眼,使其看不到他的成对潜水员的灯光。

在这种情况下,该潜水员应熄灯,或者暂时遮住灯光,使双眼适应暗环境,找寻成对潜水员的灯光,然后再立即打开灯。如果一个潜水小组只剩下一盏灯,应立即终止潜水。在水面上,也可用灯光信号。用灯在头上方划一道大弧光,这是"将我救捞上船"的标准信号。夜间也应带哨子或化学闪光信号装置,以便在灯失灵的情况下使用。夜间,在岸边入水比较危险,因为潜水员不容易看清岩石、海藻、洞穴以及离岸流等环境特征。从小船、码头和其他水面平台入水时,需特别小心,以免潜水员与水面上或水下的物体相撞。如果因水中有障碍物,出水上滩时需走特定路线的话,将两盏灯排成一行,可起导向作用。若可能,有夜间潜水经验的潜水员应与新手一起成对潜水。制订潜水计划时,安排在黄昏时入水,便可适当避免夜间入水的某些问题。

夜间减压潜水时,需要用灯标示出减压绳,以保证潜水员在潜水工作船或其他平台附近实施水中减压。减压潜水员不得游离减压绳,也不得游离可将他们引回至减压绳和潜水平台的灯标。

二、在污染水中潜水

作业潜水员有时可能要在污染水中潜水,在这种情况下,应采取措施,尽可能避免潜水员直接接触污染物。挥发性油、重金属和有毒的或腐蚀性化学物品都可刺激皮肤,锈蚀装具,有时还会引起中毒。重油可污染装具,影响潜水活动,在污水污染区,例如在下水道出口和海洋垃圾场周围,存在许多致病的微生物。病原体(如细菌、病毒)是各种各样呼吸道和肠道疾患的病因。甚至在经过二次废物处理的排污物中仍然存在着这些微生物。制订潜水计划时,应询问相关部门,了解排废量,同时应向公共卫生部门了解流行病情况。在有这类污染物质的地方开展潜水作业时,须格外小心地做好周密的防护措施。

在污染水中应该使用能够使潜水员最大限度地避免与污染水直接接触的潜水服和潜水装具。干式潜水服和自由流量型水面供气式呼吸器是一种比较理想的防护装具,可以有效地防止污染水接触潜水员的皮肤、口腔和耳。开式回路自携式水下呼吸器、干式潜水服和全面罩不能有效地防止头与水接触,但是,如果作业时无法使用水面供气系统,亦可使用上述潜水装具,此时应小心谨慎。

此外,潜水后应采取卫生措施,对装具进行清洗和简单的消毒。用杀菌洗涤剂对皮肤、头皮进行彻底的清洗,有助于防止皮肤病。保护耳朵,防止外耳炎的问题。

卸装前,潜水服应进行彻底的去污清洗和淡水冲洗。卸装后,潜水服应用含氯漂白剂 50% 的热水溶液进行清洗。在淡水中冲洗干净后,擦干,然后挂好,在室温下阴干。呼吸器应按该类装具潜水后的标准保养程序彻底清洗。

三、岩洞潜水

在内陆淡水和海中的暗洞内都可开展岩洞潜水。开展岩洞潜水时,应强调做好潜水计划,配备生命保障系统和采用特种潜水技术。只有经验丰富和受过特殊训练的潜水员才能承担岩洞潜水工作。

制订岩洞潜水计划应包括:选择装具;确定潜水员;确定紧急情况下的应急计划。在一般情况下,岩洞潜水的潜水员人数不得超过 3 名。一旦完成任务,每个潜水员都应到洞口,所剩气量至少应是原气量的 1/3。除标准潜水装具外,生命保障系统还应包括:罗盘、灯具、安全绳卷筒、缆绳、潜水压力表和章鱼式调节器。进行长时间潜水时,一般用双气瓶。调节器和多种歧管的组装方法很多,适用于岩洞潜水的组装方法是,将两只气瓶用歧管相连,使之成为一个气源,但要有两个调节器的输出口。如果一个调节器失灵,可用第二个调节器供给所剩的全部气量。

在岩洞潜水中,由于受距离和岩洞形状的限制,成对呼吸是不实际的,有时也是行不通的。必须特别注意浮力控制和照明。开展岩洞潜水,每名潜水员至少应带两只灯。同时还可采用特种技术,以防止岩洞潜水所遇到的天然危险,如洞顶、黑暗、能见度低等。然而,岩洞潜水最大的特有危险是淤泥,应设法避开。

岩洞潜水时,有几种用于保障安全和导向的缆绳。最常用的是临时绳,包括一个安全绳卷筒和缆绳。适当的安全绳卷筒应有导线器、线轴、浮箱、合适的匝数比,并可绕一根长约 150 m 的尼龙绳。如果尼龙绳直径为 1.6 mm,可耐受的拉力应为 73 kg;如果尼龙绳直径为 3 mm,可耐受的拉力应为 200 kg。卷筒的浮力应为中性,而且小巧牢固,大卷筒、粗绳会给潜水员带来额外的阻力,使潜水员费力。

展开安全绳时,拿卷筒的潜水员应保持一定的张力。安全绳应系在有水面光线的范围之内,每隔 8 m 应打上安全结。绳应尽可能系在岩洞的中央。拿卷筒的潜水员应第一个进洞,最后一个出洞。成对潜水员负责解开出洞后的安全结,并给系绳或解绳的潜水员提供灯光。除非在能见度降低时,否则身体应避免与绳接触。对岩洞进行全面考察(勘查)或绘图时可使用固定绳。

潜水员应牢牢记住岩洞中的潜游路线,如果超过这一路线,则不得进一步深入。为了进一步确保潜水员的安全,应采用三等分法,即1/3的呼吸气体用于进入岩洞,1/3的气体用于离开岩洞,剩下的1/3作为应急条件下使用。

四、冷水潜水

制订冷水潜水计划时,须考虑几个特殊因素。潜水员应休息充分,摄入碳水化合物和蛋白质含量高的早餐,不得饮酒,因为酒会使皮肤血管扩张,增加体热损耗。冷水潜水带来了装具方面的某些问题,这些问题则是较暖水中潜水时所没有的。其中一个问题是由于结冰使调节器失灵。单管调节器特别易于冻结,当一级减压器处于自由流量位时,要采取防冻措施。

潜水前,如果在接近于结冰的气温中通过调节器进行几次试验性呼吸,如果单管调节器的二级减压器处于自由流量位时,往往就会冻结。潜水过程中或各次潜水之间,都应注意不要让水进入二级减压器气室。同时,还须采取额外预防措施,保证自携式水下呼吸器气瓶内完全干燥,使用的空气没有水汽,而且使用前,调节器应彻底晾干。

在冷水中,潜水面罩也容易起雾或结冰。涂抹唾液不能防止起雾。向面罩内注入少量的水,以及用海水冲洗面窗可暂时达到去雾的目的。

冷水潜水时,潜水员的保暖是一个最重要的问题,在这种情况下使用三种普通的防护服:(1)标准湿式潜水服;(2)变容式干式潜水服;(3)热水湿式潜水服。

潜水时间长达60分钟时,使用湿式潜水服,该潜水服应配有尼龙头罩式背心。如果潜水员活动多,这种潜水服使用效果令人满意。但这种潜水服的缺点是,潜水结束后潜水员又湿又冷,需立即给予防护措施,以免因冷空气、寒风使体热大量散失造成危险。变容式干式潜水服可使潜水员控制潜水服内的气量,因此也可控制潜水服的保暖能力。与穿标准湿式潜水服相比使用变容式干式潜水服一般可使潜水员在冷水中停留的时间增加1倍。使用热水湿式潜水服也可达到保暖效果。这种保暖服要求水面不断输注预热热水,由于潜水员被系于供水管上,因此,这种保暖方法使潜水员活动大为受限。

着湿式或干式潜水服时,穿上厚实的保暖袜,有助于保护脚温。双手应戴手套或连指手套进行保暖,戴上手套或连指手套后,虽然手指活动不便,但是由于手指温暖,活动反而灵便些,同时,也可在潜水前给手套或连指手套注入热水。在普通潜水服头罩外,再戴上一只刚好合适的氯丁橡胶头罩,可减少头部的热散失。将针织绒帽戴在干式潜水服头罩内,对保持体热特别有效。帽子应戴得偏后一些,这样可使潜水服的面部水密,头部保持相对干燥,并感到舒服。只要潜水服着装合身,水密良好,那么在短时间内即使在最冷的水中,潜水员一般也可保持温暖和干燥。

湿式潜水服应妥善保养,使其处于最佳工作状态,减少潜水服内水的流进和流出,同时,潜水员在潜水过程中应尽可能多活动,以产生体热。当潜水员发生寒战或手工操作十分笨拙时,应立即停止潜水。

离开冷水后,潜水员可能会感到疲劳,而此时最容易进一步受寒。出水后,应立即温水冲洗潜水员的湿式潜水服、手套、潜水靴等,可使潜水员感到舒适、温暖。为了恢复散失的体热,水面应有一些保暖设施使潜水员能在舒适、干燥和较温暖的环境中擦干身体。潜水员应尽快脱下湿的衣服,擦干身体并穿上保暖服。如果需要进行反复潜水,体热的保持和潜水服的选择则更为重要。

五、沉船潜水

沉船潜水时,潜水员遇到的许多危险与岩洞潜水或冰下潜水相同。在过去的 10 年中,沉船潜水已成为一种活跃的潜水活动要求,有特种装具和受过特殊训练,在进行深海沉船潜水时尤其需要具备这两个条件。不管潜水目的如何(搜索人造物件,照相或探查),真正的沉船潜水都要求潜水员进入沉船内。正是由于潜水员需进出于沉船的壳体,故要求携带其他装备和接受特殊训练。

许多完整的沉船都在 25 m 以深,因为在较浅水域,风暴已将其摧毁,或者因危及航行,已将其清除。到达沉船地点的海底后,为了安全起见,第一小组的潜水员应检查锚并保证锚缆不会刺破潜水服。潜水员进入沉船时,能见度一般尚好或好。但是,返回时,由于潜水员将积聚在舱壁和外露钢板上的淤泥和一氧化铁(锈)泛起,故能见度可能显著下降。由于能见度下降,加上心情急躁不安,以及因层层通道、入口、隔舱和舱壁使潜水员心绪慌乱,因此要求使用一根帮助潜水员进出沉船的引绳,如绕在卷筒上的一条直径为 3 mm 的尼龙绳。绳应系于入口处,进入沉船时将绳放出,出船时将绳绕在卷筒上。如果找不到绳,或者绳被割断时,潜水员应停止不动,让淤泥沉淀,并恢复镇定,然后再设法回到出入口处。将水下照明灯的灯面放于淤泥中,可降低周围光线的强度,使潜水员的眼睛部分适应暗环境。这利于发现进入沉船通道内的任何光线,因此有助于分辨可能的出口通道。

由于深度关系,标准式沉船潜水装具最好使用双瓶自携式水下呼吸器的气瓶和连有一个单独的调节器的小气瓶。如有必要,沉船外还应放一备用气源和调节器。这些预防措施是必要的,这样,在潜水员万一发生绞缠或者需作进一步减压时可供使用。单丝钩线、渔网、塌陷的舱壁或者狭窄的地方,都可使潜水员发生绞缠。潜水员应携带一只尼龙袋,内装适于搜索人造物件的工具、提升袋和提升绳,以减少发生绞缠的危险,因为器材若挂在潜水员身上可引起绞缠。大多数器械工具可系在水下照明灯上,也可将一套减压表系在灯壳上,从而减少潜水员身上的装具。但是,潜水员需减压时,仍可立即取用减压表。

进入沉船后,潜水员可能很想利用前面潜水员呼气时产生的气团呼吸,但是应避免这样呼吸,因为这些气团中的氧分压一般都很低。

沉船周围的水温通常很低。因此，潜水员务必着装适当，水温在10℃以下时，应着变容式干式潜水服，或者着6～9.5 mm厚的湿式潜水服。千万注意，不要让尖锐的物体（如腐烂的木甲板或锈蚀的金属舱壁等）挂破了潜水服或装具，因为这些尖锐的物体常常掩埋在海藻、珊瑚虫或其他水生植物丛中。而在沉船中，此类危险的东西比较常见。

思考题

1. 船体水下部分检查的主要内容有哪些？
2. 怎样解脱推进器上的绞缠物？
3. 简述水下检修闸门、阀门的安全注意事项。
4. 水下平基的方法通常有哪几种？
5. 填筑基床作业的主要内容有哪些？
6. 基床整平的精度有哪些要求？
7. 基床整平的安全注意事项有哪些？
8. 漂浮船舶水下封堵的主要器械有哪些？
9. 漂浮船舶漏水后找漏的方法有哪些？
10. 漂浮船舶漏洞的封堵方法有哪几种？
11. 怎样封堵沉船的大型舱口？
12. 简述水下混凝土堵漏的安全注意事项。
13. 船舶沉没的原因有哪些？
14. 沉船打捞的方法有哪几种？
15. 沉船打捞可分为哪几个阶段？
16. 对无资料或无同类型沉船探摸和测量的内容有哪些？
17. 简述气压式吸泥器工作原理。
18. 简述沉船舱内冲泥的注意事项。
19. 潜水员在水下起吊重物时应注意哪些事项？
20. 简述攻泥器的结构和用途。
21. 简述攻穿船底钢缆的具体方法和程序。
22. 简述水下爆破的主要对象。
23. 制定水下爆破施工方案时要考虑哪些因素？
24. 简述水下爆破安全注意事项。
25. 何谓水下切割？
26. 水下切割的方法有哪些？

27. 简述水下氧-弧切割的原理。
28. 水下氧-弧切割的主要设备、器材有哪些？
29. 影响水下氧-弧切割效率的因素有哪些？
30. 在水深 15 m 处，欲用水下氧-弧切割方法切割钢结构，已知钢板厚度 20 mm，试求出合适的供氧压力？
31. 水下氧-弧切割的基本方法有哪几种？
32. 简述水下氧-弧切割的操作程序。
33. 已知被切割金属层厚 12 mm，欲在水深 20 m 处切割 2 m 割缝，试求氧气的消耗量？
34. 简述水下氧-弧切割的安全注意事项。
35. 水下焊接的方法有哪些？
36. 何谓湿法水下焊接？
37. 湿法水下焊接时影响焊接接头质量的主要因素有哪些？
38. 局部干法焊接为什么越来越引起人们的重视？
39. 简述湿法水下焊接的工作原理。
40. 湿法涂料焊条手工电弧焊的主要设备、器材有哪些？
41. 湿法涂料焊条手工电弧焊的主要工艺方法有哪几种？
42. 简述水下焊接作业应考虑的因素及安全注意事项。
43. 常用水下摄影器材包括哪些？
44. 水下电视基本设备、器材有哪些？
45. 简述水下摄像器材的注意事项。
46. 水下检验通常可分为哪几种？
47. 何谓非破坏性检验？
48. 简述水下无损检验的主要方法、设备和应用范围。
49. 进行水下检验前应做好哪些准备工作？
50. 绳结在潜水作业中的用途有哪些？
51. 什么样的绳结才能称为合格的绳结？
52. 在潜水工作中，常用的绳结有哪几种？
53. 绳头反结作用是什么？
54. 重装潜水着装时，信号绳是用什么绳结与腰绳连接的？
55. 轻装潜水着装时，潜水员腰间的信号绳系的是什么绳结？
56. 进行冷水潜水后应采取什么措施来恢复潜水员的体热？
57. 从安全角度考虑进行沉船潜水时，潜水员的呼吸气体供应应遵守什么原则？
58. 在污染水质中潜水作业时潜水装具的选择原则是什么？

第八章　潜水安全规则

潜水员是通过潜水作业完成各种救助打捞，水下设施、港口码头、道路桥梁建造和航道水工设施维护等的特殊职业人员。具有水下工作环境复杂多变、工作独立性强、身体状况差异大、劳动强度高等特点。潜水设备和个人装具的安全、组织管理规范、人员岗位职责、潜水作业技能、心理素质和状态等产生差错和不当，均能造成潜水事故的发生，甚至危及生命。因此，需加强潜水员的管理工作，提高潜水员的职业素质，保证潜水作业的安全和工作计划的圆满完成，现对有关空气潜水的安全规则、组织管理的基本准则进行介绍，供从事潜水作业的潜水组织和人员共同遵守。

这些条文都是前人从实践中不断总结经验、吸取教训、不断完善后制定的。旨在供潜水员学习后了解并在实践中认真执行，确保潜水作业的安全和工作项目的完成。

第一节　总　则

为确保潜水人员的安全与健康，实行安全潜水作业，总的要求是：

（一）责任制是安全作业的基础

组织一项潜水任务时，必须主管明确。对直接参加潜水作业的一切人员均须明确其任务分工、岗位责任以及交接班制度，不得擅离岗位。

对凡能影响或保证该作业现场安全的其他人员必须与有关方协商，明确其各种配合协作责任。

（二）建立严格的人员考核制度

对一切与潜水作业安全有关人员都要进行考核。潜水员必须取得国家认可的合格证书。不得允许不称职或不合格的人员参加潜水作业。不得录用不合格潜水员，不得准许不符合现场要求的潜水员潜水。

（三）建立严格的设备管理制度

保证投入使用的设备和装备按照有关规定和标准给予检验，符合安全作业要求，方可投入使用。技术资料齐全，专人负责并记录使用情况和维修保养。

（四）潜水作业必须严格明确安全纪律，严格实行作业程序

必须结合所采用的潜水技术及实际作业环境和条件制订潜水方案。潜水方案强调安全纪律，应结合实际情况，将事关安全健康的潜水禁忌事项单独列出作为安全纪律。

与空气潜水有关的禁忌事项列举如下：

（1）空气潜水的最大安全深度为 60 m。即潜水深度超过 60 m 时，不得使用压缩空气作为潜水员的呼吸气。使用自携式潜水呼吸器，进行空气潜水的最大安全深度为 40 m。

（2）潜水深度大于 50 m 或减压时间超过 20 min，或必要时不能在 4 h 内将病员运送到潜水站以外的加压舱治疗时，必须配备水面加压舱及其全套附属设备。

（3）禁止潜水员在水下作业中使用纯氧作为呼吸气体。作为水下吸氧阶段减压时可在 12 m 以浅，或作为水面吸氧阶段减压时，减压舱内静息状态下 15 m 以浅吸氧减压是安全的。

（4）无特殊安全措施，严禁从航行船舶或移动设施上进行潜水作业。

（5）不允许感觉不适的潜水员坚持潜水。

（6）潜水站距水面大于 5 m 时，无特殊安全措施（如吊笼等）不得采取水面潜水方式。

（7）无水面照料员不得允许潜水员进行水面潜水。

（8）进行水面潜水必须明确预备潜水员，保证随时可以下潜执行应急援救。

（9）无水下照料员和有效安全措施，不允许潜水员进行危险水域和封闭空间冒险作业。

（10）不允许潜水员在不安全的水流中作业。

（11）未经潜水监督或潜水长的允许，不得随意变动设备装具部件位置和解除信号绳等危及潜水员自身安全的非程序化操作。

在承接潜水任务后必须尽快制订出该项任务的潜水方案。

潜水方案大体须要包括下列程序和内容。

1. 计划程序

组织潜水作业。事前应周密计划，必须充分考虑和估计作业的环境和条件以及一切可能危及作业安全的因素并提出相应对策。主要包括：

（1）气象和文件条件；

（2）底质和潜水现场的各种危险因素；

（3）潜水深度和方式；

(4) 结合作业具体情况筹划人员、设备和装具的适当配备；

(5) 与作业有关的船舶活动；

(6) 通信联络程序；

(7) 各种意外情况的估计。

2. 准备程序

潜水作业开工前，必须认真做好各种技术和组织准备。主要包括：

(1) 与有关方的负责人联系协调，落实和明确与作业现场安全有关的配合协作关系；

(2) 选定个人装具和呼吸气体；

(3) 制定设备程序，进行设备和装具开工前的检验和检查；

(4) 确定人员作业岗位；

(5) 根据任务的情况，选定符合要求的水下作业潜水员；

(6) 入水和出水时的防寒保暖预防措施。

3. 潜水程序

潜水作业期间，根据不同作业方式，严格执行各种规章程序。一般包括：

(1) 潜水指挥人员、潜水队员包括潜水员的具体职责；

(2) 各种类型个人装具的使用；

(3) 各种气体和呼吸气体的供应及其分压规范；

(4) 水面潜水作业程序；

(5) 在特殊潜水作业区的作业；

(6) 水下装备的使用与操作；

(7) 水下作业的深度、时间限制；

(8) 潜水员的下潜、上升和返回水面；

(9) 潜水员减压使用的减压表和治疗表；

(10) 临时应急措施；

(11) 作业结束时的善后工作；

(12) 记录和记录簿的保存。

4. 应急程序

充分估计各种意外事故，尽量做到有备无患。大体包括：

(1) 应急信号；

(2) 水上、水下发生事故的救助；

(3) 紧急加、减压治疗及所需的加压舱；

(4) 现场伤员急救；

(5) 医药方面的外援；

(6) 向应急服务机构呼救,最好做到事前联系;

(7) 作业现场紧急撤退人员的各种注意事项;

(8) 应急电源。

5. 潜水医师对潜水方案的重要意见和事关安全健康的潜水禁忌事项单独列出作为安全注意事项。编制完毕上报上级潜水组织确认批复,今后进行同类作业时如无修改或补充,无须重复上报,但必须随时提供潜水规则副本备查和使用。

(五) 潜水医务人员必须经专门训练并获得从事潜水医务工作的资格

潜水医务保障由现场潜水医务人员负责实施,或通过咨询由项目主管、潜水监督、潜水现场负责人负责实施。

(六) 规范化管理

在承担潜水任务中,必须做好各种作业记录,建立严格的报告制度和文件管理制度。

第二节　潜水员安全管理

潜水员安全管理,就是抓好平时和潜水过程中的事故预防。事故,是指意外发生的变故或灾害,诸如非正常的人员伤亡、设备设施的损坏、各类物资的损失等危害国家、集体、个人安全的事件。事故与管理的关系十分密切,管理不当往往是引起事故的直接或间接原因。管理水平与事故之间有着必然的联系,对于管理者来说,要特别强调学习、掌握管理知识,不仅要懂具体的规定和要求,而且更重要的是要懂科学的管理理论和方法。由于潜水职业的特殊性,潜水员在潜水过程中有潜在的危险。因此,抓好潜水员在平时和潜水过程中的事故预防,具有特殊意义。

一、潜水员平时安全管理

(一) 事故发生的原因

潜水员平时的安全管理,应重点放在治理酿成事故的因素上。因此,必须了解、掌握事故发生的因素。

1. 知识方面的因素

知识方面的因素主要是缺乏科学知识、技术知识、法律知识和管理知识等。

2. 心理方面的因素

心理方面的因素主要有麻痹心理、紧张心理、不良情绪和精力不集中等。

3. 违章因素

违章因素主要表现在无章可循、有章不循。

4. 技术因素

技术因素主要表现在潜水专业知识缺乏、不能正确熟练地使用潜水装具和作业工具与设备。

5. 潜水装具、机械设备故障因素

潜水装具、机械设备故障因素是潜水过程中发生事故的不可忽视的因素。

6. 生理因素

生理因素主要是不能正确掌握人体的生物节律、各种器官的活动规律等。

7. 政治因素

政治因素主要是不正确的三观导向所产生的结果等。

(二) 潜水员平时的安全管理

1. 努力提高管理者的管理水平

在新的历史条件下,管理者要善于学习、应用管理学理论,努力提高管理水平。依据国家的法律、法令和地方的各项规章制度进行科学管理。

2. 潜水员平时的安全管理是一项经常性的重要工作

在潜水员平时的安全管理工作中,各级潜水管理者,要特别注重潜水员知识方面的学习,包括潜水生理学、潜水技术知识、潜水规则、各项规章制度、法律知识以及管理学等方面的知识。反对不按科学办事、无知蛮干行为,做到人人、事事都讲究安全。潜水员平时的安全管理是一项经常性的重要工作,要把安全管理工作贯穿到日常和潜水作业的各个环节中去。根据潜水职业的特点,要注重潜水员心理因素的培养。作为一名合格的潜水员,必须具有丰富的知识、良好的心理素质和过硬的潜水技术。

二、潜水员潜水过程中安全管理

(一) 潜水前安全管理

1. 制订潜水作业计划

潜水员在潜水作业前,应制订出潜水作业计划。

在制订潜水作业计划时,要考虑潜水作业的危险性、作业地点的气候条件、潮汐情况、作业区船只情况、潜水作业深度、作业类型、潜水装具、装备、潜水员的选拔、保障人员的配备及潜水后的合理安排等。

2. 潜水作业前的准备

(1) 要同有关部门、有关人员进行协调;

(2) 要特别注意控制危及潜水员安全的各种潜在性的危险因素;

(3) 认真准备、仔细检查潜水装具、设备;

(4) 做好潜水人员的分工；
(5) 制订潜水医务保障计划和各项应急预案。
(二) 潜水过程中安全管理
(1) 正确、熟练使用潜水装具、设备,正确选择呼吸气体；
(2) 严格按操作规则进行水下作业；
(3) 潜水作业结束后,严格按减压方案进行停留减压；
(4) 减压结束后,按规定进行医学观察；
(5) 在潜水过程中,发生潜水疾病、潜水事故,按相应的抢救预案及时进行救治。

第三节　设备和装具

设备和装具是保证潜水任务完成所必备的。其数量、质量等是潜水安全和完成任务的可靠保障。在潜水方案制定中必须明确以下几点。

(1) 结合作业具体情况,设备和装具配备适当,包括计时、测深等。
(2) 制定设备、装具的管理制度：
①操作、使用和维修所需要的技术说明资料完整。
②各种资质保证书、检测和试验报告、有关检验部门的有效合格证书资料齐备,特别是各种压力容器、载人舱、高压管系统等都要定期进行泄漏试验、压力试验,并符合特检和年检的要求。
③定期、不定期检验,使用前例行检查和日常维护,保证随时可以启用,并做好详细记录。
(3) 作业负责人必须认真验收现场使用的设备和装具,确保其配套完整,性能适用,运转安全可靠。
(4) 满足正常作业、应急和治疗需要呼吸气体,供给系统保证所供呼吸气体的数量、质量、压力、流量、温度等符合潜水员呼吸气体标准要求。
(5) 有足够长度的信号绳和各种索具。
(6) 每名水下作业潜水员与潜水站之间应有随时可以保持通信的设备或信号联系。
(7) 在作业现场合理布置安装各种设备,除在使用中必须移动的设备外,均应妥善固定。
(8) 各种储气瓶按统一规定,标出气体名称、浓度、压力、数量等,并做好记录。

第四节　内河潜水安全规则

在多年工作实践中,总结出的内河潜水安全规则如下:

(1) 潜水任务必须由经过专业训练并且合格的潜水员来执行。

(2) 潜水学员必须在潜水教练(或在有经验的潜水员)的亲自指导下进行潜水作业。

(3) 潜水作业前要仔细询问饮食、睡眠、体力等状况,并观察其精神状态。有条件的情况下,在下潜前要进行体格检查。凡有下列情况之一者不准下水作业:

①临时患病;

②感冒未愈;

③精神不佳,面带倦容;

④喝过酒;

⑤饭后不足一小时。

(4) 潜水员在下潜前必须亲自检查装具情况,确认完整、良好,方可进行潜水作业。

(5) 潜水员在作业前,必须了解作业范围内的下列情况:

①作业地点的周围情况,特别是通航情况;

②潜水深度;

③工作内容和技术要求;

④工作部位;

⑤流速、流向、潮汐和水位变化情况;

⑥水温、气温和风向风力等情况。

(6) 在有污染和腐蚀性的水域潜水时,应采取相应的防护措施后方可下潜。

(7) 潜水员下潜时必须沿潜水梯与入水绳下潜,切忌绕入水绳旋转。

(8) 潜水学员下潜到水底后,应调节好气量,适应水底环境后,方可离开入水绳。

(9) 下潜到水底的潜水员,应经常与水面人员保持联系,做到:

①时刻注意水面人员的询问,遵守有问必答的原则;

②接到信号后,必须重复回答一次信号;

③接到指令后,必须严格执行;

④接到报警信号后,应立即上升出水。

(10) 参加潜水作业的人员严禁互相开玩笑,以免发生事故。

(11) 参加潜水作业的人员必须熟悉信绳信号,并能熟练运用。

(12) 潜水员在水下严禁解脱信号绳。

(13) 调节腰节阀时,要徐徐启闭,切勿急躁反复快拧。

(14) 潜水员在水底停留发生下列情况之一时,必须立即上升出水:

①感觉供气量不足或不均匀,询问后又未改善;

②感觉呼吸气体有异味,不正常;

③全身发热;

④出汗过多;

⑤感到过分疲劳;

⑥心脏剧烈跳动;

⑦头痛、头晕、恶心等。

(15) 毛衣、秋衣等保暖用品要经常补充换新,特别是被浸湿的,应及时洗涤,并要穿足保暖用品以防止挤摩皮肉和受寒。

(16) 潜水员在水下作业时,勿忘排气,并始终要保持头部永远高于臀部,严防头重脚轻,以免发生倒置或放漂事故。

(17) 潜水员在水下行动时,必须手护门镜,手脚共同探索行进。

(18) 潜水员在水下遇到悬吊、易倒等危及安全的物体时,应设法排除或加以稳固后,方可继续作业。

(19) 对于水下的油舱、油罐、存有可燃物体的舱室和不明真相的容器,在未采取有效的安全措施前,严禁接触,以免发生危险。

(20) 有水位差的闸门、阀门、涵洞等建筑结构发生漏水时,应采取安全措施后,才能进行检修作业。

(21) 在有潮汐或水位差变化较大的水域中,潜水作业时要随时注意水位和流向的变化,如有变化,立即上升出水。

(22) 在宽阔的水域如水库、湖泊等进行潜水作业时,要随时注意气象的骤变。如有变化,立即上升出水。潜水工作船也要尽快撤离宽阔水域,锚泊到避风港处待命。

(23) 浅水区域潜水作业时,遇有风浪和急流要时刻注意防止跌落;在上升出水过程中,千万不能离开潜水入水绳,以免发生放漂事故。

(24) 潜水员在机动船、船的尾部潜水作业时,应先派人到机舱联系,严禁开机转动推进器或转舵,以免发生危险。

(25) 潜水作业条件比较困难时,应准备一套备用潜水装具,并指定一名预备潜水员,以便必要时立即下水协助。

(26) 根据潜水深度和时间,应该减压时,必须按照预先制定的减压方案进行减压,以防潜水减压病的发生。

(27) 潜水员本人或有关领导不准随意延长潜水员在水底的极限停留时间。

(28)潜水员在水中调查探摸的情况,要简明真实地反映给水面,不能马虎从事,否则会发生意外事故。前一班人员必须为下一班的作业创造有利条件。交接班要清楚。

(29)潜水员应定期进行体检,并接受潜水医生的指导和监护。

(30)潜水作业过程中,应认真记录各个阶段的情况,并由专人负责填写潜水记录。

第五节　内河潜水安全操作规程

潜水安全操作规程是按岗位规定的。

一、潜水员安全操作规程

(一)下潜前的准备

(1)必须了解自己的作业现场环境、工作内容、技术要求等情况。

(2)必须亲自检查潜水装具,确信完好可靠后,才能使用。

(3)当流速超过 0.8 m/min 时,应采取适当的安全措施。

(4)调节校正好排气阀的排气量。

(5)准备好潜水梯。

(6)根据气温、水深等环境条件,穿足保暖用品。

(7)复杂作业时,应规定特殊的联系信号。

(8)脱潜水服时,双手、袖口都要涂肥皂水。

(9)潜水员下潜前不准喝酒。

(10)精力要集中,要实事求是地反映情况。

(二)水下操作

(1)在 12.5 m 深度内下潜时,应沿潜水入水绳徐徐下潜,一般速度控制在 10 m/min,潜水学员不宜超过 4~5 m/min。

(2)根据水深和水底停留时间,按规定要减压的一定要严格按减压方案进行减压。

(3)潜水作业时,既要保证电话的畅通,还要保持信绳信号熟练准确的运用。

(4)在水下应随时注意信绳信号的询问,做到有问必答,切勿厌烦。接到上升出水信号应立即停止工作,上升出水。

(5)信号绳如发生绞缠,应及时清理解脱,无法解脱时,停止工作,上升出水清理。

(6)在水下行动时必须手护门镜,手脚探索前进。

(7)在水下行动时必须记清方位和往返路线。遇有结构复杂的建筑物时,必须按原路线返回，否则会造成信号绳、软管绞缠。当发生绞缠时，可顺着信号绳、软管的方向逐渐解脱，切勿急躁。

（8）在障碍物较多、地势狭窄而弯曲的作业点作业时，应多加强联系，保持信绳信号的通畅。必要时增派一名潜水员在中途观察和传递信号。

（9）在沉船舱内遇有悬吊浮顶物体时，潜水员应设法清除，严禁在未清除之前作业。

（10）在船底和悬空作业时，必须设行动绳防止跌落，决不能把自己绑系在固定物上。

（11）吸泥管口要安装防护罩，管口不要高悬，潜水员冲、吸泥沙时，要时刻注意手、脚、信号绳、软管等被吸入管口。

（12）冲沙时应了解泥沙性质，避免深掘以防塌方被堵塞，更要注意木板被冲起伤人。

（13）在沙质河底作业时，要时刻提防流沙堵塞潜水员的回路。

（14）在水底停留期间，切勿忘记排气，但又要在保持正常通风的情况下，保留适当的空气垫。

（15）在有潮汐和水位多变的河流作业时，应随时注意水位的变化。特别是在船底下作业时，更要提防因落水导致潜水员被压船底。

（16）在急流中作业，潜水员下潜范围附近不要停泊船只。防止潜水员突然浮起碰撞船底造成事故。

（17）传递物品或小工具，必须用信号绳传递，但禁止在水下解脱信号绳作其他用途。

（18）在水下搬运重物时，必须先排气然后再把重物放在预定位置，以防突然浮起造成放漂。

（19）在闸门、阀门等处作业时，特别要严防手脚被吸附在漏洞处。

（20）遇有沉船特殊舱室或水中容器在不明真相前，不可贸然入内或接触，更不能进行切割、电焊，以防中毒或爆炸事故的发生。

（三）在特殊情况下的安全操作

（1）潜水员在水下感到供气量不足、不均匀或气味异常时，应通知水面调整排除。如果经处理，供气情况未有改善时，应立即上升出水。

（2）在下潜的水域内，不准任何船舶通过或接近，以防信号绳、软管被船吸走造成事故。船舶通过作业范围以外水域时也应慢速。

（3）在有毒或有腐蚀的液体浮在水面的水域潜水时，应采取相应的防护措施。潜水完毕后应将潜水服上的污染物彻底地洗净。

（4）避免在腐烂发臭、有毒气体逸出的区域作业。如不可避免时，应在该地点的上风口供气，以防因所供气体被污染而导致潜水员中毒。

（5）出水时，应控制好上升的速度，待快到水面时（感到水有橙黄色时），要适当排气，以防突然升起，同时又要防止下跌。

(6) 两组潜水在水下同时作业时,应互相注意防止信号绳、软管绞缠。两人的身体靠近时,不要乱蹬腿,防止碰到另一名潜水员的潜水帽,造成事故。严禁二人在水下打逗。

(7) 在水下发生潜水服袖口破裂时,应将袖口下垂,减少进水,同时用另一只手握住破损处,应立即上升出水。

(8) 当流速有变化时,应注意观察流向,当流向有变、流速越来越大时,应立即通知潜水员上升出水。

(9) 经常潜水作业的潜水员,应受潜水医生的指导和监护,并节制个人私生活。

(10) 潜水员作业之后,如有条件可喝热饮,洗热水浴,并适当休息。一般不要在24小时内进行第二次下潜作业。

二、信号员安全操作规程

(一) 工作前的准备

(1) 负责本次下潜所用的装具及设备的检查,并检查装具穿着和全部绳结、螺栓联结是否合乎要求。一切正常后,方可通知潜水员下潜。

(2) 要亲自检查潜水梯的位置和绳索的松紧程度,并试踏潜水梯的稳固性,认为安全可靠,方可让潜水员上潜水梯。

(3) 下潜前应同潜水员共同研究工作步骤、水下行动路线,并约定各种特定的联络信号。

(4) 信号员一定要熟悉信绳信号,并运用自如。

(二) 下潜时的联络

(1) 潜水员入水下潜时,信号员要用双手紧握信号绳,控制好下潜的速度,使潜水员顺利下潜到水底。当接收到潜水员从水底发回的到底信号时,才能把信号绳放松并拉活。

(2) 潜水员在水下作业时,要时刻注意供气情况。当接到潜水员增加供气的信号时,应立即充足供气。

(3) 拉信号绳时,精力要集中,经常同潜水员保持正常联系,做到有问必答,并及时把指令和要求传给潜水员。

(4) 信号员不得擅离职守,任何时候信号绳不能离手。如必须离开时,要把信号绳委托给同组熟练可靠的人员,并与潜水员作一次联系。

(5) 信号员要面对潜水员下潜位置的水域,随时注意观察排气形成的水面气泡花。如发现水下行动方向有差错时,应立即通知潜水员纠正,防止迷失方向。

(三) 意外事故的防止

(1) 信号员应站在有利于拉信号绳的位置,并要站稳,防止被潜水员在水下的异常行动而拖入水中。

(2) 拉信号绳的松紧要适当、灵活,根据水下潜水员的具体要求适当收放,防止水下积绳成堆。

（3）当信号员用信号连续询问水下潜水员而不作回答时，应立即将潜水员拉出水面。如拉不起来时，应立即派一名潜水员施救。

（4）信号员应时刻注意，不能让信号绳与水下杂物绞缠。如果已经绞缠，应立即通知潜水员清理。

（5）用信号绳传递完工具后，如果潜水员一端积绳时，水面应立即将信号绳收回。

三、软管员安全操作规程

（1）潜水员在水下作业时，应注意软管的松紧。如发现软管在水中存放过多时，要立即清理。

（2）发现软管有绞缠时，立即帮助潜水员清理解脱后再工作。

（3）随时注意供气管路的通畅、有无漏气、被压扁、爆裂或接头脱离等故障。

（4）要同信号员紧密配合，当信绳信号不通时，可用软管传递信号。

（5）下潜前，软管员要仔细检查软管，特别是接头的牢固性。

四、供气员安全操作规程

（1）从潜水员戴上头盔前开始，直到卸下头盔为止，其间严禁中断或停止供气。

（2）电动空压机供气时，应使用专线电源。当发生停电或断电等故障时，一定要在储气瓶容量的安全供气限度内，将潜水员上升出水。

（3）供气管路要牢固可靠，防止风浪摆动造成供气中断。空压机要安放稳妥牢靠，要随时观察气压表。

（4）发现空压机压力异常时，应立即通知潜水员上升出水，待故障排除后，再入水工作。

（5）供气要符合卫生标准。防止把被污染的空气供给潜水员呼吸使用。

五、电话员安全操作规程

（1）电话员直接担负同潜水员通信的责任，对潜水员能否安全完成任务有着密切的关系，所以，必须精力集中，坚守岗位，始终保持电话联络的畅通。

（2）潜水前，电话员会同潜水员检查电话音质、声调，使其保持正常的工作状态。

（3）电话员要经常同潜水员保持通话联系，但又不能闲谈，而影响潜水员的工作。

（4）潜水员向水面发出的一切询问，电话员要及时回答，并传达到相关人员。

（5）电话员询问潜水员，连问不回答时，应立即通知信号员用信绳信号联系。

六、信绳信号的正确使用

(一)潜水信绳信号的使用说明

(1) 基本的传递信号分为三种:(一)表示分拉信号;(……)表示速拉信号;(— —)表示连拉信号。两个信号之间的间隔时间约为 1 秒。拉一下以后约间歇半秒再拉一下即为连拉信号;拉一下,以后每间歇约半秒拉一下,共拉四下以上即为速拉信号。

(2) 凡明白或同意对方信号时,均应重复一次对方信号。

(3) 收到对方信号后应间隔 2~3 s 后再回答信号。

(4) "左""右"方向以下潜人员面对信号绳为准,即与水面信号员的方向相反。

(5) 当不能用信号绳发出信号时,如条件许可,则可用软管代替。

(6) 连发三次信号未得到下潜人员答复,应立即将其拉出水面,但速度切忌过快,以免由于过速上升而引起潜水疾病。另在上拉过程中设法用电话与下潜人员沟通联系。

(二)潜水信绳信号表(表 8-1)

表 8-1　潜水信绳信号表

下潜人员发出的	信　　号	发给下潜人员的
我已到底。感觉很好。重复一次信号。拉紧信号绳。	(一)	感觉怎样?拉紧信号绳。重复一次信号。
重潜水:增加空气。	(一)(一)	重潜水:增加空气(通风)
轻潜水:我在做一次换气。		轻潜水:进行一次换气。
我要上升。继续上升。	(一)(一)(一)	上升。继续上升。
停止!(停止上升或下潜)	(……)	停止!(停止上升或下潜)
继续下潜。信号绳放松。	(……)(……)	继续前进。
请求援助!	(……)(……)(……)	第二名潜水人员已下潜。
可以向右走吗?	(一)(……)	向右走。
可以向左走吗?	(一)(一)(……)	向左走。
可以往回走吗?	(一)(一)(一)(……)	往回走。
给我绳索或工具。	(— —)	给你绳索或工具。
软管放松点。	(— —)(— —)	软管已放松。
快拉我上升! (紧急信号)	(一)(一)(一)(一)……	你立即上升! (紧急信号)
减少空气。	(一)(一)(一)(一)	
软管拉紧。	(— —)(— —)(— —)(— —)	
备用信号	(一)(……)(一)	备用信号

注:本表规定的信号为基本信号,在潜水作业时可根据需要在不重复本表规定信号的原则下,临时可增添新的信号。

思考题

1. 为什么要学习并掌握潜水安全规则？
2. 哪些因素会造成潜水事故的发生，甚至危及生命？
3. 安全作业的基础是什么？其内容主要包括哪些？
4. 空气潜水的最大安全深度是多少？
5. 自携式潜水装具潜水的最大安全深度是多少？
6. 氧气能否作为水下作业中的呼吸气体？为什么？
7. 潜水员在哪些情况下，有权力向潜水长请求停止或中止潜水？
8. 你认为只配备一套潜水装具，可以潜水作业吗？为什么？
9. 潜水作业期间，潜水员认为有必要解除信号绳时，就可解除信号绳吗？为什么？
10. 潜水方案中潜水程序的主要内容有哪些？
11. 潜水长在潜水作业进行期间有何规定？
12. 潜水队水面人员主要包括哪些岗位？这些岗位的照料应做好哪些工作？
13. 潜水员在水下作业期间，接到水面上升指令时，应该怎样做？
14. 潜水员参加潜水作业时，必须携带哪些证件？
15. 潜水员在下潜、上升或水下行走时应该遵守哪些原则和注意事项？
16. 潜水员证书多长时间审查一次？审查包括哪些内容？
17. 预备潜水员的主要职责是什么？
18. 空气潜水员应具备哪些主要条件？
19. 你认为必须采取哪些措施以保证潜水设备和装具的运转安全可靠？

第九章 潜水事故与急救

潜水作业是在水下特殊环境中进行的、具有一定危险性的劳动,潜水员除了受高气压和呼吸气体分压改变的影响而导致机体发生疾病和损伤外,还可能受到由水下操作失误、装具突然故障、水下生物及其他物理因素等引起的伤害。这些伤害虽不是潜水本身所造成的,但一旦发生,对潜水员的危害却很大,如不及时救治,后果十分严重。因此,要重视预防各种险情和事故的发生。一旦发生险情和事故,能否及时、正确地救援和处理,将直接关系到遇险潜水员的安全。

潜水员通过训练以及经验积累,通常是能够处理他可能遇到的各种实际发生的或潜在的潜水事故。绝大多数潜水事故,只要处置得当是可以转危为安的。本章将介绍通常可能遇到的、对潜水员威胁较大的几种损伤和意外情况。

第一节 放 漂

潜水员因操作不当或意外情况导致其失去控制能力,在正浮力的作用下,不由自主地迅速漂浮到水面,这种失控上升就是通常所指的放漂。在使用通风式重潜水装具潜水的事故中,放漂的发生率较高,危险性较大。本节仅介绍放漂事故的原因、可能引起的疾病、损伤及处理办法。

一、放漂的原因

引起放漂的基本原因是潜水员的正浮力急剧地增加,使潜水员失去控制,以致不由自主地以加速度的方式迅速浮出水面。造成正浮力急剧增加的原因有:

（1）潜水服充气过多或排气不及时,致使潜水服过度膨胀。这种情况多见于潜水员使用装具不熟练或由于意识丧失而不能主动排气。也可能因装具排气阀故障,而无法正常排气所致。潜水员不沿入水绳上升出水时,如果气量控制不好,也会造成放漂。

(2) 压铅或潜水鞋脱落。

(3) 潜水员在水下处于头低脚高位置时,使潜水服内气体集向下肢,无法排气。

(4) 外力使潜水员失去控制。如水流过急,潜水员被冲离水底,潜水员脱离入水绳而失去自控,或者水面人员牵拉信号绳、软管太猛太快。

(5) 进行需要增大浮力的活动,特别是试图脱离泥泞的水底或者利用正浮力搬重物而突然放手等类似情形。

放漂发生在轻装潜水时主要是由于压铅失落、浮力背心使用不当以及干式潜水服充气过度等引起的。

二、放漂可能引起的疾病和损伤

1. 减压病

当潜水员水下作业深度和时间超过不减压潜水界限而发生放漂时,就会发生减压病。即使进行不减压潜水时发生放漂,因上升速度过快,仍然偶有发生减压病的可能。

2. 肺气压伤

当发生放漂时,如潜水员屏气,或因各种原因使其呼吸道通气受阻时,均可发生肺气压伤。这在较浅深度处更易发生。

3. 外伤

放漂时,潜水员以加速度上升,若在水面遇到有障碍物或船只,则将因撞击而造成外伤(如脑震荡等)。

4. 挤压伤

放漂至水面时,如潜水服因过度膨胀而破裂或抢救中排气过度,则可能因突然失去正浮力而又沉入水中,发生挤压伤。

5. 溺水

放漂至水面后,如因某种原因造成潜水服内进水,则可发生溺水。

三、放漂后的处理

一般应将潜水员以最快的速度抢救出水。同时要减少供气,迅速收紧信号绳。

出水后可酌情按下述原则处理:

(1) 如该次潜水需要减压,应立即进入加压舱内实施减压。为防止减压病的发生,可将舱压升到该次潜水的水底压力,水下停留时间则从开始下潜时到救出水面、进入加压舱并加压到该次潜水深度时止,然后选择相应的减压方案进行减压。

(2) 现场无加压设备时,如潜水员神志清晰,自持力良好,装具无损,则可在水面人员监护及救护潜水员的帮助下,重新下潜,如无减压病症状者,可下潜到比第一停留站深若干站处,按上述方法计算水下停留时间选择延长方案减压,有症状则按相应的治疗方案进行减压。

(3) 如为不减压潜水放漂,又未出现减压病的症状和体征,可让其在加压舱旁休息,进行观察。

(4) 当潜水员放漂后出现意识丧失时,很可能是发生肺气压伤或重型减压病,应毫不迟疑地迅速进行加压治疗。

(5) 若发生外伤、挤压伤、溺水,可采取相应的急救治疗措施。

四、放漂的预防

(1) 潜水前仔细检查装具,认真着装。

(2) 潜水员在潜水过程中,应随时注意调节气量;水面人员应根据实际情况掌握好供气量。

(3) 在水下作业情况复杂或潜水条件差时,应派技术熟练的潜水员下潜。

(4) 上升出水时应沿入水绳上升;水面人员提拉潜水信号绳与软管的速度要适当。

第二节 供气中断

供气中断是指在潜水过程中,由于某种原因,终止了对水下潜水员的供气。出现这一现象时,往往导致严重的潜水疾病或其他事故。

一、发生供气中断的原因

1. 水面供气式潜水时

(1) 供气系统突然故障,气源中断。

(2) 因水面人员工作疏忽而误关供气阀。在极少情况下潜水员在水下吸用的是应急气瓶气体,而当一旦需要时,应急气瓶贮气已被耗尽。

(3) 供气软管断裂或被压扁、弯折、管内冻结、堵塞等原因而造成供气中断。软管断裂多发生在供气软管水面部位或浅水中。

(4) 头盔进水或面罩进水而无法排除。

2. 自携式潜水时

(1) 气瓶内气体耗尽。

(2) 呼吸器发生故障而停止供气。

(3) 中压软管爆裂。

二、供气中断引起的疾病

(1) 减压病

当潜水深度和时间超过不减压潜水范围，由于供气中断，迫使潜水员迅速出水，很可能发生减压病。

(2) 潜水员窒息

供气中断突然发生后，如潜水员因被绞缠等原因而无法马上出水，则随着时间的延长，潜水服内氧分压不断下降，二氧化碳分压持续升高，必然导致潜水员窒息。

(3) 挤压伤

使用通风式潜水装具发生供气中断时，如潜水员仍继续排气或下潜，就可能发生挤压伤；使用自携式装具潜水发生供气中断时，则可发生面、胸等部位的局部挤压伤。

(4) 溺水

使用自携式装具潜水时，如潜水员因供气中断、窒息而扯去面罩或咬嘴，就可能发生溺水。

(5) 肺气压伤

发生供气中断后，潜水员快速上升，甚至放漂出水过程中，如屏气，则可发生肺气压伤。

三、供气中断的处理

(1) 供气设备发生故障造成供气中断时，应迅速换用备用设备；若无备用设备，或潜水软管破裂时，则令潜水员停止排气，立即上升出水。

(2) 因供气软管受压、堵塞或冻结，则应设法排除，排除无效立即出水。

(3) 水面供气需供式潜水或使用 TF-88 型潜水装具潜水时，应立即启动应急供气装置，节省用气，并立即上升出水。

(4) 出水后潜水员若发生潜水疾病，应采取相应的急救治疗措施或组织转送。

四、供气中断的预防

(1) 使用空气压缩机供气时，应设有储气瓶和备用气源。并在潜水作业前认真检查供气系统的各个环节，保证完好无损。

(2) 供气软管需要按规定定期检查、试压；急流作业时应建议用软管接头夹进行加固；冬季作业应防止软管内结冰而堵塞。

(3) 使用自携式装具潜水前，应对装具及气瓶压力进行认真检查并估算水下可用时间。潜水中,当信号阀提示出水时,应立即清理出水。一级减压器输出压力要定期检测,中压管要定期检验。

(4) 使用通风式装具潜水时,一旦发生事故,提拉潜水员出水时,收回供气软管用力应均匀,切忌过猛,以防拉断供气软管,发生供气中断。

第三节 绞 缠

潜水员的信号绳、软管被水下障碍物缠绕、钩挂,或者潜水员被杂草、渔网缠住,而不能上升出水,以致被迫在水中长时间停留,这种潜水事故称为水下绞缠。另外,作业潜水员不幸被塌方的泥沙压住、被涵洞及进水孔吸住或在水底沉船、坑道中作业时返回的途径被一些出乎意料的原因阻挡等,也会造成潜水员在水下暴露时间过长。本节仅介绍水下绞缠的原因、可能引起的疾病及处理办法等。

一、发生绞缠的原因

水下作业条件复杂多变,多数情况下能见度很低,甚至完全黑暗,靠摸索进行工作和行动,一不小心,就会造成水下绞缠。由于着水面供气式潜水装具作业时,潜水员拖着很长的信号绳、软管或脐带,因而较自携式潜水更易于发生水下绞缠。常见原因有以下几种:

(1) 信号绳、软管或脐带缠绕于某些物体,或信号绳、软管被绞、卡、夹、压;

(2) 头盔的进气弯管或腰节阀等部件被缠挂,轻潜装具被渔网、绳索等缠住;

(3) 潜水员被沉船或丢弃水中的渔网、绳索以及杂草等缠住等。

二、绞缠可能导致的疾病

(1) 水面供气式潜水发生绞缠后,虽有比较充裕的气体维持较长的水下停留时间,但潜水员则有可能发生以下情况:

①体力衰竭。这是由于水下停留时间过久所造成的,并可能因此而导致其他疾病和事故的发生。

②减压病。当被绞缠的潜水员得以解脱出水时,常会因水下停留时间过长而无法选择合理的减压方法和方案,一旦减压不充分,即可能造成减压病。

③外伤。在潜水员极力解脱过程中或被迫在恶劣环境里长时间停留中,均有可能发生外伤。

(2) 自携式装具潜水时,发生绞缠的概率较小,一旦发生,则因自携气瓶的容积有限,常造成供气中断,进而发生窒息、溺水等事故;解脱时,如丢弃装具,自由漂浮出水,又有可能发生肺气压伤。

三、绞缠的处理

(1) 当绞缠发生时,要和潜水员密切联系,及时了解其状况。根据可能发生的疾病和其他事故,做好相应的救治准备。

(2) 在水面人员的指导下,要求潜水员冷静地自我解脱;潜水员应努力使自己沉着、冷静,与水面或预备潜水员密切合作,切勿惊慌、急躁,拼命挣扎。不能自行解脱时则派预备潜水员进行水下援救。必要时,再系一根信号绳后可割断信号绳和(或)供气软管,迅速出水。与此同时,潜水医生要根据潜水员水下停留时间的延长,选择相应的减压方案。

(3) 自携式潜水发生绞缠后,潜水员经过努力仍无法解脱时,可丢弃装具漂浮出水。这时,水面人员应做好援救、治疗的准备。

(4) 潜水员出水后,要根据情况进行预防性加压处理,充分休息,并供给高能量饮食。

(5) 发生其他疾病,采取相应的急救措施。

四、绞缠的预防

(1) 水下作业区条件复杂时,应预先认真进行水下调查和清理障碍物,派技术熟练的潜水员进行潜水作业,并预先安排好预备潜水员,做好潜水救护准备。

(2) 在潜水作业区一定范围内起吊、移动重物或收绞水下绳缆时,应收紧潜水员的信号绳和软管。

(3) 作业时尽量避开障碍物。

第四节 溺 水

一、概述

溺水又称淹溺,是指人在水中由于某种原因,吞入和吸入大量的水后,机体呼吸、循环代谢及血液成分等功能均可发生严重紊乱;或由于少量水进入口腔、气管后,反射性地引起持续性喉痉挛或支气管痉挛,导致窒息和心跳停止。前者属"湿淹溺",在溺水中最为多见；后者因无水进入肺内，故称"干淹溺"。

淹溺在潜水作业、潜水运动、游泳以及意外落水时，都有可能发生。一旦发生，将迅速危及生命，必须尽快组织抢救。

二、潜水时发生溺水的原因

主要是由于潜水装具的破损和潜水员在水下发生意外（如操作失误、面罩、咬嘴脱落或意识丧失等）。

（1）潜水装具破损具体有下列情况：

①轻潜装具呼吸器的有关部件失效、破损、连接不紧密等，以致进水。

②通风式装具潜水时，头盔排气阀弹簧失灵；头盔、领盘及潜水服间连接不紧密或破裂进水，这在潜水员卧位时，危险性更大。

（2）潜水员在水下可因下列情况而发生溺水（这在轻装潜水时尤其多见）：

①技术不熟练，面罩和呼吸管进水后，未能有效地排出；

②因疲劳而操作失误，如面罩、咬嘴脱落等；

③因装具供气中断，潜水员拉脱面罩和咬嘴；

④发生其他潜水疾病和损伤后，尤其在潜水员意识丧失时，更易继发溺水。

三、临床表现

溺水者由于将大量的水和呕吐物吸入肺内，造成呼吸道阻塞而窒息。患者往往处于昏迷状态，呼吸停止，最后心跳停止而死亡。然而，也有少数溺水者（约10%），因惊恐、寒冷刺激而发生喉痉挛，造成窒息或引起心跳骤停而死亡。

溺水者被救出水后，一般状态是面部肿胀，面色青紫或苍白，双眼充血，四肢发冷，全身浮肿，呼吸停止。由于淹溺的时间长短不同，造成对机体的损伤程度和临床表现也不同。

四、急救与治疗

抢救的基本原则是争分夺秒，尽快进行心肺复苏，改善低氧血症并注意防治脑水肿。现场抢救的具体方法和要求是：

（1）迅速将溺水者抢救出水，立即就地急救。包括清除口鼻腔内泥沙、水草等异物，并采取头低位施行心肺复苏术。这样，既可倒出呼吸道和胃内积水，又可不失时机地进行人工呼吸（切勿因倒水而延误抢救）。

（2）及早施行心肺复苏术。

①如溺水者呼吸已停止但仍有心跳时，应争分夺秒进行有效的人工呼吸，直至肺内

液体大部分吸收或排出,气体有效交换量完全正常后方可停止。由于人工呼吸持续时间较长,一般宜采用简易呼吸器进行。此法设备轻巧,使用简便,特别适用于现场抢救。

②如溺水者呼吸、心跳皆已停止,除立即进行人工呼吸外,应同时做体外心脏按压术。必要时可向溺水者心腔内注射复苏药物,以促进自由搏动的恢复,此工作应由医师进行。

③如现场有加压系统设备,应在加压舱内进行抢救。吸入高压氧气,对改善缺氧状态、治疗脑水肿、复苏等都有很大好处。

(3) 尽早组织送到条件较好的医疗单位,作进一步救治。转送途中,人工呼吸和心脏按压术不能中断,并应避免剧烈颠簸和震动。

五、预防

预防潜水中发生溺水,重点应掌握三个环节,即潜水装具的检查,潜水员与水面人员的紧密配合,以及潜水疾病和事故的预防。具体要求是:

(1) 装具检查。每次潜水前,都要认真检查装具的气密性和可靠性,尤其要注意各部件的连接处是否完好;干式潜水服粘合缝、皱褶处有无假粘合及磨损易破现象;呼吸袋有无脱胶,吸收剂罐或产氧剂罐有无脱焊及破裂;排气阀、安全阀是否正常。必要时,可充气做耐压性能测试或气密性检查。

(2) 水面人员和潜水员紧密配合。潜水过程中,应健全岗位责任制,并密切配合。潜水员发现装具进水等异常情况后,应立即报告水面人员,以便及时采取相应的措施。通风式潜水服如破裂进水,应立即增大供气量,以控制潜水服内水位上升,同时尽快上升出水。水面人员应密切注意观察潜水员的水下动态,及早发现淹溺并及时援救。

(3) 预防潜水疾病和事故的发生,避免继发溺水事故。

第五节 水下冲击伤

一、概述

水下冲击伤是指因水下爆炸产生的冲击波所引起潜水员机体的损伤。通常发生在潜水工作区附近进行水下爆破作业、意外发生水下炸弹爆炸或水下电焊、切割时遇到沉船舱室顶部的可燃混合气体引起爆炸等场合。其特点是体表损伤轻、内脏损伤重,病情发展迅速,体表一般无损伤痕迹,故常易误诊,应特别注意。

二、形成条件

当水中发生爆炸时,在爆炸中心迅速形成高压区,一个强大的压缩冲击波高速度地向所有方向传递。一般认为,这种冲击波的压力值达到14～35 kPa时,即可造成机体的轻度损伤(如鼓膜破裂或内脏轻度出血),当达到100～260 kPa时,即可造成人员死亡。因此,如果潜水员或其他落水人员待在爆炸中心附近的水中,就会受到水中冲击波的伤害。

水中冲击波的伤害程度,通常与下列因素有关:

(1) 爆炸的强度和距离爆炸中心的远近

冲击波是一种很强的纵声波,它在水中的传导要比在空气中快4倍左右。因此,当水下爆炸时,这种冲击波对机体产生不同程度伤害的临界距离,要比在空气中大得多,故对水中人员有较大的杀伤力。

(2) 人在水中的体位面向爆心比背向爆心所产生的胸、腹部内脏的损伤要严重;如果头部没入水中,就易造成脑的损伤。

三、致伤过程与临床表现

(一) 致伤过程

爆炸冲击波对机体各个器官和组织都可造成损伤。但最易受到损伤的是胸、腹部含气体的脏器,如肺、肠、胃等。这是由于人体内实质性器官和组织,其主要成分是水,而水几乎是不可压缩的。因此,冲击波形成的高压和随之而来的负压通过它们传递时,不易引起组织损伤。但当通过体内某些含气体的器官和组织传递时,由于气体急剧压缩,随后又急剧膨胀,使局部产生类似许多小爆炸源的内爆效应,从而引起周围组织(肺泡壁)的损伤,见图9-1。

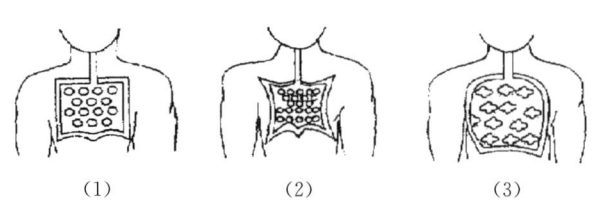

(1) (2) (3)

1-正常时肺泡的大小;2-高压(超压)作用时,胸腔缩小,膈肌上升,肺泡和血管被压缩;
3-高压过后负压起作用时,胸腔向外扩张,受压的肺泡突然胀大而被撕裂

图9-1 冲击波内爆效应致伤模式图

此外,在气体急剧压缩的过程中,还将导致一系列血流动力学的剧烈变化,因碎裂效应和惯性作用,在气、液界面以及密度不同的组织之间(如肠管和肠系膜之间、胸膜与肋骨之间)造成损伤或出血。水下爆炸导致的冲击伤则往往以腹部含气脏器损伤较为

多见。

（二）临床表现

1. 腹部脏器的损伤

常见的病变是肠管的浆膜下及黏膜层出血，浆膜面撕裂及肠壁穿孔，尤其是肠系膜、横结肠和乙状结肠的损伤较多见，易于引起腹膜炎和腹腔脓肿。这种损伤，也可发生于胃。重症伤员也可有肝、脾、肾及膀胱的破裂、出血。

2. 胸部脏器的损伤

病变以肺泡破裂和肺泡内出血为主，其次为肺水肿和气肿，有时也可发生肺破裂。如冲击波作用于心脏时，可引起心包出血和心肌撕裂伤。

3. 脑部损伤

如头部浸入水中，在水中冲击波的作用下，闭合性脑损伤常可发生，这也是某些重伤员迅速死亡的原因之一。

颅脑冲击伤的病变主要是脑血管损伤。

闭合性脑损伤的临床表现，主要是脑震荡、脑挫伤和脑受压三个综合征，三者可同时存在而以某一个为主，如脑组织有撕裂出血、血肿或水肿等。主要表现有头痛、呕吐、呼吸加深、脉缓有力、脑脊液压力增加、血压升高等脑循环障碍和缺氧引起的代偿反应。

四、诊断

根据伤员在水中遭遇水下爆炸的情况，结合上述症状和体征，即可做出诊断。诊断时，必须记住该类伤员外轻内重的特点，决不能以抢救出水当时的症状、体征及外伤作为判断的唯一依据。对于没有明显体表伤痕而处于休克状态的伤员，应严密观察病情的发展，仔细进行各系统的检查，以防误诊或漏诊。

五、急救与治疗

（1）当爆炸物在水下爆炸时，应迅速将潜水员救护出水。出水后的基本处理原则是：在严密观察下，进行对症治疗。即使潜水员出水后表现良好，也要卧床休息，或卧于担架上转运，不要搀扶伤员步行。需要减压或已并发减压病或肺气压伤者，应尽快送进加压舱，选择适宜方案，实施减压或加压治疗。其他治疗可在加压舱内同时进行。

（2）对口鼻流出血性泡沫状液体的伤员，应取左侧半俯卧头低位，以防冠状动脉及脑血管空气栓塞。

（3）保持呼吸道通畅，以防外伤性窒息。呼吸骤停者，应进行口对口人工呼吸，忌用挤压式人工呼吸。昏迷伤员有舌后坠时，牵舌固定或用咽导管维持呼吸，并给予吸氧。

（4）伤员应安静休息，注意保暖、止痛，防止感染并补充维生素。但禁止从口中给药或给予食品。可用针刺疗法或注射给药。

（5）在严密观察下，迅速组织转送。优先转送有脑受压体征（昏迷、瞳孔散大、肢体瘫痪）的伤员。转送时，根据病情可采取平卧位、左侧半俯卧位或其他体位，但不可扶起步行。转送途中，注意避免颠簸、震动。

（6）转送至医院后应做进一步检查，并给予对症治疗，也可进行高压氧治疗。

六、预防

（1）严格遵守水下爆炸作业规则。在进行水下爆破时，潜水员应处于最小安全潜水作业距离之外，见表9-1。

（2）如果沉船舱室内有可爆炸性气体积聚的可能时，禁止使用电切割。

表 9-1　水下爆破时最小安全潜水作业距离

炸药量(kg)		≤3	≤50	≤250
爆破方式与安全距离(m)	水中爆炸	1 050	2 700	4 600
	单药包裸露爆炸	530	1 350	2 300
	群药包裸露爆炸	230	600	1 050
	钻孔爆炸	90	230	380

（3）如在潜水作业中，发现所在区域有水下爆炸的可能时，应迅速上升出水。来不及出水时，应使头部露出水面，背向爆心；或仰浮水面，脚向爆心，以尽可能减轻损伤程度。

第六节　水下触电

一、概述

电能具有容易控制、便于输送、不污染环境以及利用效率高等特点，因此在水下工程中应用越来越广，如水下电焊与切割、水下照明、电动工具、仪器设备、水下工作舱，以及海底油气生产设施的水下动力或控制电源、大型阴极保护装置的外加电流供应等。水下电气的广泛应用，提高了水下作业的机械化程度和水下工作效率，减轻了潜水员的劳动强度，但是同时也因潜水员与各种水下用电装置接触的概率增加，而使发生触电事故的机会也相应地增多了。

触电事故是由电流形式的能量失去控制并作用于人体造成的事故。触电事故大致分为两种情况：电击和电伤。电击是当电流流过人体时，电能直接作用于人体，使人体受到不同程度的伤害。电伤是当电流转换成其他形式的能量（如热能等）作用于人体时，使人体所受到的不同形式的伤害，如电烧伤、皮肤金属化、电光眼等。

由于水下环境特点，水下触电事故具有触电事故和潜水事故两个特点，危险性更大。因此对于水下用电安全应高度重视，采取各项安全技术措施，尽量避免发生水下触电事故。而一旦发生水下触电事故，抢救时必须动作迅速、方法正确。

二、电流对人体的作用

电流通过人体时破坏人体内细胞的正常工作，主要表现为生物效应，使人体产生刺激和兴奋状态，使人体活的组织发生变异，从一种状态变为另一种状态。电流通过肌肉组织，引起肌肉收缩。电流对机体除直接作用外，还可能通过中枢神经系统起作用，使一些没有电流通过的部位也可能受到刺激，发生强烈的反应，重要器官（如心脏）的功能可能受到破坏。

电流作用于人体还包含有热效应、化学效应和机械效应。电流的热效应可能导致电流灼伤、电弧烧伤或电光眼，电流的化学效应可能导致皮肤金属化，电流的机械效应可能导致人体机械性损伤或留下电烙印。

人在水下触电与接触电流、接触电压、与带电体的间距及接地方式等因素有关。

（一）接触电流

通过人体的电流越大，人的生理和病理反应越明显，引起心室颤动所需的时间越短，致命的危险性越大。按照人体呈现的状态，可将预期通过人体的电流分为三个级别：

1. 感知电流

在一定概率下，通过人体引起人的任何感觉的最小电流（有效值，下同）称为该概率下的感知电流。依据《潜水员水下用电安全技术规范》，在水下，人体的感知电流阈值，交流电为 0.5 mA，直流电为 2 mA（对于女性应降低 30%，下同）。

感知电流一般不会对人体构成伤害，但当电流增大时，感觉增强，反应加剧，可能导致放漂、坠落等二次潜水事故。

2. 摆脱电流

当通过人体的电流超过感知电流时，肌肉收缩增加，刺痛感觉增强，感觉部位扩展。当电流增大到一定程度时，由于中枢神经反射和肌肉收缩、痉挛，触电人将不能自行摆脱带电体。在一定概率下，人触电后能自行摆脱带电体的最大电流称为该概率下的摆脱电流。摆脱电流与个体生理特征、电极形状、电极尺寸等因素有关。依据《潜水员水下用电安全技术规范》，在水下，人体的摆脱电流阈值，交流电为 9 mA，直流电为 40 mA。

摆脱电流是人体可以忍受，但一般不至于造成不良后果的电流，是有较大危险的界限。当流经人体的电流超过摆脱电流以后,会感到异常痛苦、恐慌和难以忍受;如时间过长,则可能昏迷、窒息,甚至死亡。

3. 室颤电流

通过人体引起心室发生纤维性颤动的最小电流称为室颤电流。在较短时间内危及生命的电流称为最小致命电流。在小电流(不超过数百毫安)的作用下,电击致命的主要原因,是电流引起心室颤动。因此,可以认为室颤电流是最小的致命电流。

(二)接触电压

根据欧姆定律,电压越高,电流也就越大。电击持续时间越长,电击危险性越大。潜水员用电时,暴露在水中或金属舱内,用电环境非常恶劣。因此,《潜水员水下用电安全技术规范》对潜水员用电电压做了严格规定,要求湿式焊接和切割设备的水下用电电压必须符合表 9-2 的规定。《潜水员水下用电安全操作规程》还具体规定,甲板减压舱及潜水钟等设备内只允许使用 24 V 直流电源,初级动力若取自 380 V 三相电源系统,则应通过隔离变压器进行降压。

表 9-2　湿式焊接和切割设备的水下用电电压规定

条 件	人体安全电流(mA)	电流路径阻抗(Ω)	电　压(V)[1] 最大	电　压(V)[1] 额定
有自动跳闸装置的交流电[2]	500	500	250	220
有自动跳闸装置的直流电	570	500	285	250
无自动跳闸装置的交流电	10	750	7.5	6
无自动跳闸装置的直流电	40	750	30	24

[1]:电压(V)=人体安全电流(A)×电流路径阻抗(Ω)。其中人体安全电流的计算,参见本标准的附录 A(提示的附录)。

[2]:本标准规定自动跳闸装置的动作响应时间≤20 ms。

(三)人体阻抗

人体阻抗是确定和限制人体电流的参数之一。因此,它是处理很多电气安全问题必须考虑的基本因素。

人体阻抗是皮肤阻抗和体内阻抗之和。皮肤阻抗在人体阻抗中占有很大比例。皮肤状态对人体阻抗的影响很大,皮肤沾水或损伤后,皮肤阻抗明显下降。当潜水员在水下作业时皮肤长时间浸润,皮肤阻抗几乎完全消失。体内阻抗主要决定于电流途径和接触面积。接触压力增加、接触面积增大会降低人体阻抗。

另外,接触电压升高,人体阻抗会急剧降低。

(四)与带电体的间距

水下固定的电气结构、设施(如海底油气生产设施、大型阴极保护装置等)的电源通常是不能随意中断的。潜水员在其附近水域作业时,如果带电导体特别是高压导体故障接地时,或接地装置流过故障电流时,流散电流在附近水中产生的电压梯变,可能使潜水员遭受电击。潜水员与带电体的间距越小,接触电压越高。因此,水下电气结构、设施一般应在离其适当的距离上设置隔离遮栏或安全标志。水下安全距离是指当水中所出现的电压梯变不会危害潜水员时,潜水员距带电体的最小距离。如果水下电气设备由直流电源供电,且电压不超过 30 V,此时安全距离可视为零。

三、水下触电事故的原因

由于水有一定的导电性,特别是在海水中作业,使人体的接触阻抗大大降低,电流容易从人体中通过,所以比在陆上使用电气设备更容易触电。触电事故的原因是多种多样的,有管理上的原因,也有技术上的原因。但归纳起来,不外乎是由不安全状态和不安全行为造成的。

(一) 不安全状态

(1) 与水下作业安全有关的各种便携式和固定式电气设备、结构设施达不到国家标准 GB 16636—1996、GB17869—l999 等的有关规定和要求。

(2) 没有经常对水下电气设备、设施及其电缆进行检测、检查,并记录。

(3) 没有定期对水下电气线路中主要保护装置进行定期试验,并记录。

(4) 水下电气设备、设施的电气安全性能下降或电缆损坏而漏电后,没有及时维修或采取相应的措施。

(二) 不安全行为

(1) 水下电气设备、设施的安装、改造及维护没有遵照国家标准 GB17869—1999,且不是由通晓水下用电安全技术的资深电工实施。

(2) 制度不完善或违章作业,安全意识差。

(3) 管理不当,现场混乱,水面、水下通信不畅,配合不密切。

(4) 缺乏水下用电安全知识,经验不足,操作失误。

(5) 安全技术措施不完善或运用不正确。

(6) 不重视用电安全保护,如水下电焊或切割时不戴橡胶手套等。

(7) 水下轻度触电时由于惊恐导致二次事故。

四、症状和体征

(一) 水下电击伤

电流流过人体,电能直接作用于人体将造成电击。水下电击伤是指潜水员在水下受电击致伤。

小电流流过人体,会引起麻感、针刺感、压迫感、打击感、痉挛、疼痛、呼吸困难、血压异常、昏迷、心律不齐、窒息、心室颤动等症状。水下轻度电击会使潜水员感到刺激、痛苦,给潜水员造成心理惊恐,可能导致放漂、下坠、呼吸困难等继发性潜水事故;水下重度电击,可能使人痉挛或失去知觉,并发潜水事故,如不能迅速处理,可能导致严重后果。

小电流电击使人最致命的危险与最主要的原因是引起心室颤动。麻痹和中止呼吸、电休克,虽然也可能导致死亡,但其危险性比引起心室颤动要小得多。由于电流的瞬时作用而发生心室颤动时,呼吸可能持续 2~3 min,但血液已中止循环,大脑和全身迅速缺氧,病情将急剧恶化。所以在心室颤动状态下,如不及时抢救,心脏很快将停止跳动。

数十毫安以上的工频交流电流通过人体,即可以引起心室颤动或心脏停止跳动,也可能导致呼吸中止。

(二) 电伤

电伤是由电流的热效应、化学效应、机械效应等对人体造成的伤害。触电伤亡事故中,纯电伤性质的及带有电伤性质的约占75%。

1. 电烧伤

电烧伤是电流的热效应造成的伤害,分为电流灼伤和电弧烧伤。电流灼伤是人体与带电体接触,电流通过人体由电能转换成热能造成的伤害。电流灼伤一般发生在低压设备或低压线路上。电弧烧伤是由弧光放电造成的伤害,分为直接电弧烧伤和间接电弧烧伤。前者是带电体与人体之间发生电弧,有电流流过人体的烧伤;后者是电弧发生在人体附近对人体的烧伤,包含熔化了的炽热金属溅出造成的烫伤。直接电弧烧伤是与电击同时发生的。

电弧温度高达 8 000 ℃ 以上,可造成大面积、大深度的烧伤,甚至烧焦、烧掉四肢及其他部位。高压电弧的烧伤较低压电弧严重,直流电弧的烧伤较工频交流电弧严重。

发生直接电弧烧伤时,电流进、出口烧伤最为严重,体内也会受到烧伤。与电击不同的是,电弧烧伤都会在人体表面留下明显痕迹,而且致命电流较大。

水下电焊与切割作业时,如不注意防护,容易招致电弧伤。但由于接触电压较低,所发生的直接电弧烧伤事故大多是局部的、轻度的。右手持电焊把或电割把,如果绝缘不良而漏电,电压太高或距离工作太近,会被电弧烧伤;左手若触摸工件或距工件较近,也会遭受电击和电伤。发生直接电弧烧伤时,伤员会感到剧痛,并伴有烧灼感,往往持续时间很短。一般会有多处击伤点,创面表皮脱落,伤口呈轻度焦化状。过后往往会出现水肿,边缘出现水泡,创面渗出液较多。

2. 皮肤金属化

皮肤金属化是在电弧高温的作用下,金属熔化、汽化,金属微粒渗入皮肤,使皮肤粗糙而张紧的伤害。皮肤金属化多与电弧烧伤同时发生。

3. 电烙印

电烙印是在人体与带电体接触的部位留下的永久性斑痕。斑痕处皮肤失去原有的弹性、色泽,表皮坏死,失去知觉。

4. 机械性损伤

机械性损伤是电流作用于人体时,由于中枢神经反射、肌肉强烈收缩、体内液体汽化等作用导致的机体组织断裂、骨折等伤害。

5. 电光眼

电光眼是发生弧光放电时,由红外线、可见光、紫外线对眼睛的伤害。电光眼表现为角膜炎或结膜炎。

五、急救与治疗

触电急救的基本原则是动作迅速、方法正确。尤其是潜水员水下触电急救,更要争分夺秒,及时救治。

(1) 潜水员在水下使用电气设备或在电气设施附近水域作业时,水面人员要密切注意其动态并与有关方保持联系,一旦发生潜水员触电事故,能立即切断电源。

(2) 如果触电者伤势不重、神志清醒,尚能控制自己,应令其立即上升出水进行检查。

(3) 如果触电者有些心慌、四肢发麻、全身无力、疼痛,甚至呼吸困难,应请求水面派预备潜水员下去协助其上升出水。切记,只有当电源切断后预备潜水员才能下去援救。

(4) 如果触电者伤势较重,失去知觉,水面应立即派预备潜水员下去援救出水。到达水面后,如触电者没有呼吸和心跳,应争分夺秒在水中实施心肺复苏术。同时,在水面人员的援助下,尽快救护出水,在船上或岸上实施急救。

(5) 如果触电者意识丧失后,继发淹溺,应同时按淹溺特点进行救治。

(6) 如现场有加压系统设备,应在加压舱内进行抢救。吸入高压氧气,对改善缺氧状态、治疗脑水肿、复苏等都有很大好处。

(7) 对于触电同时发生的外伤,应根据具体情况分别处理。对于不危及生命的轻度外伤,可放在触电急救之后处理;对于严重的外伤,应与人工呼吸和胸外心脏按压同时处理;如伤口出血应予止血,为了防止伤口感染,最好予以包扎。

(8) 尽早组织送往条件较好的医疗单位,作进一步救治。

六、预防

水下触电救治的难度比陆上要大得多,因此,应当十分重视水下用电安全问题。水下触电的预防主要应考虑以下几方面:

(1) 严格遵守《潜水员水下用电安全技术规范》,使与潜水员有关的各种类型潜水系统、潜水装具、水下作业设备等在用电安全方面达到其技术要求；对于水下电气结构、设施的电气状况，必须在潜水员下水前查询和掌握，必要时，采取相应的应急处理措施，以确保水下作业潜水员的安全；

（2）严格按照《潜水员水下用电安全操作规程》（GB17869—1999）进行上述设备、设施的安装、改造和维护，并由通晓水下用电安全技术的资深电工实施。特别是，应经常对水下电气设备、设施的电气安全性能进行检测，应经常对电缆上的机械损害及绝缘性能进行检查，应定期对电气线路中的自动保护装置进行试验，并记录；

（3）健全制度，加强管理，按章作业，正确操作；

（4）重视用电安全防护，如进行水下焊接与切割作业时，应戴橡胶手套和护目镜等；

（5）潜水员应懂得水下安全用电的有关知识，熟悉水下用电安全技术，掌握水下用电安全技术措施和正确操作方法。

第七节　水中援救遇险潜水员

潜水员无论在水下或水面遇险，援救的首要任务是尽快将其救捞出水，以利于尽早在陆地或船上实施相应的急救措施，这是能否救助成功的关键。为此，援救行动要在统一指挥下，有条不紊、迅速、有效地展开，其基本程序和正确措施，可根据以下不同情况部署。

一、对水下遇险者的救生

潜水员在水下遇险，无法自行解脱，此时现场潜水指挥应下令预备潜水员迅速潜入出事现场，观察遇险潜水员状况，采取相应的救助措施。

如遇险潜水员已失去知觉，要尽快把他带至水面。上升时，保持直立姿势，并控制适宜的上升速度，以防发生肺气压伤。到达水面后，如遇险潜水员仍没有呼吸和心跳，应争分夺秒在水中实施心肺复苏术。同时，在水面人员的援助下，尽快救护出水，在船上或岸上实施急救。此时应注意的是防止遇险者再次沉入水中，为此，要去掉其身上的压铅，或向救生背心内充气。如遇险潜水员着通风式潜水装具，则到达水面后，应迅速救护出水，在船上或陆地展开心肺复苏等急救措施。

如遇险潜水员尚有知觉，预备潜水员应迅速判明事故原因，根据使用的潜水装具不同，采取相应的援救措施；着通风式潜水装具者，如有绞缠，应帮助其解脱，然后水面人员以一定的上升速度拉至水面，救护出水；着自携式潜水装具者，预备潜水员要弄清其精神状态,若神志不清,则迅速以规定的上升速度将其带至水面,救护出水。若遇险者神志清楚,则应首先潜至遇险者面前,相互注视,示意其勿乱划动,使其增强信心、情绪安定,并采取相应的救助措施,如对装具故障者实施成对呼吸法、水下绞缠者协助解脱、遭水下生物伤害者协助驱赶等。但上述援救过程中,必须注意以下三点:

(1) 接近遇险潜水员时,要特别小心,不能被遇险者抓住不放,甚至撕下自己的面罩,造成援救失败致使两人同时遇险。

(2) 注意防止在水中突然下沉。为此,援救时,首先要去掉遇险者的压铅,或向其救生背心内充气,以增加正浮力。如遇险者头朝下并打水下沉,应迅速抓住其脚蹼,阻止其打水,并很快潜至下面,抓住遇险者气瓶阀,将其扳正,同时去掉自己身上的压铅,以增加正浮力,争取尽快浮出水面。

(3) 实施成对呼吸时,未戴咬嘴的潜水员在上升时应不断缓慢吐气,以防发生肺气压伤。

二、对水面遇险者的救生

当遇险潜水员漂浮到水面时,应迅速派 2 名潜水员(1 人佩带水下呼吸器及脚蹼,另 1 人携带救生器材)下水,以最快的速度接近遇险者,观察遇险者的状态,正确、有效地实施救助。

如遇险者失去知觉,尽快将其压铅解除,或向其救生背心内充气,以增加正浮力,防止其下沉,并设法使其口鼻露出水面、接触空气。如呼吸心跳已停止,应尽快在水中施行心肺复苏术,同时拖带至船边或岸边,争取尽早出水,在船上或岸上展开更有效的急救。

如遇险者有知觉,使用水下呼吸器的救生员尽快正面接近遇险者,以稳定其情绪、增强脱险信心;另 1 名救生员则使用救生器材,使其获得可靠的正浮力,以解除其惊慌失措状态,保持安静。与此同时,尽快解脱其压铅。如遇险者比较镇静,可继续用面罩呼吸,否则,应取下面罩,直接呼吸空气。如无救生器材,应急潜水员应潜入水中,将遇险者头面部托出水面,使其处于仰卧状态,拖带出水。为便于拖带,可将遇险者气瓶和呼吸器取下。当然,对有知觉、比较清醒的遇险者实施援救时,应向其说明要求,争取其配合,以便援救顺利进行。

三、水中拖运遇险者的要求和方法

(1) 在水面拖运失去知觉的遇险者,要随时检查其头面部是否露出水面,呼吸是否正常,病情有无恶化,以便采取相应措施,维持其呼吸功能,如在水中进行人工呼吸,则应在拖运中坚持进行,不得中断。

(2) 遇险者情绪不稳定或表现惊慌、挣扎时,都将造成对其本人和救援人员安全的威胁,这时不宜进行拖运,应查明原因,设法使其安定后再拖运。

(3) 拖运中,预备潜水员要随时注意观察遇险者的情况变化,并根据具体情况,采取相应措施。

(4) 拖运遇险者的方法有多种,如托头拖运法、手脚伸展拖运法、夹臂拖运法、胸臂交叉拖运法、脚推法、绳索拖运法和双人拖运法等,可根据具体情况,选择其中较适宜的方法。如有可能,应尽量采用绳索拖运法,因该法可减轻救援者的疲劳,拖运速度快,且不易被遇险者抓住不放而造成危险,具有很大的主动性。实施时,绳索一端系在遇险者身上,另一端用活扣系在自己腰上,这样,救援者手脚可游泳和做其他救治工作。如遇险者很清醒,也可用手抓住绳索拖运。

第八节　现场急救措施与技术

援救遇险潜水员时应以最快速度使其呼吸、循环功能恢复正常。为此,我们把遇险潜水员带至水面后,在还未到达船或岸上之前,就应开始进行水中人工呼吸或水中心肺复苏。同时,在水面人员的援助下,尽快救护出水。出水后,无论在堤岸、码头、海滩或船上,潜水医生应立即对患者进行认真检查,尤其要侧重于可能危及生命的某些体征和症状,如呼吸状态,有无呼吸道阻塞,心跳、脉搏情况,神志是否清醒,有无休克状态,口鼻有无血性泡沫流出等,并展开相应的现场对症治疗。待其呼吸、循环功能恢复后,再转送至医疗单位做进一步救治。

一、现场处理的基本原则

(1) 首先要动作迅速,尽快将遇险潜水员救援出水。

(2) 要明确诊断,争分夺秒恢复其呼吸、循环功能,即不间断地实施心肺复苏术。

(3) 对疑有减压病和肺气压伤的患者,应尽快送入加压舱,进行加压治疗。或采用其他急救措施,如心肺复苏术、药物对症治疗等,可在加压过程中同时进行,直至呼吸循环功能改善为止。

(4) 遇险者出水后,无论身体状况如何,皆不宜搀扶步行,应左侧半俯卧于担架上运送。

(5) 如患者需加压治疗,现场又无加压舱设备,可在施行其他急救措施的同时,保持上述体位,以最快的速度送至有加压舱设备的单位,实施加压治疗。

(6) 现场处理"快"为先,各环节皆应争分夺秒,迅速而准确地展开,这往往直接关系到遇险者的生死存亡和体能康复,应引起足够的重视。

二、水中心肺复苏方法和步骤要点

(一)水中心肺复苏

(1) 在水中对昏迷遇险者,须先弄清有无必要进行心肺复苏抢救。为此,须立即进行如下检查:

①是否有呼吸。可把手放到胸廓和上腹部,检查有无呼吸动作。

②心脏是否还跳动。可用手指触摸颈动脉,看有无脉动。

③是否还有大脑功能,瞳孔有无对光反射,身体是否僵硬。

(2) 水中心脏复苏方法和步骤要点:

①从背后抱住患者,将其背部紧贴救护者胸前,两者身体呈平行状或稍偏交叉状,见图 9-2。

②救护者双手在患者胸前交叠呈蝴蝶状握拳状,进行胸外心脏按压,见图 9-2。

③胸外心脏按压深度在 3 cm 左右,速率为 45 次/分左右,持续做 15 分钟以上。

说明:1. 病人身体平行地置于救护者前胸部,救护者手呈蝴蝶状;2. 病人体位同 1,救护者手呈握拳状进行心脏按压;3. 病人身体与救护者呈交叉状,救护者手同 1;4. 病人体位同 3,救护者手同 2

图 9-2 在水下进行心肺复苏术示意图

(二)水中人工呼吸

水中人工呼吸的方法和步骤要点:

(1) 患者到水面后,首先清除口腔及呼吸道内异物,并尽快用口对口人工呼吸法进行 4 次快速有力的吹气。然后继续用 12 次/分的速率吹气,或用通气管向患者口中吹气,见图 9-3。

图 9-3 水中口对口人工呼吸的夹臂拖运法

(2) 无论采用何种方式进行人工呼吸，预备潜水员皆应采用夹臂拖运法，使患者仰卧水面，或头转向预备潜水员一侧。边实施人工呼吸，边游向救生船或岸边，尽早救护上船或上岸，进行更有效的心肺复苏术。

(3) 用口对口人工呼吸时，夹臂拖运法是用同侧手臂插入患者腋下，再将手掌托住患者脑后，抓住头发，另一手掌根压住患者前额，使头后仰，手指则捏住患者鼻孔，配合吹气动作开闭。吹气动作应按一定的速率持续不断地进行。

(4) 用水下通气管进行人工呼吸时，夹臂拖运法是使救护者位于患者一侧，用前方手臂（在患者左侧则用右臂，右侧则用左臂）插入患者该侧腋下，绕过其颈部，将手掌置于患者面前，用中指和无名指夹住通气管，用另一手的拇指和食指捏住患者鼻孔，配合吹气动作开闭。不同的是由于通气管有无效腔，故吹气时间要长些，费力些。吹满气后，救生者要从口中拿出通气管，使患者的肺内气体能顺利排出。该法适用于水面有风浪时，但最好两人轮换进行。

(5) 如救护者因换气过度而出现头晕、眼花症状时，可减少吹气速率，或调整吹气节奏，在遇有风浪时，也应将吹气时间调整到海浪冲过遇险者头面后进行。

(6) 用口对口人工呼吸时，救生者体位要高些，以免患者头部浸入水中；如用通气管人工呼吸时，则应使体位降低，尽量少露出水面，以节省体力。

三、心脏骤停和心肺复苏术

心脏骤停是指心脏跳动突然停止，有效循环功能消失，引起全身严重缺氧缺血。临床表现为意识丧失、主动脉搏动消失、听不到心音等。若不及时进行抢救，可导致死亡。心肺复苏术是对心脏和呼吸停止所采取的重要抢救措施。

（一）心脏骤停的原因

电击、窒息或因缺氧、休克或栓塞等因素的共同作用等。

（二）诊断要点

(1) 意识突然丧失、抽搐；

(2) 大的动脉搏动消失（如颈动脉和股动脉）；

(3) 瞳孔散大，呼吸停止，发绀；

(4) 心音消失；

(5) 心电图示心脏停顿，心室颤动或呈慢而无效的室性自主节律。

在以上五点中，以第(1)、(2)、(3)项检查来判断比较简而快，特别运用于在野外的现场。听心音做心电图虽更为可靠，但易延误抢救时间，且一般人不易掌握，故不提倡。

（三）抢救过程

心脏和呼吸停止后抢救过程主要可分两个阶段。第一阶段，使患者迅速恢复心跳和呼吸,维持基本的生命活动,即实施心肺复苏术。第二阶段为复苏后的治疗,即药物治疗和护理,包括防治因循环骤停而造成的脑损害和各系统器官的生理生化变化。心肺复苏术是关系到抢救成功与否的先决条件,只有争分夺秒恢复循环与呼吸,以维持生命的基本活动,才有可能做进一步的抢救处理。以下主要介绍现场心肺复苏术:

在船上或岸上实施心肺复苏术包括三个主要步骤:①打开气道(畅通气道);②胸外心脏按压;③人工呼吸。

1. 畅通气道

患者由于血液循环中断,各组织器官严重缺血缺氧,特别是大脑,对缺氧很敏感,很快导致意志丧失,全身肌肉松弛,舌肌的松弛可使舌根后坠,堵塞气道,影响肺通气,所以,应设法解除,主要方法有:仰头抬颈法、仰头抬颏法、气管插管法和气管切开术。后两者需由经过专科训练的专业人员操作,不具体介绍。现仅介绍前两种简单方法。

(1) 仰头抬颈法:即操作者跪在患者一侧,一手置于患者前额部往后下方向按压,另一手轻轻往上托起患者颈部,使头后仰,一般使患者的耳垂和乳突成一连线,并与地面垂直,这样下颌前移,使舌根离开咽后壁而畅通气道。但对疑有颈部外伤者不能采用,否则会加重颈椎骨的损伤或错位,压迫脊髓,造成高位截瘫,给抢救带来更大的麻烦。

(2) 仰头抬颏法:操作者在患者一侧,一手置于患者额部往后下方按压,另一手以食指和拇指并排轻扶患者下颏骨部位,辅助患者头部后仰,使患者下颌前移,舌根离开咽壁而畅通气道。

仰头抬颏法比仰头抬颈法更有效,特别在疑有颈外伤或颈椎骨折者时更应采用这种方法,抬举下巴颏时应注意不要压迫软组织,否则,反致气道的阻塞。另外,在打开气道之前,应将患者口中的分泌物和其他异物尽快设法清除干净,保证气道的畅通,防止杂物进入气管。

2. 胸外心脏按压

(1) 概述:胸外心脏按压是恢复心跳和循环机能的首选方法。心脏位于胸廓内,胸椎骨的前方,胸骨的后方。按压胸骨时,心脏被动受压,胸内压力也同时增高,迫使血液从心脏挤出进入大动脉血管内,并推向胸廓外的血管而向前流动,放松时,心脏舒张,胸内压力也同时下降,促进静脉血流回心脏,如此反复进行,以达到维持血液循环的目的,直至心脏自主跳动恢复为止。

胸外心脏按压时,应将患者置于硬板上,并处于仰卧位,头部稍比下肢低,以利于脑部有充足的血流量和下肢静脉血的回流。如果患者在床上,应在患者背上垫上硬板,或将病人抬至地上,进行抢救。

(2) 按压的方法和要求：

①正确的按压位置是保证胸外按压效果的重要前提。正确的按压位置是在胸骨的下 1/3 处。确定正确按压位置的步骤如下：

a. 右手的食指和中指沿伤员的右侧肋弓下缘向上，找到肋骨和胸骨接合处的中点；

b. 两手指并齐，中指放在切迹中点（剑突底部），食指平放在胸骨下部；

c. 另一只手的掌根紧挨食指上缘，置于胸骨上，即为正确按压位置，见图 9-4。

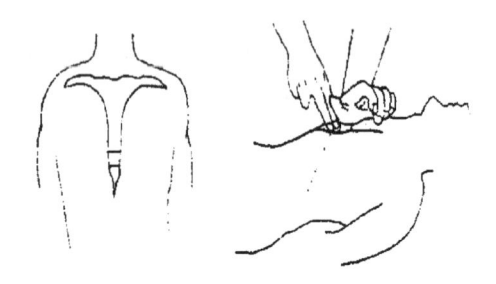

图 9-4 正确的按压位置

②正确的按压姿势是达到胸外按压效果的基本保证。正确的按压姿势是：

a. 使伤员仰面躺在平硬的地方，救护人员立或跪在伤员一侧肩旁，救护人员的两肩位于伤员胸骨正上方，两臂伸直，肘关节固定不屈，两手掌根相叠，手指翘起，不接触伤员胸壁；

b. 以髋关节为支点，利用上身的重力，垂直将正常成人胸骨压陷 3～5 cm（儿童和瘦弱者酌减）；

c. 按压至要求程度后，立即全部放松，但放松时救护人员的掌根不得离开胸壁，见图 9-5。向下按压和松开的时间必须相等，以达到心脏最大的射血量。

图 9-5 按压姿势与用力方法

(3) 按压的幅度和速度：按压时应使胸骨下陷 3～5 cm，用力应以此为准。如用力太小，心脏的血不能射入血管或射入太少，达到不了推动血液流动的目的，相反，用力太大，可能会造成肋骨骨折。按压的速度(频率)以 60～80 次/min 为宜,儿童的按压速度可快一些,100 次/min 左右,婴儿约 120 次/min。按压必须有节奏地、冲击性地进行,不能间断,每次按压后,要突然放松压力,但掌根应随胸骨自然回弹至原位,不要离开胸壁,以防止再次按压时偏离位置。

(4) 按压的有效指标:在按压过程中,要密切观察按压是否有效,否则,应及时找出原因并予以纠正。一般观察的指标是:①能触摸到大动脉搏动(如股动脉和颈动脉);②血压维持在 12 kPa 左右;③皮肤黏膜、指甲逐渐转为红润;④瞳孔逐渐缩小至正常;⑤眼睑反射恢复;⑥呼吸改善或出现自主呼吸。

(5) 注意事项:①一旦发现循环骤停,应立即做心脏胸外按压术,不可延误;②按压位置要正确,掌根与胸骨不能成角;③按压力量要适当,速度要均匀;④按压与人工呼吸必须同时进行;⑤在检查按压是否有效时,时间不要超过 5 s。

3. 人工呼吸

心脏骤停以后,将导致呼吸的停止,这时组织器官失去了氧的供应,而机体所产生的二氧化碳也不能排出体外,使机体很快处于缺氧和二氧化碳潴留的状态。所以在心脏胸外按压的同时,一定要做人工呼吸,以保证氧的供应。人工呼吸的方法有多种,如简易呼吸器人工呼吸法,口对鼻人工呼吸法,口对口人工呼吸法。现场抢救最简便的方法为口对口、口对鼻人工呼吸法。

(1) 口对口人工呼吸法:操作者在畅通患者气道的同时,将置于额部一只手的拇指和食指捏住患者的鼻孔,另一手把颈或扶颏,深吸一口气,紧贴患者的口用力吹入,每次吹气约 800～1 000 mL 为宜(以看到患者胸部的扩张起伏为准),吹毕立即松开捏鼻的手。此时,患者胸廓和肺被动回缩排出气体,如此反复进行。吹气频率为 16～20 次/min 左右。

(2) 口对鼻人工呼吸法:对某些牙关紧闭的患者,因无法打开口腔而采用的另一方法。救护者一只手捂住患者的口,防止口对鼻吹气时气体从患者口中逸出。实施时,救护者深吸一口气后,对着患者的鼻孔用力吹入(要求救护者的口直接与患者的前鼻孔密合,这样,方能保证气体不被漏出),吹气的频率也为 16～20 次/min。人工呼吸时,吹气力量不要太猛,一般以每次急速吹入气量不超过 1 200 mL 为宜,也不宜少于 800 mL。如果吹气压力太大,超过会厌的张力,气体可通过食道进入胃部使胃扩张,胃内容物反流阻塞气道,甚至导致窒息。吹气太小时,肺泡通气不足,达不到供氧的目的。

鉴于人工呼吸持续时间较长,最好采用简易呼吸器进行人工呼吸比较理想。此器材轻巧,使用简便,特别适用于现场抢救,见图 9-6。

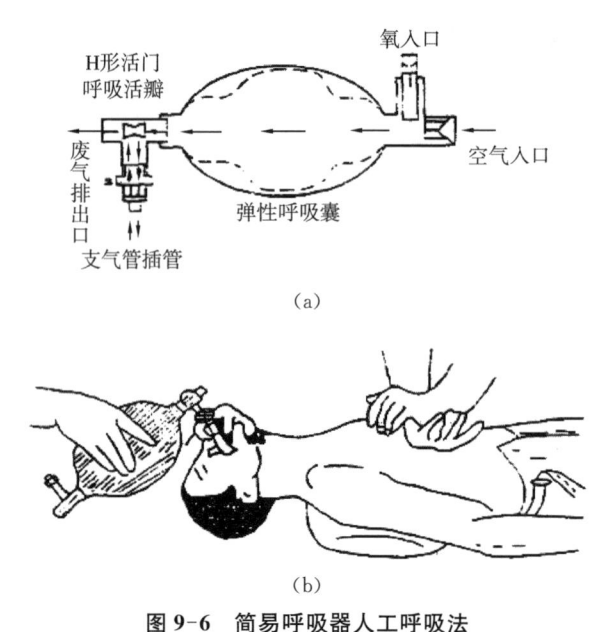

图 9-6　简易呼吸器人工呼吸法

（四）实施心肺复苏的形式

1. 单人抢救法

抢救现场只有一个人时，胸外按压和人工呼吸必须同时兼顾，这样才能保证抢救的成功。首先应呼救，想办法叫其他人来帮忙，同时检查患者是否有呼吸，如没有呼吸，必须立即做人工呼吸，向患者连续吹气 2 次，即转入检查是否有脉搏，如没有脉搏，应立即进行心脏胸外按压，按压与人工呼吸的比例为 15∶5，即首先在 10 s 内进行短促人工呼吸 5 次，再在 10 s 内做胸外心胸按压 15 次，见图 9-7。操作者应选择能兼顾按压和人工呼吸的恰当位置，以减少因来回移位而耽误抢救时间。

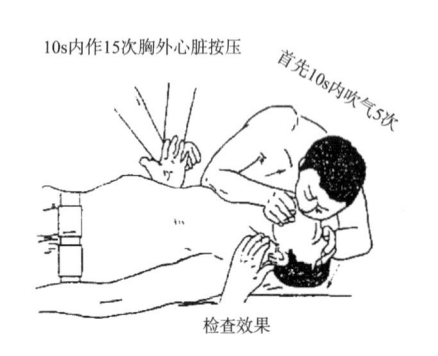

图 9-7　单人吹气和胸外心脏按压法 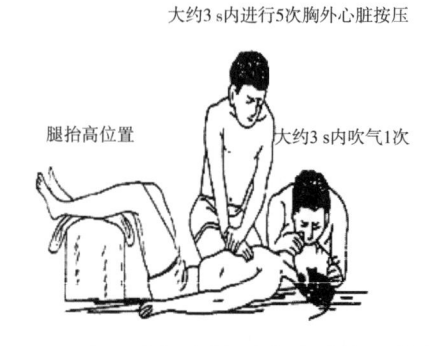　　图 9-8　两人同时分别进行吹气和脏外心脏按压法

2. 双人抢救法

现场有两人时，人工呼吸和按压应密切配合，按压和人工呼吸的比例为 5∶1。按压

者在按压时应数 12345,当按压者数到 4 时,做人工呼吸者应做准备,深吸一口气,在按压者按压数到 5 次后将放松时,立即吹气,此时患者胸部被动扩张,气体顺利进入肺部。如此反复进行。若在抢救中,两者需调换位置时,按压者在做完第 5 次心脏胸外按压后,马上转到人工呼吸的位置上,接着做人工呼吸,而做人工呼吸者立即转到按压的位置上,等吹气后,接着按压,以保证不中断,见图 9-8。

(五)第 2 阶段的抢救

即复苏后的治疗(包括药物治疗),需在医疗单位或医院里进行。此处略。

四、加压治疗

对于潜水减压病和肺气压伤来说,最根本、最有效的治疗方法是加压治疗。治疗时间愈早愈好,即使因种种原因已延误治疗,仍然应不失时机地争取加压治疗。

加压治疗可分为加压、高压下停留和减压三个阶段。

1. 加压

加压速度应尽可能快些,尤其对重症患者和肺气压伤患者更应如此。但在实际应用时,往往要根据进舱者咽鼓管通气调压情况而定。一般要求以每分钟增加舱压 0.1 MPa 为宜。加压过程中,如患者耳痛难忍,可减慢加压速度或暂停加压,甚至必要时使舱压下降 0.01~0.05 MPa,待疼痛消失后再继续加压。如加压过程中发生鼻旁窦疼痛,应立即减压出舱,做必要处理后,再行加压,不时做吞咽、鼓鼻等动作。对昏迷患者,必要时可做预防性耳鼓膜穿刺术。所加压力大小,应根据病情、预选的治疗方案、患者症状、体征及对加压治疗的反应情况而定,对急性患者,原则上应使症状消失;肺气压伤患者,治疗压力不应小于 0.5 MPa(慢性减压病患者也应如此)。如病情不重,也可选择低压(0.18 MPa)吸氧的治疗方案。

2. 高压下停留

一般要求是在症状消失的压力下停满 30 min,或按治疗表中规定的时间停留,方开始减压。切勿症状一消失即开始减压。对于见效较慢的患者(多为延误治疗者),只要症状有所改善,停留时间还可适当延长,如果在压力下停留一定时间后,症状无任何改善,可能有以下几种情况:所加压力不够高;还需要延长停留时间;组织已出现不可逆的损伤;因脊髓损伤处于"脊髓休克"时期。要判明情况,采取相应的措施。如确认继续治疗已无必要,可按相应的方案减压出舱。高压下停留期间,要加强舱内通风,以防因二氧化碳浓度升高而加深氮麻醉或发生二氧化碳中毒。治疗压力超过 0.7 MPa 时,有条件者可呼吸氦氧混合气(氧浓度 19%~21%)。

3. 减压

按照加压治疗表中相应的方案进行减压。在减压过程中,应严格按"表"中的规定进行操作,无特殊情况,不得随意修改。如果减压过程中,患者症状复发,原则上应再升高压力,直至症状消失,然后在此压力下停满 30 min 后,按减压时间较长的下一级方案减压。

患者减压出舱后,应在舱旁观察 6～12 h,如有症状复发,还应再次进行加压治疗。值得指出的是:如患者在治疗过程中或治疗结束后出现耳痛、疲劳、头晕、头痛等不适,往往可能是鼓膜受压引起的,不应看成症状复发,也不需再行加压治疗。如有轻度皮肤瘙痒,可进行热水浴获得缓解,也无须再进行加压治疗。

思考题

1. 潜水作业的特殊环境会引起哪些潜水安全问题?
2. 失控上升与紧急上升有何区别?
3. 放漂可能引起的危害有哪些? 现场如何处理?
4. 放漂的原因是什么? 如何预防?
5. 自携式轻潜水时,哪些原因会引起供气中断?
6. 供气中断可能引起的后果有哪些? 现场如何处理?
7. 如何预防供气中断?
8. 哪些情况会导致潜水员被迫在水下长时间暴露?
9. 发生潜水员水下绞缠的原因有哪些? 如何预防?
10. 水下绞缠发生后应如何处理?
11. 自携式潜水时,发生溺水的原因有哪些? 如何预防?
12. 发生潜水溺水时,抢救的具体方法和要求是什么?
13. 什么叫水下冲击伤? 水下冲击伤的致伤过程如何?
14. 如何预防水下冲击伤?
15. 发生水下冲击伤后,其急救及治疗步骤如何?
16. 水下触电危害的特点是什么?
17. 电流对人体作用的影响因素有哪些?
18. 水下触电时,接触电流的大小对人体有何影响?
19. 发生水下触电的主要原因有哪些? 如何预防?
20. 电击的症状和体征是什么?
21. 发生水下触电时,应如何急救?
22. 水下电焊或切割作业时,如何预防水下触电?

23. 对水下遇险潜水员进行救生时,预备潜水员应采取怎样的救援措施?

24. 对水面遇险者进行救生时应注意些什么?

25. 水中拖运遇险者的要求及方法如何?

26. 水中心脏复苏和水中人工呼吸的要点是什么?

27. 心脏骤停的临床表现有哪些?现场实施心肺复苏术主要包括哪些步骤?其主要形式有哪些?

28. 实施胸外心脏按压时,如何确定正确的位置?按压的方法和要求如何?

29. 人工呼吸的方法有几种?请简述一种简便的人工呼吸法。

附表

空气 60 m 水下阶段潜水减压表

下潜深度(m)	水下工作时间(min)	从水底上升到第一停留站时间(min)	各停留站的深度(m)											各停留站停留时间		减压总时间	
			33	30	27	24	21	18	15	12	9	6	3	h	min	h	min
			停留时间(min)													
0~12	*240	2											5		5		2
	300	2											5				8
12~16	90	2											3		3		6
	120	2											5		5		8
	*180	2											8		8		11
	240	2											19		19		22
16~20	30	2										2	3		5		9
	60	2										2	7		9		13
	90	2										3	16		19		23
	*120	2										4	21		25		29
	150	2										13	18		31		35
	180	2										16	25		41		45
20~24	20	3										2	3		5		10
	35	3										4	4		8		13
	50	3										5	9		14		19
	70	3										8	16		24		29
	*190	3										10	22		32		37
	*120	2									3	21	20		44		49
	150	2									3	25	29		57	1	2
	180	2									4	29	35	1	8	1	13
24~28	15	3										3	3		6		11
	25	3										5	5		10		15
	35	3									2	5	8		15		21
	45	3									2	8	9		19		25

续表

下潜深度(m)	水下工作时间(min)	从水底上升到第一停留站时间(min)	各停留站的深度(m) 33	30	27	24	21	18	15	12	9	6	3	各停留站停留时间 h	min	减压总时间 h	min
			停留时间(min)														
24～28	55	3									2	11	13		26		32
	65	3									2	12	19		33		39
	75	3									2	13	24		39		45
	*90	3									4	16	26		46		52
	105	3									9	26	20		55	1	1
	120	3									10	27	30	1	7	1	13
28～32	10	4										3	2		5		11
	20	3									2	5	4		11		17
	30	3									3	6	8		17		23
	40	3									4	10	12		26		32
	50	3									5	12	17		34		40
28～32	*60	3									6	13	22		41		47
	75	3								2	11	17	18		48		55
	90	3								3	11	26	22	1	2	1	9
	105	3								4	16	27	30	1	17	1	24
	120	3								5	18	32	33	1	28	1	35
32～36	10	4										4	3		7		13
	20	4									3	6	5		14		21
	30	3								2	4	7	9		22		29
	40	3								2	5	12	14		33		40
	50	3								2	7	13	22		44		51
	*60	3								5	11	20	19		55	1	2
	75	3								7	11	20	28	1	6	1	13
	90	3								9	16	27	30	1	22	1	29
	105	3								10	20	30	35	1	35	1	42
	120	3								10	23	39	35	1	47	1	54
36～40	10	4									2	3	3		8		15
	15	4								2	2	5	5		14		22
	20	4								2	3	6	7		18		26
	25	4								2	5	7	12		26		34
	30	4								2	6	10	9		27		35
	35	4								3	5	13	9		30		38
	40	4								4	6	13	12		35		43
	45	4								4	8	13	15		40		48
	50	4								4	9	13	17		43		51

续表

下潜深度(m)	水下工作时间(min)	从水底上升到第一停留站时间(min)	33	30	27	24	21	18	15	12	9	6	3	各停留站停留时间 h	min	减压总时间 h	min
36~40	55	4								5	10	16	16		47		55
	*60	4								5	11	18	25		59	1	7
	75	4							3	10	16	27	33	1	29	1	38
	90	4							5	9	20	31	36	1	41	1	50
	105	4							5	12	22	41	35	1	55	1	4
	120	4							6	15	22	49	35	2	7	2	16
40~44	10	4									3	4	6		13		20
	15	4								2	3	6	9		20		28
	20	4								2	5	6	17		30		38
	25	4								3	5	9	18		35		43
	30	4							2	3	5	12	24		46		55
	30	4							2	4	7	12	28		53	1	2
40~44	40	4							2	4	9	13	20		58	1	7
	45	4							4	6	11	20	26	1	7	1	16
	*50	4							4	8	11	24	33	1	20	1	29
	55	4						2	3	9	12	24	36	1	26	1	36
	60	4						2	4	9	12	28	39	1	34	1	44
	75	4						2	6	9	20	29	50	1	56	2	6
	90	4						2	7	12	22	38	48	2	9	2	19
	105	4						2	8	17	22	48	49	2	26	2	36
	120	4						3	9	18	26	51	48	2	36	2	46
44~48	5	6										4	4		8		16
	10	5								2	2	5	5		14		23
	15	5								2	4	7	10		23		32
	20	5							2	2	5	8	17		34		44
	25	5							2	3	5	12	23		45		55
	30	5							2	4	7	13	27		53	1	3
	*35	5							3	4	9	13	32	1	1	1	11
	40	5							3	5	10	15	33	1	6	1	16
	50	4						2	5	10	11	27	38	1	33	1	43
	60	4						3	7	9	17	27	47	1	50	2	0
	75	4						3	8	12	22	40	50	2	15	2	25
	90	4						6	8	17	22	48	48	2	29	2	39

续表

下潜深度（m）	水下工作时间（min）	从水底上升到第一停留站时间（min）	各停留站的深度(m)											各停留站停留时间		减压总时间	
			33	30	27	24	21	18	15	12	9	6	3	h	min	h	min
			停留时间(min)														
48~52	5	6									3	4	4		10		19
	10	5							2	2	3	7	6		20		30
	15	5							2	3	6	9	9		29		39
	20	5						2	2	4	6	13	16		43		54
	25	5						2	3	5	8	14	24		56	1	7
	*30	5						2	4	5	11	16	26	1	4	1	15
48~52	35	4					2	4	4	10	12	26	20	1	18	1	29
	40	4					3	4	6	10	12	18	36	1	29	1	40
	50	4					3	5	8	11	21	34	36	1	58	2	9
	60	4					4	7	8	14	24	45	36	2	18	2	29
	75	4				2	4	8	9	20	26	54	36	2	39	2	51
	90	4				2	6	7	16	20	37	56	35	2	59	3	11
52~56	5	6								4	4	5		13		22
	10	6							2	2	5	7	8		24		35
	15	5						2	2	3	6	10	13		36		47
	20	5						2	3	5	7	14	19		50	1	1
	*25	5					2	2	3	5	10	14	26	1	2	1	14
	30	5					2	2	4	7	11	20	26	1	12	1	24
	35	4				2	2	4	6	10	12	30	21	1	27	1	39
	40	4				2	2	4	8	10	18	29	27	1	40	1	52
	50	4				2	4	5	9	11	25	39	36	2	12	2	24
	60	4				2	5	8	9	17	24	49	36	2	30	2	42
	75	4				3	7	7	14	20	30	56	36	2	53	3	5
	90	4				5	7	9	18	20	45	56	36	3	16	3	28
56~60	5	6							3	2	5	5		15		25
	10	6							3	3	4	7	9		26		37
	15	6						2	2	5	5	12	13		39		51
	*20	5					2	2	3	5	7	13	23		55	1	7
	25	5					2	3	4	5	11	18	26	1	9	1	21
	30	5					2	4	4	8	11	24	27	1	20	1	32
	35	5				2	4	4	8	10	18	30	30	1	46	1	59
	40	5				3	3	6	8	10	22	33	36	2	1	2	14
	50	5			2	3	4	8	9	14	24	44	36	2	23	2	27

续表

下潜深度(m)	水下工作时间(min)	从水底上升到第一停留站时间(min)	各停留站的深度(m)											各停留站停留时间		减压总时间	
			33	30	27	24	21	18	15	12	9	6	3	h	min	h	min
			停留时间(min)													
56~60	60	5			2	2	7	7	10	20	24	54	36	2	42	2	56
	75	5			2	5	6	8	17	20	36	56	36	3	6	3	20
	90	5			2	6	7	14	18	22	45	56	36	3	26	3	40
60~64	5	6								3	3	5	5		16		26
	10	6							2	2	3	5	8	10		30		42
	15	6							3	2	5	6	13	18		47		59
	*20	6					2	2	4	5	10	14	25	1	2	1	15
	25	6					2	4	4	7	11	19	28	1	15	1	28
	30	5				3	3	4	7	10	14	30	25	1	36	1	49
	35	5				4	3	5	9	10	19	30	32	1	52	2	5
	40	5			2	3	3	7	9	10	23	35	36	2	8	2	22
	50	5			2	3	6	8	9	17	24	50	34	2	33	2	47
	60	5				3	5	6	8	12	20	28	56	36	2	54	3	8
	75	5				4	6	6	12	17	20	41	55	36	3	12	3	31
	90	5				5	6	9	14	18	27	45	56	36	3	36	3	50

参考文献

[1] 陶恒沂. 潜水医学[M]. 北京:高等教育出版社,2005.
[2] 徐伟刚. 潜水医学[M]. 北京:科学出版社,2016.
[3] 中华人民共和国人力资源和社会保障部,中华人民共和国交通运输部. 潜水员(2019年版)[S/OL]. [2019.12.20]. http://www.cettic.gov.cn/c/2019-12-20/234858.shtml.
[4] 中华人民共和国国家质量监督检验检疫总局,中国国家标准化管理委员会. 空气潜水安全要求:GB26123—2010[S]. 北京:中国标准出版社,2011.
[5] 中国潜水打捞行业协会. 潜水管理办法[Z]. 2014.
[6] 中国潜水打捞行业协会. 潜水及水下作业通用规则[M]. 北京:人民交通出版社股份有限公司,2015.